国家重点研发计划项目"云水资源评估研究和利用示范"资助

人工播云影响天气

Weather Modification by Cloud Seeding

阿内特·S.丹尼斯（Arnett S. Dennis） 著

周毓荃 等 译

气象出版社
China Meteorological Press

内 容 简 介

人工影响天气,是指为避免或者减轻气象灾害,在适当条件下,通过播云催化等技术手段影响局部大气的云降水物理过程,促使云和降水朝着人们希望的方向发展,实现增雨雪、防雹、消云雨和消雾等目的。

本书围绕人工影响天气的基本原理和关键技术,主要讲述大气气溶胶、云降水的形成机理,人工影响云的基本原理和概念,催化剂和催化手段,播云后的效果检验,人工影响雾、雪、雨,人工抑制冰雹、闪电、飓风等天气灾害,以及人工影响天气对社会产生的影响等内容。

本书通过简洁的表达,主要从物理上为读者呈现人工影响天气的理论、方法和先进技术,以及进一步研究的领域和前景。本书可作为人工影响天气和相关的大气科学、环境科学等专业的本科生、研究生以及科研和业务技术人员的教材和参考用书。也可为各级领导决策管理提供帮助。

图书在版编目(CIP)数据

人工播云影响天气 / (美)阿内特·S.丹尼斯著；
周毓荃等译. -- 北京 : 气象出版社, 2023.10(2024.10重印)
书名原文: Weather Modification by Cloud
Seeding
ISBN 978-7-5029-8059-7

Ⅰ. ①人… Ⅱ. ①阿… ②周… Ⅲ. ①人工影响天气
－研究 Ⅳ. ①P48

中国国家版本馆CIP数据核字(2023)第191642号

北京版权局著作权合同登记:图字01-2023-5732号

人工播云影响天气
Rengong Boyun Yingxiang Tianqi

出版发行:气象出版社	
地　　址:北京市海淀区中关村南大街 46 号	邮政编码:100081
电　　话:010-68407112(总编室)　010-68408042(发行部)	
网　　址:http://www.qxcbs.com	**E-mail**：qxcbs@cma.gov.cn
责任编辑:王　迪　陈　红	终　　审:张　斌
责任校对:张硕杰	责任技编:赵相宁
封面设计:楠竹文化	
印　　刷:三河市君旺印务有限公司	
开　　本:787 mm×1092 mm　1/16	印　　张:12
字　　数:307 千字	
版　　次:2023 年 10 月第 1 版	印　　次:2024 年 10 月第 3 次印刷
定　　价:80.00 元	

译　者

主　译：周毓荃

副　译：蔡　淼　唐雅慧

参　译：刘思瑶　赵俊杰　王天舒　张志红

　　　　宋　灿　吴懿璇　姜舒婕　陆　瑶

序 一

随着全球气候变化，我国干旱冰雹等气象灾害频发，水资源短缺日益加剧，严重制约了社会和经济的可持续发展。开展人工影响天气作业，对于我国防灾减灾、改善生态环境及国家安全等方面具有重要意义。

由于强烈的需求，我国人工影响天气多年来得到各级政府的高度重视和支持，规模居世界首位。然而，由于大气水循环和云降水过程多尺度复杂特性，以及人工影响天气本身还面临催化原理技术及"三适当"精准把握等诸多科学技术难题。同时我国地域广阔，各地天气系统及云降水特性的差异较大，提高我国人工影响天气的科学性，必须结合大量的业务实践进行更多的理论创新和技术探索。对每一个人影从业者，学习掌握更多的云物理和人影理论及业务技能，是非常重要和关键的。培养大批拥有扎实理论基础和丰富业务实践的专业技术团队是我国人影事业发展的当务之急。

由国际著名云物理学家 Arnett S. Dennis 撰写的《Weather Modification by Cloud Seeding》是一部理论和应用深度结合、系统性和可操作性都非常强的一本专业书籍，该书深入浅出，从理论到实践详细阐述了人工影响天气基本原理方法，汇集了数以百计的云物理专家的研究成果，给出了众多国际著名的外场试验，全面概述概括了国际人工影响天气中期研究现状。这些认识和成果，为我们深入了解和借鉴国际人工影响天气先进的理论和技术，指导我国人工影响天气的发展具有重要的参考价值。周毓荃研究员多年耕耘在人工影响天气理论研究和业务实践一线，在云水资源和开发利用理论、人影关键技术和业务体系发展等方面取得多项创新成果。她深悉中国人影技术现状和需求，重视人才培养，花费大量心血率领团队翻译出版了这本书《人工播云影响天气》。书中简洁明了的原理方法、高度概括的研究成果和认识、多类场景应用实践以及展示的技术思路方法，这些内容都对我国当前人工影响天气研究和业务发展具有很强的借鉴和指导意义。相信这本书的出版，不仅为人工影响天气相关专业的学生、科研人员、业务技术人员和决策者，提供一本专业和实用的云物理和人工影响天气书籍，也将为新时期我国人工影响天气人才培养和创新发展提供帮助。

认识大气利用大气是人们努力追求的目标。坚持正确的技术路线，通过持续的努力，我国人工影响天气事业一定会取得突破。

中国工程院院士
全国人工影响天气科技咨询评议委员会 主任
2023 年 9 月 12 日

序 二

近年来,在党和政府的高度重视和支持下,我国人工影响天气事业快速发展,作业规模和技术水平日益提高,已经成为粮食生产、防灾减灾、生态改善的一支重要力量。由于云降水涉及大气动力、热力和云微物理等多尺度多过程的复杂作用,人工影响天气作业的科学精准尤为重要,因此,从事人工影响天气工作的管理和业务技术人员必须要学习和掌握云降水和人工影响天气基础理论和业务技能,从而更好地推动人影事业高质量发展。

《Weather Modification by Cloud Seeding》是由国际著名云物理学家 Arnett S. Dennis 撰写,于 1980 年出版。书中不仅介绍了人工影响天气基本原理和技术措施,还汇集了数以百计云物理专家的研究成果,凝练概述了 20 世纪 40 年代至 70 年代国际(特别是美国和苏联)人工影响天气的研究试验案例。虽然当时的装备和技术与现在比还有差距,但书中阐述的科学思想和试验思路仍极具价值,为我们深入了解和借鉴国际人工影响天气理论和技术,指导我国人工影响天气科学发展有重要的意义。

周毓荃研究员长期从事人工影响天气理论研究和业务技术发展,熟悉我国人工影响天气业务技术现状和需求,她花费大量心血率领团队将《Weather Modification by Cloud Seeding》翻译出版。我阅读后也有很多收获和启发,深感云物理学和人工影响天气的复杂性、不断探索的必要性和业务技术发展的广阔前景。感谢翻译团队的辛勤工作和敬业精神。他们的努力使得这本经典之作能够被广大读者所了解和受益。相信这本书能够为新时期我国人工影响天气理论探索、业务实践和人才培养发挥更大作用。

李集明

中国气象局人工影响天气中心 副主任

2023 年 8 月 23 日

译者前言

随着社会经济的发展,为更好地趋利避害,人们对人工影响天气的需求越来越多。通过播云影响天气是现阶段人工影响天气的主要技术方法,无论是研究者和还是决策者都迫切需要了解人工播云的技术原理、方法及可能的效果和不确定性。

本书系统阐述了人工播云涉及的基本原理、技术方法、催化技术以及各类不同的效果,不仅完整给出人工影响天气的理论体系和技术方法,还基于大量的研究素材,给出了欧美先进国家 20 世纪 80 年代以前大部分著名的播云试验研究进展,概述了国际人工影响天气发展中期的技术现状,同时还给出了作者许多有价值的思考,指出了有重要发展前景的领域。由于大气科学的复杂性、天气预报的不确定性,以及人工影响天气科学认识的不足和试验的复杂性,人工影响天气虽然在科学研究和外场试验中,取得了很大的进展。但至今仍有许多不同的看法,面临许多科学技术难题。

本书的目的是为读者呈现人工影响天气的总体概况,重点在物理学方面,全书的基调来源于作者对人工影响天气的信念,即可以筛选出播云效果的证据,从而得到与大气物理学定律一致的结果。

人工影响天气是基于对自然云结构和降水机理等大气物理规律认识而实施的一门行动科学,在多年从事人工影响天气研究、业务和学生培养过程中,这本书是我经常用到的。也推荐给我的多位同事、学生和访问学者学习参考。这本书从出版到现在已经过去了 40 多年,人工影响天气工作有了很大的进展,特别是在监测技术、数值模拟、催化播撒技术等方面,进展更为明显。但由于近几十年国际上,特别是欧美国家投入的减少,人影科技整体发展缓慢。书中所述的人工影响天气的理论方法、核心认识、基本观点和关键技术,大部分内容至今仍有很强的指导性和学术价值,特别是对于系统全面的人工影响天气专业书籍还十分欠缺的当前,仍是一本非常难得的教材和专业参考书籍。

我国从 1958 年起步开展人工影响天气至今已有 66 年的历史,当前规模居世界首位,业务体系得到了快速发展,从国家到地方从事人工影响天气的人员不断增加。然而,由于大学专业教育有限,现有从业人员中有很多人还缺乏云物理基础和人工影响天气全面系统的知识储备。我国天气和云降水条件十分复杂性,基于云降水认识,以催化设计和实施为核心的人工影响天气业务,从条件预报监测、作业设计到外场实施,每一个作业过程都是一次严格的物理试验,只有通过高水平的试验和业务作业,才能探索解决人影的各个核心问题,提高科学认识和技术水平。培养大批了解和掌握全面扎实的人影理论和技术的人影从业者,对高质量发展人影业务是非常重要和关键的。

该书以非常简洁和精准的语言,不仅系统讲解了云物理和人工影响天气基础知识,还全面介绍了各类不同人工影响天气实践及技术现状,书中给出的丰富的研究成果及展示的多类内外场试验设计,不仅技术内容很有价值,其严谨的科学态度也值得学习借鉴。全书不仅适宜从事人工影响天气的技术人员进行专业学习，也可以作为大学培训教材使用，同时对管理决策者也非常有帮助。作者简洁和精准的语言组织，即使对气象学知识了解甚少的读者也能读懂。

为让更多人受益，译者在自己不断学习和应用过程中，决定将全书翻译下来，组织了以学生及访问学者为主的翻译团队利用业余时间边学习边交流边翻译，由于繁忙的业务、科研及工程等工作，全书经过3年多的努力终于完成了翻译和出版。"他山之石可以攻玉"，希望能在我国人影发展和人才培养中发挥作用。

本书内容共分9章，涉及引论，大气气溶胶，云和降水的形成，人工影响云的概念和模型，碘化银晶体和其他催化剂的产生和应用，人工播云结果的统计评估，人工影响雾、雪、雨，抑制天气灾害以及人工影响天气对社会的影响。前6章系统介绍了云物理和人工影响天气基本理论，后3章介绍了不同类型的人工影响天气技术和实践。

为在翻译的同时进行全书的学习，每章都有多人参与翻译、校对以及讨论。其中：蔡淼、唐雅慧、刘思瑶、赵俊杰和王天舒等参与了全书翻译和校对，张志红、宋灿、吴懿璇、姜舒婕、陆瑶参与了部分章节的校对和文字整理，周毓荃对全书进行了审校、润色和把关。本书翻译过程中还邀请中国气象局人工影响天气中心的楼小凤研究员、姚展予研究员和苏正军研究员等多位专家对相关章节的专业用语进行了再次校对。本书的翻译得到了中国气象局干部培训学院相关部门的支持，国家重点研发计划项目"云水资源评估研究和利用示范"资助了本书的翻译和出版，在此一并致谢！

最后感谢胡志晋研究员对本书翻译的指导和校阅，他认真严谨的精神，值得我们学习。感谢中国气象局人工影响天气中心的大力支持。

本书内容丰富，涉及知识面广，由于译者水平有限，译文中疏漏之处，真诚欢迎读者和专家不吝赐教，批评指正。

周毓荃

2023 年 7 月 28 日

原版前言

人们对播云技术的疑惑在一定程度上还是存在的。虽然播云技术在宾夕法尼亚州被称为"世纪之罪",且没有受到法律保护,但美国西部干旱地区的政府持续将税收用于播云以增加降水。

在过去五年内,我与美国大约 15 个州、十几个其他国家和世界气象组织负责播云项目决策的官员进行过交谈。他们中的一些人是大气物理学方面的专家,但大多数不是。这些人迫切需要的是了解播云技术的原理及其对天气是如何影响的等等可靠而简洁的信息。本书即为那些需要了解这些信息的读者以及环境科学专业的学生,尤其是大气科学专业的学生而写的。

本书对物理学或工程学的大学毕业生和研究生会有帮助。本书概述了云物理基础知识,以使对气象学知识了解甚少的读者也能读懂。读者即使没有统计方面的专业知识,也能看懂在播云项目评估中使用的统计方法介绍。

气象学家、物理学家、化学家、统计学家、律师、生物学家、经济学家和社会学家们已从不同角度对人工影响天气的课题进行了研究。这些群体之间的意见分歧有时会掩盖更重要的问题。例如,1957 年《天气控制咨询委员会最终报告》的发布引发的争论主要来自统计学家。咨询委员会关于播云技术增加了美国西部山区降水的结论是否正确的真正问题,被诸如平方根和伽玛转换对于降雨量统计标准化的优缺点的细节争论所掩盖。

本书的目的是为读者呈现人工影响天气的总体概况,重点在物理学方面,而非法律、经济或社会方面。本书描述了当前的技术状态,指出了一些有希望进行进一步研究的领域。全书的基调来源于作者的信念,即可以筛选出播云效果的证据,从而得到与大气物理学定律一致的结果。

感谢数以百计的研究者们的观点成就了本书,其中许多人的成果列在参考文献当中,但难免存在遗漏。在此向他们表示我最诚挚的谢意。

特别感谢 Briant Davis 博士、Paul Mielke 博士和 Harold Orville 博士和我讨论资料和图表的选择,受益颇丰。同时,衷心感谢 Thomas Henderson 先生和 R. R. Rogers 教授为本书提供了照片,感谢 Melvin Flannagan 先生为本书做了草图。

感谢 Carol Vande Bossche 女士为本书稿的完成付出的辛劳。

感谢我夫人 Maralee Dennis 在本书写作过程中对我一如既往的支持和鼓励。

阿内特·S. 丹尼斯

(Arnett S. Dennis)

主要符号表

B	迁移率;浮力
C	一个冰晶的容量
C_D	阻力系数
C'	湍流研究中使用的无量纲常数
D	水汽扩散率;广义涡流扩散率
D_B, D_1, D_2	布朗扩散系数
D_x, D_y, D_z	x、y 和 z 方向上的湍流扩散系数
E	收集效率;函数的期望值;湍流能量的波数分布
E_1	碰撞效率
E_2	并合效率
E_γ	表面张力能量
E_i	冰雹对云冰的收集效率
E_l	冰雹对云水的收集效率
$\boldsymbol{F}$	阻力矢量
F_v	通风因子
H	收集核
K	凝聚核
K_B	布朗凝聚核
K_*	微尺度湍流凝聚核
L	潜热
L_s	升华潜热
L_v	蒸发潜热
M_s	溶质分子量
M_w	水分子量
N	数浓度;一个样本中的观测数
N_a	在给定温度或过冷温度条件下活化的冰核浓度
N_{Be}	贝斯特数
N_c	云滴浓度

N_0	参考浓度
N_{Re}	雷诺数
P	预留不播云个例的比例
Q	源项
R	气体常数;多元相关系数
R_w	水汽的比气体常数
S	水的饱和比
S_{eq}	平衡饱和比
S_i	冰的饱和比
T	温度(K);试验统计
T_0	参考温度(K)
T_v	虚温
U	风速
U,V	播云和未播云风暴的广义响应变量
X	控制区降雨
Y	目标区降雨
Y_E	估计或预计目标区降雨
a	线性回归方程式的截距
a'	坎宁安流动性公式中的经验常数;描述气溶胶谱分布的方程式中的经验常数
b	回归线斜率
d	粒子直径
d_c	云凝结核(CCN)临界粒径
d_g	液滴下圆柱体直径,用于定义液滴-小滴对的掠擦轨迹
$\bar{d}_G$	几何平均直径
d_0	云滴谱的离差
e	水汽压
e_i	纯半冰面饱和水汽压
e_s	纯平水面饱和水汽压
$e_{s,d}$	直径 d 液滴饱和水汽压
e'_s	溶液平表面和水汽压
$e'_{s,d}$	直径 d 溶液滴饱和水汽压
g	重力加速度
i	离子离解因子
k	玻尔兹曼常数;导热系数

l	分子平均自由路径
m	质量;一次试验中播云个例数
m_B	云中"气泡"的质量
m_s	水滴中的溶质质量
n	已溶解的溶质分子数;数量密度函数;一次试验中未播云的个例数
n'	垂直于流线的单位距离;溶液中水分子数量
n_d	雨滴数量密度函数
n_0	雨滴粒径分布参数
p	压力
q_1,q_2,q_3,q_4	冰雹传热项
r	粒子半径;相关系数
r_u	上升气流半径
s	标准差
s_E	估计的标准差
t	时间
$\boldsymbol{u}$	速度矢量
u_T	下落末速度
v	体积
w	空气垂直风速;混合比
x	水平面位置的度量
y	水平面位置的度量;湍流羽流的半径
y_0	湍流羽流的初始半径
z	高度
α	显著性水平
α'	在云模式中的调整夹卷量引入的经验常数
β	凝结因子;统计检定力
γ	表面张力系数
γ'	伽玛分布形状因子
Δ	控制试验功率的组合因子
ε	湍流能量耗散率
θ	描述云水转化为雨水的经验方程式中的因子;播云对降水的影响(假设的常数乘子)
κ	波数(湍流)
Λ	雨滴粒径分布参数
μ	动力黏滞度

ν	气溶胶内碰撞频率
ρ	密度
ρ_a	空气密度
ρ_L	液态水密度
σ	标准偏差
σ_G	几何标准偏差
σ_y, σ_z	高斯羽流在水平和垂直位移的标准偏差
τ	非中心参数
Φ	描述云水转化为雨水的经验方程式中的因子
χ	浓度
χ_l	云(液态)水浓度
χ_{l0}	自动转换为雨水的 χ_l 阈值
χ_i	云冰浓度
χ_R	雨水浓度
Ω	将冰核活性与温度或过冷温度联系起来的参数

物理常数表

玻尔兹曼常数(k)	1.380×10^{-23} J・K^{-1}
纬度 45°海平面的重力加速度(g)	9.806 m・s^{-2}
0 ℃时水的蒸发潜热(L_v)	2501 J・g^{-1}
0 ℃时冰的升华潜热(L_s)	2835 J・g^{-1}
1 个标准大气压力(1013.25 hPa)下冰的熔点	273.15 K(0.00 ℃)
干空气的分子量	28.964
碘化银的分子量	234.77
水的分子量(M_w)	18.015
干空气的比气体常数	287.0 J・kg^{-1}・K^{-1}
水汽的比气体常数(R_w)	461.5 J・kg^{-1}・K^{-1}

目　　录

第 1 章 引 论

1.1 远大前景

1.1.1 播云飞行的先河

1946 年 11 月 13 日,Vincent J. Schaefer 从一架轻型飞机上向美国马萨诸塞州西部伯克希尔山附近的过冷层积云投入约 1.5 kg 的干冰(固态二氧化碳)。大约 5 min 内,云变成了雪花,随后雪花穿过约 600 m 的高空进入云底下面的干燥空气中,最后完全升华(Langmuir et al.,1948;Schaefer,1953)。有了这次惊人的成功,古老的控制天气的梦想似乎可以成真。从长远来看,可以证明 1946 年 11 月 13 日这次事件有重大的意义,几乎可与 1945 年 7 月 16 日美国新墨西哥州的第一次核爆炸相提并论。

Schaefer 的播云任务不是一次孤立事件。半个世纪以来,播云一直是优秀科学家们对云与降雨物理学的研究热点。这些科学家们多数是欧洲人;其中最有名的或许包括 A. Wegener、Tor Bergeron 和 Walter Findeisen。通过研究,他们逐渐意识到包括降水在内的重要天气过程是否会出现,有时取决于大气中的成冰核是否充分,而这些成冰核有可能会被人为供应。早在 1932 年,苏联就设立了人工降雨研究所,考虑人工影响天气的可能性(Fedorov,1974)。

第二次世界大战期间,Findeisen 是德国空军的气象学家。据报道,他于 1942 年用纳粹德国空军飞机在德国占领的捷克斯洛伐克上空上进行了一次播云飞行(Schaefer,1951)。他使用的催化剂是沙子,显然沙子不能作为成冰核。Findeisen 在"二战"的最后几天消失了,人们推测他已经死亡。

在美国,第二次世界大战导致了在纽约州斯克内克塔迪的通用电气研究实验室组建一个以 Irving Langmuir 为首的小组,专注于制造烟幕及对抗飞机结冰和穿越风暴时无线电静态的方法等的研究。"二战"结束后,该小组的研究仍在继续。

1946 年,作为 Langmuir 小组的一员,Schaefer 在冷却箱中进行过冷云实验。为了使箱体的温度快速降低至可以进行实验的水平,Schaefer 向冷却箱扔进一块干冰。沿那块干冰的路径马上出现了一条微小的冰晶轨迹(Schaefer,1946)。

Schaefer 很快意识到干冰粒子表面附近的极低温度(-78 ℃)导致了沿其路径的液滴冻结。我们无法知道当时 Schaefer 是否也意识到由冷却产生的巨大的暂时过饱和激活了许多气溶胶粒子作为凝结核,使得在其周围形成的液滴也冻结了。无论如何,Schaefer 很快明白自己偶然发现了一种使过冷云冰晶化的方法。他立即制定了在自由大气中测试该方法的计划,并实施了计划,得到了上面的结果。

1.1.2 碘化银作为成冰核的发现

尽管发现了干冰的成冰特性,其他科学家仍在继续寻找人工成冰核。通用电气研究实验室的另一名成员 Vonnegut(1947)在化学表中寻找与冰的结构相似的固体物质。他还特别研究了晶格常数,测量各种晶体中原子之间的间距,并推断大多数自然冰核的效率低下是由核表层原子间距与冰结构中第一层水分子中的原子间距不匹配引起的。根据该研究结果,Vonegut 确定碘化银(AgI)是最有前景的化合物。在六角形晶体中,其原子的排列与冰中氧原子的位置相同,而且间距差异较小。

在云室实验中,Vonnegut(1947)发现 AgI 晶体在高达 −3 ℃ 的温度下就能成为冰核,这与他的理论预测非常一致。他立即解决了从给定数量的 AgI 中产生大量冰核的问题。他认为最有效的方法是汽化 AgI,然后停止汽化,也就是说,让蒸汽突然冷却,就会导致 AgI 分子形成大量的微小固态粒子。在第一次尝试时,每千克 AgI 产生了 10^{19} 个粒子。云室实验表明,其中一些粒子在温度约为 −5 ℃ 的情况下活化成冰。

云室实验后,又使用机载发生器在自由大气中对过冷云进行了试验,其结果与 Schaefer 的干冰实验结果一致。试验过程中,观察到在过冷云层中打开了洞孔而且雪花从这些洞孔中落下。参与试验的人员都激动万分。一些试验人员,尤其是 Langmuir 谈到了仅用几美元的 AgI 就能改变整个美国天气的可能性。

Vonnegut 对 AgI 粒子的冰核特性的发现使人工影响大面积云体的作业在成本方面变得可行。这些粒子可以从地面的发生器释放出来,播撒,有希望形成云层,这一事实大大降低了作业成本。1948 年,地面上一个发生器作业的成本仅为每小时 2~3 美元,而飞机作业成本约为每小时 25 美元。

通用电气公司发布有关专利之后,许多个人和公司进入了播云行业。他们的客户包括农场主和牧场主协会、公用事业和木材公司、灌溉区和市政当局。到 1950 年,美国约有 10% 的土地面积与播云公司之间存在合约,同时,播云公司在国外也开展了业务。

1.2　反对和争议

尽管自 1946 年以来播云技术在全球广泛传播,但其被接受程度并没有得到一致认可,如下例所示。

1974 年 12 月 7 日下午,大约 200 人在南达科他州的张伯伦小镇的一个教堂地下室集会。他们大多来自农场和牧场,聚在一起表达他们的意见,反对南达科他州议会 1972 年制定的人工影响天气计划。该计划曾宣称当时正在实现增雨并同时抑制强冰雹的目的。可是,1973 年和 1974 年这两个干旱的夏天使公众对人影计划的信心下降。

Workman 博士在这次集会上发表讲话。他此前曾在新墨西哥州从事人工影响天气研究,是美国国家科学院人工影响天气审核专家组的成员 (Panel, 1973)。Workman 博士称自己为"改变了的播云者",反对南达科他州的计划。他提出了一个他大约 12 年前提出的理论 (Workman, 1962),认为播云技术可以形成更多但更小的雨滴,从而增加云底与地面之间的蒸发并抑制降雨。尽管听众中有几个人,包括本文作者,质疑这一理论是否适用于南达科他州的云以及所采用的播云方法,但 Workman 博士毫不动摇。

此次会议的结果是成立了一个名为"公民反对人工增雨"的正式反对派组织。该组织随后在全州范围内举行了反对派集会。他们的施压很有效,以至于在 1976 年 6 月 30 日之后,该州再没有拨款支持南达科他州的播云技术。

南达科他州的公民反对人工增雨组织对该州人工影响天气计划的反应相对克制,主要是针对人工增雨计划未能减轻 1973 年夏季至 1975 年夏季的旱情。他们中的一些人认为该计划没有任何效果,浪费了公共资金,而另一些人则认为播云技术,特别是为了抑制冰雹,而实际使降雨减少。

其他州的反对团体,如宾夕法尼亚州圣托马斯市的三州自然天气协会则指责人工降雨造成了包括动植物疾病在内的各种灾难。他们成功地在一些州通过了禁止所有人工影响天气活动的立法(Howell,1965)。尽管如此,这些团体的一些成员坚信,在他们的所在地还有人继续秘密进行着播云活动。他们嘲笑政府官员的否认。他们有时将人工降雨归咎于有不良经济动机的团体,例如迫使小农破产,或秘密的军事工业综合研究项目。美国国防部在拒绝对早期的报告发表评论之后,最终透露美军曾将播云技术作为武器之一用于越南,这无疑加剧了人们对可能与人工影响天气有利害关系的联邦机构的不信任。

1.3 为什么要播云?

显然,我们从 Schaefer 1946 年 11 月 13 日实践的成功到 1974 年 12 月 7 日在南达科他州张伯伦小镇的公众抗议集会中并没得到什么,也没发生过多的干预事件。我们的目的不是要回顾这些事件,Byers(1974)和 Elliott(1974)已分别从大学研究人员和播云操作员的角度对这些事件进行了说明。相反,我们的目的是为张伯伦小镇会议(及其他方面)提出的问题提供可靠的答案,而这些问题显然是存在的。

本书中给出的结论主要基于云数值模式研究和外场试验的统计分析,因此必须以概率而非绝对的术语来表述。尽管存在不确定性,并且毫无疑问这些不确定性将持续存在,但这并不妨碍人们对通过播云技术进行人工影响天气的效果作出合理的预期。正如 Wallace Howell所说,掷骰子具有不确定性,但我们知道没人会掷出 13 点。同样地,物理定律必须对播云技术对人工影响天气的效应加以限制。因此,我们完成这一章内容时,会注意到大气的某些特征,这些特征在任何试图人工影响天气的结果中占主要地位,这也解释了为什么迄今为止几乎所有人工影响天气的认真尝试都涉及到播云。

1.3.1 大气的热引擎

地球大气起着巨大的热引擎的作用。大气利用来自太阳的能量来驱动风,从海洋表面抬升水汽,使水汽形成雨或雪降落在陆地表面。太阳能量很难被大气直接吸收,而是被地球表面吸收,然后作为显热或与水蒸发相关的潜热进入大气的最低层。

被地球吸收的大部分太阳能只进入地球的辐射平衡,抵消了从地球表面或大气层向太空辐射的能量。此外,传递给大气的太阳能只有一小部分是与风有关的动能。

风能主要来自地球表面不同部分的热量差异。我们已经注意到,一些太阳能会以蒸发潜热的形式存储一段时间,然后在水汽凝结成云时释放出来。某些风暴,包括局部雷雨和热带飓风,都是通过释放蒸发潜热来驱动的。

尽管与每天从太阳到达地球的总能量相比,风的动能很小,但是它的影响是广泛的。任何通过利用能量来改变天气的尝试都没有成功的机会。例如,在像洛杉矶这样的沿海城市,如果用巨型风扇从内陆沙漠将圣塔安娜风吹来作为空调,成本将高得令人望而却步。相反,美国怀俄明州等地的大型风车场正计划从风能中提取能源,但没想到这种能量提取会降低风速或以其他的方式影响天气状况。

人工影响天气必然涉及调节已经存储在大气中的能量的释放或改变辐射能量的转移。实现后者的一种可能的方法是改变地球表面部分区域的反射特性。

1.3.2　云的人工影响

由于云中含有存储的能量,因此云是尝试人工影响天气的理想载体。当然,几乎所有降落在地球表面的大气降水都是由云产生的,这一事实使得人工影响云有非常重要的实际意义。这些考虑清楚地说明了为什么迄今为止几乎所有意图去做人工影响天气的尝试都是针对云进行的。

有些人已经尝试了通过在云中播撒细小的炭黑粒子来影响云的辐射平衡,从而影响云滴的温度。另一些人试过人造云,或通过一种称之为人造雨云设备的巨型燃油装置从地面释放大量热量来增强已有的云(Dessens and Dessens,1964)。这些实验虽然在理论上非常有趣,但迄今为止还没有产生任何具有实际意义的结果。

云滴在大气中是通过在现有粒子上的凝结(异质核化)形成的,而不是通过气态的水分子聚集在一起形成纯水滴(同质核化)。所涉及的粒子称为云凝结核(cloud condensation nuclei,CCN)。在过去的几十年中,人们已经认识到CCN的数量因地而异,每天都不同,并且这些变化会影响云的微物理特征。微物理特征的差异反过来又影响了云水转化为雨的难易程度。

人工影响云最成功的尝试包括对形成水滴的CCN的数量或对形成冰起作用的冰核(ice nuclei,IN)进行改变,这对某些云的降水形成也很重要。

就像水滴的形成通常需要CCN一样,冰晶的形成通常需要IN的存在。通常认为过冷水的冰相同质核化需求温度略低于$-40\ ℃$。

播云一词的起源在于:将固体物质放置在过饱和溶液中以促进溶解溶质的沉淀,或在过冷溶液中使其冻结,这种固体物质块被物理化学家称为种子。将人工IN引入过冷的云滴来诱导冻结就是这种种子的一个例子。"播云"这个术语是用来描述用人工核改变云的尝试,如今有时在更广泛的意义上被用来指任何旨在改变云属性的物质的释放。尽管它在某些文档中几乎可以与"人工影响天气"互换使用,但它仍然不是"人工影响天气"的同义词。

要理解播云实验可能产生的结果,必须基于对自然的云种子、自然的CCN和IN的作用方式的了解。反过来,这种认知是基于实验室实验的结果以及有关大气中气溶胶粒子的观测数据。因此,我们从描述大气气溶胶及其特性的控制因素开始。

第 2 章　大气气溶胶

2.1　观测特性

构成大气气溶胶的小粒子是通过各种效应被我们认知的(图 2.1)。大气气溶胶会散射光,所以它们可以被感知为霾,或者有时日出或落日时天空呈现灿烂的色彩。较大的大气气溶胶以细尘形式从大气中降落,弄脏暴露的表面。在某些情况下,这些颗粒会引起人身体不适,特别是对患有呼吸系统疾病的人来说。

利用大气气溶胶产生的各种效应,已经研发出若干仪器对大气气溶胶取样(Husar,1974)。质量体积采样器通过过滤器抽取空气,过滤器捕获较大的颗粒进行分析,而空气本身和最小的颗粒则通过过滤孔逃逸。在其他情况下,气溶胶颗粒被允许沉降在涂有黏性物质的载玻片上,以便稍后可以通过电子显微镜或其他方式对颗粒进行检查。其他装置利用光束的衰减和不同散射角下散射光强度的观测来推断颗粒的数浓度和粒径谱。近年来,已经开发了电子分析仪。粒子通过离子扩散而带电,然后被引入带电电极的腔室,电极根据其电势来收集不同粒径的粒子。

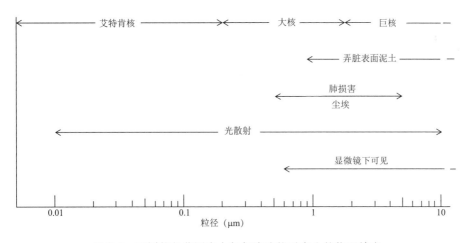

图 2.1　不同粒径范围内大气气溶胶粒子产生的物理效应

特别重要的是,在那些包含腔室的仪器中,较大的粒子在腔室被激活成为 CCN。由此产生的液滴,即使它们在沉降或聚集到腔室壁上之前可能只是短暂地存在于云室中,也比粒子本身更容易被观察到。第一个这样的仪器是艾特肯(Aitken)发明的;加德纳(Gardner)计数器是最近的一个例子。稍后讨论的另一个重要的装置是冰核计数器,它可使某些粒子能够形成冰晶而显露出来。

大气气溶胶的粒径范围[1]为 $0.01\sim10\ \mu m$ 不等。直径小于 $0.2\ \mu m$ 的粒子称为艾特肯颗粒;直径在 $0.2\sim2\ \mu m$ 的粒子称为大粒;直径超过 $2\ \mu m$ 的粒子称为巨粒。[2]

气溶胶总浓度变化很大,清洁的乡村空气中浓度低至 $10^9\ m^{-3}$,严重污染地区的浓度高达 $10^{11}\ m^{-3}$ 以上。图 2.2 显示了在两种不同情况下气溶胶观测结果的比较。曲线(a)是基于 Junge(1955)提供的西欧受污染工业区的数据。阴影区区域(b)是在美国北部大平洋地区不同农村地区近地面一年的观测结果(Davis et al.,1978)。污染空气中不仅气溶胶总浓度较高,而且粒谱分布也不同。污染主要包括大粒和接近艾特肯范围上限的颗粒。2.2 节将分析造成这种差异和大气气溶胶一般特征的因素。

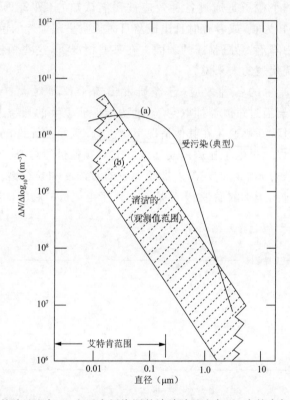

图 2.2　受污染的陆地空气(a)和远离污染源的清洁陆地空气(b)中的大气气溶胶粒径分布

2.2　气溶胶力学

大气气溶胶的浓度和粒径分布受粒子进入大气时的粒径分布、颗粒碰撞和碰并的趋势以及从大气中去除气溶胶颗粒的过程控制。碰并过程和去除过程在很大程度上取决于粒径。

2.2.1　下降速度

大气气溶胶粒子足够小,因此适用于斯托克斯定律。斯托克斯定律可以表示为:

---

[1]　在本书中,除非另有说明,粒子"大小"是指粒子直径或等效直径。

[2]　这些定义是在习惯上规定粒径的时候确定的。

$$\boldsymbol{F} = -3\pi\mu d\boldsymbol{u} \tag{2.1}$$

式中，$\boldsymbol{F}$ 表示直径为 d 的粒子以速度 $\boldsymbol{u}$ 通过流体介质时所受的阻力，μ 表示介质的动力学黏度。请注意，这是一个矢量方程式，力的方向与粒子运动的方向相反。

自由落体中的气溶胶粒子迅速达到其末速度 u_T，此时，由重力施加在其上的向下的力，适当地校正了介质的浮力，与阻力完全平衡。把我们发现的作用于大气气溶胶粒子的两个力列入如下方程：

$$u_T = (\rho - \rho_a)gd^2/18\mu \tag{2.2}$$

式中，g 是重力加速度，ρ 是粒子密度，ρ_a 是空气密度。

Junge 等(1961)使用式(2.2)计算了密度为 2 Mg·m^{-3}(比重＝2)的球形颗粒的末速度，作为标准大气中不同高度的粒径的函数(图 2.3)。所选的密度适用于许多大气气溶胶。尽管它们可能由体积比重大于 2 的物质组成，但它们通常呈不规则形状，由黏附在一起的小颗粒的聚合物组成，且间隙内有空气存在。

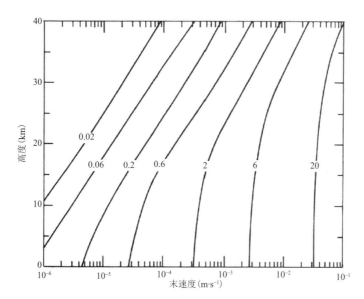

图 2.3 在标准大气中密度为 2 Mg·m^{-3} 的球形颗粒的下落末速度与直径和高度的函数关系曲线
以 μm 为单位按颗粒直径标记(Junge et al.，1961)

2.2.2 布朗运动与扩散

气溶胶粒子除了在重力影响下向下漂移外，还会进行不规则的扰动式运动，统称为布朗运动。

布朗运动是由于空气中分子的碰撞引起的，并且很大程度上取决于粒径的大小。大粒子几乎连续不断地被不同方向运动的分子撞击。而且大粒子的质量与分子质量相比是如此之大，以至于在任何方向上的净加速度往往非常小。一个足够小的粒子可以通过与以均方根速度运动的单个分子的碰撞而获得显著的加速度，而这种碰撞很少发生，因此加速度不一定会被与在其他方向上运动的分子的碰撞立即抵消。例如，在给定的时间内发生五次碰撞，其中四次碰撞很可能在 x 方向产生正加速度，而只有一次产生负加速度。但是，对于在同一时间段内被 50 个分子撞击的大粒子,沿着 x 轴 40 次碰撞产生正加速度和只有 10 次碰撞产生负加速度的概率极小。

　　刚刚概述的数学推导理论是对随机扩散理论的详细阐述,在几本教科书中都有涉及,其中最权威的可能是 Fuchs(1964)的阐述(Byers,1965;Pruppacher and Klett,1978)。表 2.1 基于 Fuchs(1964),给出了不同大小气溶胶粒子在一秒钟内的瞬时速度和运动的平均净距离。表中显示,布朗运动速度随着气溶胶粒径从小到大而大大减小。

表 2.1　气溶胶粒子的平均布朗运动速度和位移与近海平面的末速度的比较

粒径(μm)	末速度($\mu m \cdot s^{-1}$)	布朗运动的平均速度(3-dim)($\mu m \cdot s^{-1}$)	沿给定轴 1 s 内绝对位移的平均值(μm)
10	3000	1.4×10^2	1.7
1	35	4.4×10^3	5.9
0.1	0.86	1.4×10^5	30
0.01	0.066	4.4×10^6	260

　　单个气溶胶粒子的布朗运动是各向同性的,也就是说,各个方向的运动都是一样的。当气溶胶粒子的数浓度存在梯度时,粒子有扩散到密度较低的趋势。气溶胶粒子的布朗扩散系数被 Einstein 证明为:

$$D_B = kTB \tag{2.3}$$

式中,k 是玻尔兹曼常数,T 是绝对温度,B 是粒子的迁移率。遵守斯托克斯定律的粒子的迁移率由下式给出:

$$B = 1/3\pi\mu d \tag{2.4}$$

式中所有术语都如前文定义。比较式(2.1)和式(2.4)可知,对于以速度 μ 移动的粒子,阻力与迁移率成反比,即

$$\boldsymbol{F} = -\boldsymbol{u}/B \tag{2.5}$$

对式(2.3)和式(2.4)的检验表明,小气溶胶粒子(艾特肯颗粒)的布朗扩散比大粒子和巨粒子更快(表 2.1)。半径小于空气分子平均自由路径的粒子所受到的阻力比式(2.1)计算的阻力小,这一事实加强了这种趋势。这种复杂性可以通过在迁移率公式中引入 Cunningham 最初提出的滑动因子来解决。迁移率的公式则变为:

$$B = [1 + (a'l/d)]/3\pi\mu d \tag{2.6}$$

式中,l 是空气分子的平均自由路径(约 0.1 μm),a' 经实验确定约为 1.8。

　　对于更小的粒子,在纳米尺寸范围内,由于气体动力学效应,阻力再次增加。

2.2.3　气溶胶凝聚

　　引起气溶胶粒子扩散的布朗运动还会导致气溶胶粒子之间的碰撞和凝聚。

　　根据均方根速度(表 2.1),可以假设两个粒径相同的小粒子之间的碰撞比两个大粒子之间的碰撞更有可能发生。然而,大粒子的碰撞截面较大。最可能发生的碰撞是大粒子和小粒子之间的碰撞。简单来说,小的气溶胶粒子提供了促进碰撞所需的高速度,而大粒子则提供了所需的较大的碰撞截面。

　　使用一个非常简单的扩散模型可以证明,单位时间内单个大粒子收集的小气溶胶粒子的数量由下式给出:

$$\nu = 2\pi d_2 D_1 N_1 \tag{2.7}$$

式中，d_2 是大粒子的直径，D_1 是小粒子的布朗扩散系数，N_1 是它们的浓度。

两个气溶胶粒子之间碰撞概率的公式通常建立在碰撞概率与直径之和、扩散系数之和成正比的假设之上。因此，我们将直径为 d_1 和 d_2 的粒子的布朗凝聚核表达为：

$$K_B(d_1, d_2) = \pi(d_1 + d_2)(D_1 + D_2)\beta \tag{2.8}$$

式中，D_1 和 D_2 分别是直径 d_1 和 d_2 粒子的扩散系数，β 是凝聚因子，它允许不导致凝聚的碰撞以及最初反弹的粒子之间的多次碰撞。[3] 如果单位体积中存在直径为 d_1 的一个粒子和直径为 d_2 的另一个粒子，$2 K_B(d_1, d_2)$ 是它们由于布朗运动而在单位时间内发生碰撞和碰并的概率。

单位体积内浓度为 N_1 且直径为 d_1 的粒子与浓度为 N_2 且直径为 d_2 的粒子之间的碰撞与凝聚的频率由下式给出[4]：

$$\nu = 2 K_B(d_1, d_2) N_1 N_2 \tag{2.9}$$

对于浓度为 N 的单分散气溶胶，单位体积的凝聚与碰撞的频率由下式给出：

$$\nu = K_B(d, d) N^2 \tag{2.10}$$

每次凝聚与碰撞都会导致粒子浓度净减少 1，所以

$$dN/dt = - K_B N^2 \tag{2.11}$$

用式（2.9）和式（2.11）以及已发布的 K_B 值（表 2.2），可以预测气溶胶"老化"的速率，即变为浓度 N 较低的粗颗粒气溶胶的速率。

在斯托克斯定律区域中，单分散气溶胶的 K_B 与 d 无关，因为它随着 $(D_B d)$ 变化，D_B 随着 $1/d$ 变化。它在滑动区（$d < 1\ \mu m$）增加，随后在 $d < 10$ nm 时再次减小。

用表 2.2 中的 K_B 值对单分散气溶胶用式（2.11）进行计算表明，在任何气溶胶中，无论初始浓度如何，N 值都必须在 15 min 内降低至约 3×10^{12} m^{-3}（图 2.4）。对于低浓度气溶胶，凝聚过程较为缓慢，但是 Junge(1955) 表明，如果没有新的粒子加入，一周以后，如图 2.2 所示的双对数图上的模态点将从约 40 nm 移动到 200 nm。

表 2.2　布朗扩散（K_B）和微尺度湍流（K_*）的凝聚核[a,b]

$d_2(\mu m)$					
20	7	7	8	22	K_*
	3000	43	1.9	0.33	
10	1600	22	1.0	0.30	
1.0	160	2.4	0.34		
0.1	12	0.7			K_B
0.01	0.9				
	0.01	0.1	1.0	10	
		$d_1(\mu m)$			

[a] K_B 值基于 Fuchs(1964)。

[b] 单位：10^{-15} m$^3 \cdot$ s^{-1}。

---

[3]　式（2.8）等同于 Fuchs(1964) 第 294 页给出的等式。

[4]　一些作者（Byers, 1965）使用的 K_B 是 Fuchs 给出的两倍，以表征粒径不等的粒子之间的凝聚，因此可以写为式（2.9），但没有两倍。

对表 2.2 中凝聚核的研究也清楚地说明了一般的大气气溶胶实际上不包含直径小于 1 nm 的颗粒的原因。比如,在存在 N 为 10^{10} m^{-3}、d 为 50 nm 的气溶胶的情况下,1 nm 颗粒的最长寿命约为 15 min。

在某些情况下,布朗扩散引起凝聚的作用被重力沉降、迁移效应和微尺度湍流所补充。湍流对较大的气溶胶颗粒是最重要的。表 2.2 中包含的湍流(K_*)引起的凝聚核是根据 Smoluchowski 提出的公式计算的,该公式为:

$$K_* = \frac{1}{6}\frac{\partial u}{\partial n'}(d_1 + d_2)^3 \tag{2.12}$$

式中,$\partial u/\partial n'$ 是垂直于流线的空气速度的梯度[此情况下假设 5 s^{-1}:对比 Byers(1965)]。结果表明,在 $d_2 = 20\ \mu$m 时,微尺度湍流在雾或云粒子存在的情况下可以有效地清除特大的气溶胶颗粒。

迁移效应包括热迁移、扩散迁移和电泳。热迁移和扩散迁移在水滴成长和蒸发的过程中很重要,它们将在第 5 章结合云滴和冰核的碰撞来讨论。

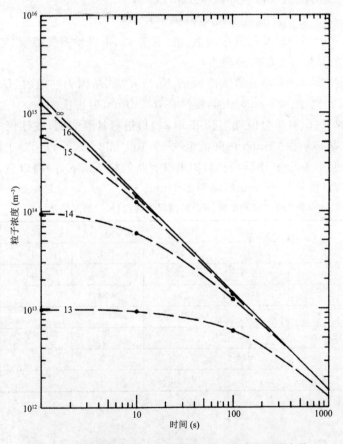

图 2.4　不同初始浓度下气溶胶粒子浓度随时间的变化

曲线的标记是时间为零的浓度对数(以 10 为底)

2.3　气溶胶湍流混合

气溶胶粒子凝聚成较大颗粒的趋势为净化大气提供了一种机制。凝聚形成的较大颗粒具有明显的下落速度(图 2.3)。然而,粒子从大气下落的速度不像简单考虑所设想的它们的下落速度那样快,因为湍流、风和对流使颗粒在垂直方向和水平方向上广泛分布。

湍流在气溶胶粒子和其他杂质传播中的作用可以通过在每个点上为大气给定涡流扩散系数来描述。考虑湍流通常是各向异性的这一事实,需要用 D_x、D_y 和 D_z 这三个系数。应该理解的是,尽管这些涡流扩散系数具有相同的单位,可以与描述分子扩散和布朗扩散过程的系数相似的方式使用,但是它们在更大的尺度范围内起作用,并且来自不同的过程。

湍流理论将给定体积的空气中的湍流能量系统地分布在不同大小的涡流中(Batchelor,1960)。将涡旋大小表示为波数,即直径的倒数,并做出湍流是各向同性的简化假设,可以将波数谱上的湍流能量的波数分布写为 $E(\kappa)$,其中 κ 为波数。结果表明,在波数谱的惯性子区域内,能量耗散很小,

$$E(\kappa) \sim \varepsilon^{2/3}\,\kappa^{-5/3} \tag{2.13}$$

式中,ε 表示能量耗散率。式(2.13)为有名的湍流-5/3 指数定律(the inverse five-thirds law of turbulence)。

惯性子区的湍流能量会导致更高的波数。湍流的涡旋不断分裂成更小的旋涡,直到动能最终通过黏度以热的形式消散。根据 Batchelor(1960),按照下式,能量耗散 ε 集中在高波数(小涡流)上

$$\varepsilon = \frac{2\mu}{\rho_a}\int_0^\infty \kappa^2 E(\kappa)\,\mathrm{d}\kappa \tag{2.14}$$

式中,μ 是黏度,ρ_a 是空气密度,κ 是波数(μ/ρ_a 是运动黏度)。

任意点的湍流强度都可以用能量耗散参数 ε 来表征。显然,如果能量没有以最大的涡流尺寸(即低波数)不断地馈入系统,那么湍流运动将很快停止。在大气中驱动湍流涡旋的能量有时会在明显的风切变区域或风吹过粗糙地形的区域释放出来。对流云中的垂直流是湍流能量的另一个来源。

气溶胶的湍流混合是由各种大小的涡流产生的。[5] 在任何一点的湍流能量都可以用来估计 D_x、D_y 和 D_z,前提是知道湍流的大小分布,包括沿 x、y 和 z 轴的最大涡流的大小。但是,需要注意一点,D_x、D_y 和 D_z 的适当值还取决于所考虑的时间间隔。在考虑气溶胶从一个点源分散超过 1~2 min 时,不能考虑用时 10~20 min 的大涡流的影响,这样会使整个气溶胶云向同一方向移动。它们的影响将被模拟为局部风的变化,而不是湍流。

2.4　气溶胶颗粒的垂直分布和沉积

在大气中,给定大小的气溶胶粒子的浓度随高度降低。气溶胶粒子在大气中的广泛分布是无限期维持的,并且涉及到高达几十千米的所有尺度的垂直运动。在这种情况下,在暴风区和静风区合适的 D_z 平均值为 5 m²·s⁻¹。根据定义,由湍流运动引起的向上和向下通过给定

---

[5]　只有极小的涡流会形成影响气溶胶凝聚的微尺度湍流(表 2.2)。

水平面的空气的质量是相等的。因此,湍流混合导致气溶胶颗粒净向上输送。

确定单分散气溶胶浓度的垂直梯度是有指导意义的。该梯度是使湍流混合产生的向上通量等于沉降产生的向下通量所需要的。假设 D_z 为常数,则所得计算结果表明,混合比,即单位质量空气中气溶胶粒子的质量,符合以下形式的指数关系:

$$w/w_0 = \exp\{-u_{\mathrm{T}}(z-z_0)/D_z\} \tag{2.15}$$

式中,w_0 是气溶胶混合比,z_0 是高度,w_0 是在某参考高度 z_0 处的混合比,u_{T} 是粒子的下降末速度。

应该注意到式(2.15)表达的只是近似值,因为 u_{T} 和 D_z 都是高度的函数,u_{T} 随高度增加,而 D_z 的变化取决于风切变和大气稳定度。用数值代替不同大小的气溶胶粒子的末速度,结果发现,尺度高度在典型的分层大气($D_z = 5\ \mathrm{m^2 \cdot s^{-1}}$)中,从巨粒的几百米到小的艾特肯颗粒的几百千米不等,在这个高度上 w 降低了 e(2.718…)倍。这一预测与观测到的气溶胶巨粒集中分布在最低的 2~3 km 高度,而艾特肯颗粒广泛分布于整个对流层和平流层的结果是一致的。

因为气团上升时会膨胀,所以每单位体积的气溶胶粒子数浓度 N 比混合比下降得更快。事实上,对于具有数千米尺度高度的艾特肯颗粒,N 随高度的减小几乎完全是由于 ρ_a 随高度的减小,这也遵循了近似指数关系。式(2.15)的关系在有组织的上升气流和下降气流的地区(如在对流云附近)被极大地扭曲。然而,一些观测数据(Selezneva,1966)与式(2.15)所示的理想指数关系惊人地一致(图 2.5)。

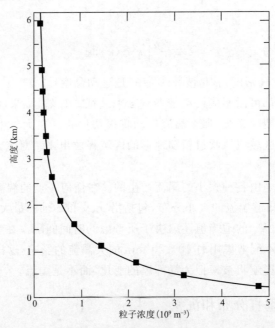

图 2.5 气溶胶粒子浓度随高度的变化(基于苏联数个工作站观察到的平均值)
(Selezneva,1966)

从大气中去除气溶胶粒子的最后阶段是气溶胶粒子对某些收集器表面的撞击。无云空气中的气溶胶浓度是随时间增加还是减少,取决于气溶胶粒子在地球表面或其他地方的增加是否足以抵消表面的清除。在气溶胶颗粒被清除而不是增加到地表的地方,浓度的垂直剖面显示在非常接近地表的地方浓度下降,那里的湍流混合导致了向下的通量。有些地表在去除颗粒方面比其他表面更有效。例如,森林就可以有效地清除气溶胶颗粒,因此人们创造了"绿色区域效应"一词来描述森林的清洁作用。

2.5　通过湿沉降从大气中去除气溶胶颗粒

凝聚和沉降这两个过程提供了一种机制,通过该机制可以将气溶胶颗粒的浓度保持在一定范围之内,大气通过该机制清除自身的气溶胶。但是,气溶胶颗粒,特别是吸湿性颗粒,被云和降水过程有效地从大气中清除,以至于直接沉积在地球表面往往是次要的。通过云和降水清除的过程统称为"湿沉降"。还使用了"沉降"这个术语,特别是对核爆炸产生的放射性碎片。

开始研究湿沉降时我们注意到每一个云滴都含有吸湿性凝结核(CCN)。由于典型的雨滴由大约 100 万个收集的云滴组成,每个雨滴至少会给地球表面带来大约 100 万个气溶胶粒子。

存在一段时间的云滴会收集更多的气溶胶颗粒,这个过程被称为"清除"。根据表 2.2 中的 K_B 值,可以估算出在给定体积的空气中存在的云可以在数小时内几乎完全清除艾特肯颗粒。

该预测已在各地得到实验验证。在南达科他州的一次雾和毛毛雨期间对艾特肯颗粒的观测显示,在 1 小时的时间内,浓度从 10^9 m^{-3} 下降至极低的 5×10^7 m^{-3} (Davis et al. ,1978)。

进一步考虑表 2.2 中($K_B + K_*$)的总和,结果表明,直径接近 1 μm 的气溶胶颗粒的清除效率应该最低。但是,这些粒子最有可能以 CCN 的形式被并合到云滴中,因此在气溶胶去除过程中,云的形成和清除过程相互补充。

即使云滴没有被落下的雨滴收集并随后蒸发,但云存在的最终结果仍然是使气溶胶颗粒数量明显减少。每个蒸发的云滴都留下一个大的复合颗粒,由一个或多个 CCN 和清除颗粒组成。

2.6　云凝结核的起源

大致确定了大气气溶胶的浓度和控制其浓度和大小分布的过程机理之后,我们现在将对控制水云和冰云形成的粒子,即自然云种子的来源和性质进行更具体的研究。

气溶胶颗粒从多种来源被引入大气,包括火山、流星痕迹、森林火灾、工业烟囱和其他人为源。一些气溶胶颗粒是风从裸露的土壤表面扬起的尘埃颗粒,而另一些是来自海面上的水雾滴的残留物。此外,还有许多有机来源的颗粒,包括花粉颗粒、孢子和有机分子簇,比如植物释放的萜烯。然而,最好的证据是,大多数气溶胶粒子根本不是作为固体粒子引入的,而是通过气体向粒子转化过程在大气中产生的。换句话说,它们是由化学反应形成并沉淀到大气中的。如我们所见,新形成的粒子迅速与现有的气溶胶凝聚在一起,因此总气溶胶分布大致保持如图 2.2 所示的水平。

在第 3 章中将说明,在正常大气条件下,只有最大的大气气溶胶颗粒才能起 CCN 的作用。有必要区分易吸收水的吸湿性粒子和不吸水的疏水性粒子。对 CCN 起源的研究范围缩小到对吸湿性大粒子和吸湿性巨粒子起源的研究。

　　暂时不谈诸如工业烟囱之类的人为来源,巨核的主要来源似乎是海面。实际上,有时会使用术语"巨盐核",因为对巨粒的化学分析经常显示氯化钠(NaCl)是它们的主要成分。这些巨粒是海面上蒸发的雾滴形成的。然而,产生巨盐核的重要喷雾不是大多数有航海经验的人都熟悉的波峰喷雾,而是非常细小的喷雾,这种喷雾与气泡破裂穿过泡沫水面有关。Mason(1971)回顾了将巨盐核的产生与海洋风速联系的观测结果,并估计在海洋碎浪区的粒子产生率高达 2×10^5 m^{-2}·s^{-1},而整个海洋的总体粒子产生率为 10^4 m^{-2}·s^{-1}。

　　由于巨粒具有相当大的下落速度,其量级大约每天几百米,相当于一千米或更小的尺度高度,因此它们通常在海洋表面附近被发现,并且不会以可观的浓度深入内陆几百千米。必须强调的是,即使在海洋上空,它们的浓度也很小,大约为 $10^6\sim10^7$ m^{-3},完全不足以解释在自然云中观测到的液滴浓度。为此,我们必须转向研究大粒。

　　因为大粒是由许多更小粒子凝聚形成的,所以它们在化学上不是纯的。对构成 CCN 的绝大部分的大核($0.2\ \mu m<d<2.0\ \mu m$)的化学分析表明,NaCl 并不是主要的组成物质。尽管存在多种化合物,但 CCN 最常见的成分是硫酸铵 $(NH_4)_2SO_4$。对主要的 $(NH_4)_2SO_4$ 粒子的浓度的观测表明,它们的来源是陆地上空或附近,而不是海洋上空。尽管一些 $(NH_4)_2SO_4$ 可能是由人类活动释放的,但人为来源并不能令人满意地解释该化合物在自由大气中的普遍存在,它一定有一个自然的来源。由于没有已知的自然来源将其直接注入大气,因此被认为它是通过气体到粒子转化而产生的。

　　当然,$(NH_4)_2SO_4$ 的基本成分是氮和硫。我们可以假定其产生过程发生了许多反应。如果氮是以氨(NH_3)的形式从腐烂的植被中引入,而硫是从森林大火中以二氧化硫(SO_2)的形式引入,则后续反应很简单。但是,很可能大部分硫是由沿海岸线腐烂的海藻和其他植物以硫化氢(H_2S)气体的形式引入的。将 H_2S 转化为 SO_3 并最终生成硫酸盐所需的多阶段氧化过程需要催化剂或强氧化剂(如臭氧)的作用。非常重要的是,在海平面以上约 20 km 处观测到了 $(NH_4)_2SO_4$ 大粒的次最大值,这与臭氧层的高度相一致。也可能还涉及比 H_2S 氧化和与 NH_3 反应更复杂的过程。对森林的观测表明,树木将大量萜烯和其他有机化合物释放到大气中,其中一些可能为 $(NH_4)_2SO_4$ 提供氮。

　　虽然最常见的 CCN 类型是大的硫酸铵粒子,其来源是在陆地上空或陆地附近,但在海洋上空的粒子浓度是相当可观的,而这些粒子不会像巨盐核那样迅速下落。因此,向海洋移动的大陆气团会在数天内保持大陆气溶胶的特征。只有在最遥远的海洋区域,测量到大核浓度才会大大低于 10^8 m^{-3}。另一方面,向内陆移动的海洋气团似乎可以在一天之内迅速补充这些颗粒。

2.7　自然冰核的起源

　　大气气溶胶中的不溶性颗粒在冰的成核中起着重要作用,其来源与吸湿性粒子完全不同。虽然流星尘埃、孢子、细菌和工业排放物都已被证明有时是冰核,但大多数天然冰核都是被风从地面上带起的不溶性黏土颗粒。

　　许多研究人员研究了从大气中收集的冰晶核或地面雪样中的冰晶核,而其他研究人员则在云室中测试了各种土壤和矿物颗粒的冰成核能力(Mason,1971)。这两种方法得到的结果相似,可以简单地加以说明。最常见的物质(如沙子)通常不能作为冰的成核剂,但已观察到一些黏土矿物可以在低达-5 ℃的温度下使水滴冻结。该温度应该被认为是一个阈值温度(假

设 10^4 个粒子中有一颗是活跃的)。Mason 综合考虑活性和丰富度后得出了结论：临界温度约为 -9 ℃的高岭土矿物(复合硅酸盐)是最重要的自然冰核。

如预期的那样,扬起尘埃颗粒所需的风速随土壤的性质变化,特别是随土壤的干燥度而变化。在耕地上,所需的风速随风向和犁沟方向之间的夹角而变化。来自得克萨斯州西部的数据表明,取决于风的方向,$12 \sim 15$ m·s^{-1} 的风速足以扬起尘云(Porch and Gillette,1977)。

风扬起的粒子的粒径谱也取决于风速。25 m·s^{-1} 的风可以将 $100 \sim 200$ μm 大的粒子吹到大气中。但是,这些粒子的高速下落速度(每秒几米)意味着只有当它们被对流或崎岖地形引起的强上升气流所吸引,它们才能得到支撑。图 2.6 显示了由风扬起的尘粒的更典型的粒径谱,这是基于 Gillette 等(1972)观察到的几个粒径谱。其样本中数量最多的粒子直径大多在 2 μm(译者注：原文作者似有误,从图 2.6 看应为 0.2 μm)至 15 μm 或 20 μm 范围内,而在艾特肯颗粒的大小范围内,从气体到粒子转化产生的吸湿性粒子最多。

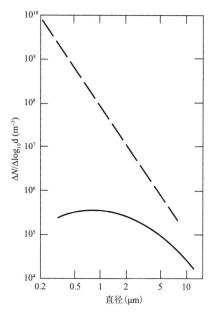

图 2.6　风在 $1.5 \sim 6$ m 处产生的尘埃颗粒的典型粒径谱
虚线表示用于比较的典型大气气溶胶的粒径分布

在某些情况下,较细的尘粒会悬浮几天,并传播很长的距离。在巴巴多斯和西印度群岛其他岛屿的大气层中发现了来自撒哈拉大沙漠的尘埃颗粒。

2.7.1　活化方式

要了解冰核的行为和取样所涉及的困难,就需要考虑它们的各种活化方式。人们现在普遍认为有以下四种方式：

1. 凝华；
2. 凝结冻结(有时称为吸附)[6]；
3. 接触冻结；

---

[6]　"吸附"一词在本书中将不再使用,因为 Mason(1971)和 Young(1974a)曾用它来表示不同的过程。

4. 浸润冻结。

凝华核的活化包括将气态水分子直接沉积到粒子上的冰格中。在凝结冻结过程中,首先将粒子活化为 CCN。一旦沉积了一层过冷的水薄膜,将粒子包裹住或作为其表面的小块,水膜内就会发生第二次成核事件(冻结)。有一些实验室证据表明,此过程实际上比直接从气态凝华为冰更常见。一旦冰相开始,整个水膜几乎立即冻结,并且通过凝华进一步生长。其他两个成核机制涉及先前存在的水滴的冻结。接触冻结的成因通常是核的布朗运动引起冰核与云滴之间的碰撞。在这种情况下,核通常停留在水滴的表层,特别是在核是由疏水性材料构成的情况下。冰相可以优先在固体与液体和固体与空气界面的交界处开始。浸润冻结涉及完全嵌入的核周围的液滴的冻结。各种活化方式有相似之处。例如,冻结延时的凝结冻结过程伴随着浸润冻结。

尽管可以方便地区分四种冻结方式,但并不意味着可以说有四种不同类型的冰核(IN)。根据环境条件,同一粒子可能以不同方式开始其冻结过程。第 5 章将结合人工冰核(IN)的活性再次讨论各种活化方式。

2.7.2 冰核取样

已用许多仪器测量自由大气中冰核(IN)的浓度。其中一种仪器是冷箱,在冷箱中可目测到因冰核(IN)暴露于冷湿空气而产生的冰晶。还有一种仪器是 NCAR 计数器,该计数器通过一个小的毛细管吸取冰晶并产生声音脉冲。事实证明,对冰核(IN)进行计数是非常困难的,部分原因是难以在冷箱中复制核在大气中遵循的活化形式。已经多次举办了关于各种传感器对比效果的国际国内研讨会(Vali,1975)。虽然绝对测量值在 10 倍的范围内较好,但有些说法也是可行的。

2.7.3 随温度变化的活性

对过冷液滴的异质浸润冻结的实验室研究多次表明,冻结的概率随着过冷程度的增加而增加(Hobbs,1974;Mason,1971)。这与在大气中的观测结果一致,即使自然的疏水性冰核(IN)常常作为凝华核而不是浸润冻结核被激活。

随着过冷度的增加,在自由大气中每单位体积的有效冰核(IN)数量几乎呈指数级增加。因此有:

$$N_a(T') = N_0 \exp(\Omega T') \tag{2.16}$$

式中,T' 是过冷温度(单位:℃),$N_a(T')$ 是有效冰核的浓度,N_0 和 Ω 是可调参数(Fletcher,1962)。N_0 的典型值为 10^{-2} m^{-3}。当 Ω 在 0.4 到 0.8 之间,通常约为 0.6,这意味着温度每下降 3.5~4 ℃时,活化冰核(IN)的浓度就会增加约 10 倍(图 2.7)。

当温度每下降 3.5~4 ℃,自由大气中活性的天然冰核(IN)的浓度就增加一个数量级,因此,有必要明确提出一个与给定观测相适用的温度。为了方便起见,观测中通常将标准温度设定为 -20 ℃。冷箱和其他感应腔通常在 -20 ℃的温度下运行,但有时不在此温度下工作,此时会采用假定的调整因子。

2.7.4 浓度

现有的观测资料表明,自然冰核(IN)相对缺乏。在一些空气清洁的地区,能够在 -20 ℃下引起液滴冻结的自然冰核(IN)浓度低至 10^3 m^{-3}。将其与大陆云中典型的 5×10^8 m^{-3} 的云滴浓度进行比较,发现在某些地区,-20 ℃下云滴因冰核(IN)直接冻结的可能性极小。冰核

（IN）的低浓度解释了为什么在自由大气中经常观测到过冷云，以及为什么冰晶云中的粒子浓度往往较低。

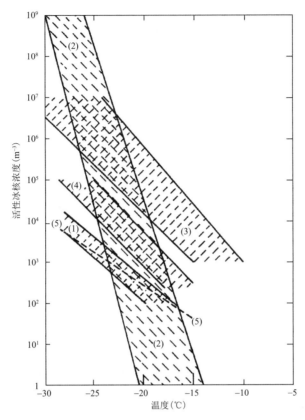

图 2.7　呈现简单指数形式的自然冰核谱：（1）Palmer（1949）；（2）Workman 和 Reynolds（1949）；
（3）Aufm Kampe 和 Weickmann（1951）；（4）热沉淀器；（5）Warner（1957）
（Fletcher，1962）

2.7.5　"受过训练"的核

有证据表明，如果冰核（IN）是活化的，且以此产生的冰晶升华，那么该冰核比原来更有效。这可能是由于冰核中裂隙或粒子表面的其他不规则形状中残留的冰所致。这种粒子被称为"受过训练的"或"预活化"冰核。

第 3 章　云与降水的形成

3.1　云滴的微物理特性

3.1.1　通过冷却释放过量的水汽

当空气冷却到露点以下时,无论是通过辐射、与较冷空气混合,还是在大气中上升减压,云即可形成。

一定体积中,处于纯水面平衡的一定体积的水汽量仅是温度的函数。包含此水汽量的空气(或空间)被称为饱和。由于水汽严格遵循理想气体定律,因此用其压强(e)表示存在的水汽量是很方便的。在本章节中我们将讨论饱和水汽压 $e_s(T)$,有时也称之为平衡水汽压。

任何超过饱和所需量的水汽理论上都可以形成水云。已知冷却速率,可以通过克劳修斯-克拉珀龙方程计算水汽形成云滴的速率,该方程式是饱和水汽压与温度 T(单位:K)的函数,如下所示:

$$e_s(T) = e_s(T_0)\exp\left\{\frac{L_v}{R_w T_0} - \frac{L_v}{R_w T}\right\} \tag{3.1}$$

式中,$e_s(T)$ 表示在温度 T 下的饱和水汽压或平衡水汽压,$e_s(T_0)$ 表示在某个参考温度 T_0 下的饱和水汽压,L_v 表示蒸发潜热,R_w 表示水汽的比气体常数。式(3.1)可用于计算过冷水面($T <$ 273.15 K)以及高于冻结温度的水的 $e_s(T)$。为了求出温度为 T 时冰面上的饱和水汽压 $e_i(T)$,需用升华潜热 L_s 代替式(3.1)中的 L_v。

冰面和水面的饱和水汽压在三相点(0.0098 ℃)时完全相等。就我们的研究目的而言,我们可以认为它们在 0 ℃ 时相等,并赋予实验值 6.11 hPa。将 0 ℃ 作为参考温度 T_0,水面的饱和水汽压计算公式为:

$$e_s(T) = (6.11\ \text{hPa})\exp\left[\frac{L_v}{R_w}\left(\frac{1}{273.15} - \frac{1}{T}\right)\right] \tag{3.2}$$

冰面的饱和水汽压的计算公式为:

$$e_i(T) = (6.11\ \text{hPa})\exp\left[\frac{L_s}{R_w}\left(\frac{1}{273.15} - \frac{1}{T}\right)\right] \tag{3.3}$$

结果如图 3.1 所示。

如果水汽在温度 T 时产生分压 e,则将饱和比定义为:

$$S = e/e_s(T) \tag{3.4}$$

当温度低于 0 ℃ 时,将冰面的饱和比定义为:

$$S_i = e/e_i(T) \tag{3.5}$$

根据克劳修斯-克拉珀龙方程,可以确定一团含有已知水汽量的冷却空气中增加的水或冰面的饱和比的量。过饱和,即 S 值大于 1,表明有多余的水汽可以形成云。然而,为了确定由此产生的云的特征,有必要考虑控制单个云滴形成和发展的微物理过程。这些过程涉及诸如水汽的扩散、热传导、潜热的释放以及表面张力和溶解质在单个云滴中的作用。

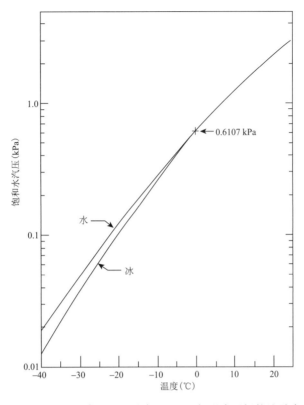

图 3.1　在 $-40 \sim +25$ ℃温度区间的纯平水面上以及在 $-25 \sim 0$ ℃温度区间的纯平冰面上的饱和(平衡)水汽压
（List，1958）

3.1.2　表面张力效应(开尔文效应)

由于表面张力效应,水面上都存有能量。直径为 d 的水滴表面存储的能量为:

$$E_{\gamma} = \pi d^2 \gamma \tag{3.6}$$

式中, γ 为表面张力系数。对于 0 ℃时空气-水界面, γ 约等于 0.075 J・m^{-2}。

最先由劳德・开尔文(Lord Kelvin)研究指出,由于表面张力,维持小水滴与其周围环境平衡所需的水汽压大于同一温度下维持纯平水面与其周围环境平衡所需的水汽压。直径为 d 的纯水滴上方的饱和(平衡)水汽压 $e_{s,d}(T)$ 由下式给出:

$$e_{s,d}(T) = e_s \exp\left(\frac{4\gamma}{\rho_L R_w T d}\right) \tag{3.7}$$

式中, e_s 为纯平水面上的饱和水汽压, γ 为表面张力系数, ρ_L 为液态水的密度, R_w 为水汽的比气体常数, T 为温度(单位:K)。

3.1.3　溶解质的作用

根据式(3.7),当 d 接近零时,纯水滴的 $e_{s,d}$ 值接近无穷大。因此,纯水滴从气态发生同质核化时需要非常大的饱和比。只有在 S 值约为 4.5(过饱和度为 350%)时,由水分子偶然组合形成的液滴胚要足够大并能通过捕获其他分子而进一步增大,这种情况在合理的时间段例如 1 s 内出现的可能性才比较大(Pruppacher and Klett,1978)。这就是为什么云滴通常是通过云凝结核(CCN)的异质核化形成的。CCN 的作用是克服必须跨越的能量壁垒,形成新的云滴。

实验表明,根据拉乌尔定律,水中的溶解质会降低饱和水汽压,如下式:

$$(e_s - e'_s)/e_s = n/(n + n')\qquad(3.8)$$

式中,e'_s 是溶液的饱和水汽压,n 是溶解质的分子数,n' 是水分子数。实际上,有必要通过引入解离因子来考虑溶质将分子解离成离子。

结合开尔文(曲率)和拉乌尔(溶液)效应,可以将直径为 d 的溶液液滴的饱和水汽压表示为:

$$e'_{s,d} = e_s\left[1 + \frac{4\gamma}{\rho_L R_w Td} - \frac{6i M_w m_s}{\pi \rho_L M_s d^3}\right]\qquad(3.9)$$

式中,M_w 是水分子量,M_s 是溶质分子量,m_s 是溶质的质量,i 是解离因子,其他符号如前文定义。

对于含有已知质量溶质的特定大小的液滴,根据下式,可以计算出平衡饱和比 S_{eq}

$$S_{eq} = \frac{e'_{s,d}}{e_s} = 1 + \frac{4\gamma}{\rho_L R_w Td} - \frac{6i M_w m_s}{\pi \rho_L M_s d^3}\qquad(3.10)$$

对于式(3.10)中不同大小 NaCl 粒子的解如图 3.2 所示。每条曲线显示某一种 NaCl 粒子大小的平衡饱和比为 d 的函数,这种曲线称为科勒曲线。

由图 3.2 可知,每个核都有一个临界直径,在此临界直径下,防止液滴蒸发所需的饱和度最大。核越大,临界直径 d_c 越大;但是当 $d = d_c$ 时,核越大,$e'_{s,d}$ 的值越小。

科勒曲线表明,在吸湿性粒子 S 值远小于 1 时,也能吸收水分。例如,这种趋势导致雾霾在夜间越来越浓。液滴随着辐射冷却导致的 S 值的增加而增大。但是,除非 S 值大于 1,否则它们永远无法超过 d_c 成为真正的云滴。

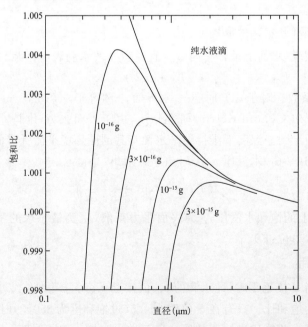

图 3.2   液滴表面的平衡饱和比(S_{eq})与不同质量氯化钠(NaCl)的溶液滴直径的函数关系

3.1.4　增长率方程

在考虑云滴的增长或蒸发时,不仅要考虑维持给定云滴所需的饱和或平衡水汽压,还要考虑云滴大小随周围环境中水汽压过大或不足而变化的速度。

对于大小足以忽略表面张力效应的纯水滴,其增长速率由水汽扩散到液滴表面的速率和液滴表面释放的蒸发潜热从液滴传导出去的速率决定。释放的潜热使液滴略微升温约 0.01 ℃,从而提高了液滴表面上的平衡水汽压,并抑制了液滴的增长速率。

结合主要决定因子,得出控制溶液液滴增长或蒸发的方程为:

$$\frac{\mathrm{d}d}{\mathrm{d}t} = \frac{4}{d}\left\{\frac{(S-S_{eq})F_v}{(L_v^2 \rho_L/kR_w T^2)+[\rho_L R_w T/De_s(T)]}\right\} \tag{3.11}$$

式中,k 是空气的热导率,D 是空气中水汽扩散率,F_v 是通风因子(下面讨论),所有其他符号如前文定义。

式(3.11)对云的形成具有重要意义。对于两个不同大小的液滴,较小液滴的直径增长速率大于较大液滴的直径增长速率。因此,即使所有的液滴直径都增加,大量云滴表面的水汽凝结往往会使大小液滴的直径更接近。

对式(3.11)的进一步研究表明,一旦过了初始形成阶段,不断增长的液滴的表面积就会随时间发生线性变化。因此,直径随时间的平方根而变化,并且增长中的液滴质量为 $t^{3/2}$。对于计算机模拟,通常更方便的做法是追踪增长中的液滴的质量而不是其半径。式(3.11)给出了液滴质量的增长率,即:

$$\frac{\mathrm{d}m}{\mathrm{d}t} = \frac{2\pi d(S-S_{eq})F_v}{(L_v^2/kR_w T^2)+[R_w T/De_s(T)]} \tag{3.12}$$

式(3.11)和式(3.12)表明,对于给定的 S 值,增长率将随温度而变化。空气的导热系数 k 和水汽扩散率 D 本身取决于空气的温度和密度(表 3.1)。事实证明,在相对高温的低密度条件下(例如热带云层的上部),液滴增长最快。

表 3.1　空气的动力黏滞度和热导率以及空气中水汽的扩散率[a,b]

温度(℃)	动力黏滞度(μ) (10^{-6} kg·m^{-1}·s^{-1})	导热系数(k) (10^{-3} J·m^{-1}·s^{-1}·K^{-1})	水汽扩散率(D) (10^{-6} m^2·s^{-1})
30	18.7	26.4	27.3
20	18.2	25.7	25.7
10	17.7	25.0	24.1
0	17.2	24.3	22.6
−10	16.7	23.6	21.1
−20	16.2	22.8	19.7

[a] 引自史密森气象常用表(List,1958)。

[b] k 和 D 的值在 1000 hPa 下适用。

对于小到足以忽略其下落末速度的液滴的增长或蒸发,通风因子 F_v 等于 1。由于液滴掉落到先前不受其影响的空气中,向液滴传递热量和水汽或从液滴传出热量和水汽的扩散过程得到补偿,因此较大的液滴的增长或蒸发得到增强。

通风因子的常用公式是:

$$F_v = 1 + 0.22(N_{Re})^{1/2} \tag{3.13}$$

式中,空气中液滴的雷诺数 N_{Re} 由下式给出

$$N_{Re} = \rho_a \mathrm{d}u/\mu \tag{3.14}$$

所有符号均如前文定义。

　　考虑到液滴表面的分子过程,可以进一步修改式(3.11)和式(3.12)(Pruppacher and Klett,1978)。值得注意的是,虽然这些公式高估了增长率,尤其是对于 $1\ \mu m$ 范围内的液滴,但是它们在大多情况下都是适用的。

3.1.5　液滴蒸发

　　式(3.12)表明,$S<S_{eq}$ 时,液滴会蒸发。当 $S<1$ 时,液滴表面积的减小速度是恒定的,因此液滴蒸发所需的时间随 d^2 的变化而变化。考虑到对于小于约 $75\ \mu m$ 的液滴 u_T 随着 d^2 变化时,发现液滴蒸发时下落的距离随 d^4 变化。对于较大的液滴,下落的距离随 d 的 $3\sim3.5$ 次幂变化。因此,在给定的环境下,那些能够到达地面而不蒸发的水滴(雨滴)和不能到达地面的水滴之间有一个明显的界限值。通常,该界限值约为 $0.3\ mm$,但按惯例,所有直径大于 $0.2\ mm$ 的液滴都被视为降水液滴,通常我们称之为雨滴(一些权威机构更倾向于将术语"雨滴"限定为 $0.5\ mm$ 或以上的液滴,而将大小在 $0.2\sim0.5\ mm$ 的液滴称为"毛毛雨滴")。

3.2　水云的形成

3.2.1　云形成的模拟

　　只要给定了环境条件,包括冷却速率及 CCN 的尺度谱和化学成分,就可以用式(3.12)或等效表达式模拟云的形成过程,其简化流程图如图 3.3 所示。如果冷却是由于气块的上升和绝热膨胀引起的,则必须在每个时间步长进行一系列的调整。

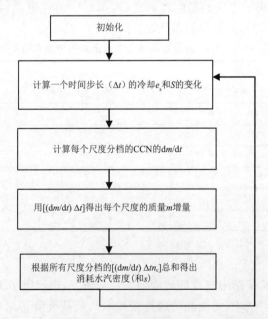

图 3.3　计算机模拟的允许可用水汽竞争的云形成流程

调整包括 CCN 的数浓度、导热系数和扩散系数以及过量水汽浓度的改变。

基于 Mordy(1959)的研究,图 3.4 显示了气块中不同大小的核的演变,气块以 $0.15 \ m \cdot s^{-1}$ 的速度向上运动冷却过程。随着空气的冷却和饱和度的增加,最大的核被活化,在它们上面形成的液滴很快就超过了它们的临界粒径。尽管液滴在增长,但它们无法迅速吸收可利用的水汽,因此无法阻止过饱和度进一步增加。不断增加的过饱和度会活化越来越多的较小的核,直到最终水汽凝结的速度超过了冷却提供多余水汽的速度。然后过饱和度开始下降,尚未达到其临界粒径的最小液滴开始蒸发。如果过饱和度下降得很快,那么即使一些已经超过其临界粒径的液滴也会被蒸发。

形成的云的饱和比通常不超过 1.005。一旦形成云,含云空气中的饱和比就回到接近 1.000 的值,不再活化 CCN。在积云的底部,明显过饱和的空气层厚度通常仅约 50 m。随着气块继续上升,空气进一步凝结,增加了现有液滴的大小,而不是液滴的浓度。

回到图 3.4,我们注意到在选择过程中幸存下来的液滴,它们直径的差异并不像它们形成时的核直径差别几倍那么大。云滴群粒径分布狭窄;在某些情况下,新形成的云中的所有液滴的大小都在 $10 \sim 20 \ \mu m$,并且进一步的凝结增长往往还会进一步缩小差异。

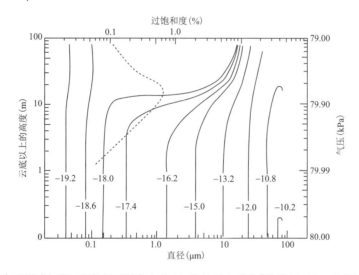

图 3.4　在水云形成初期,云滴在不同大小的 NaCl 粒子上增长[曲线用 CCN 质量的对数标记,
单位为 mol。在该例中,上升气流假定为 $0.15 \ m \cdot s^{-1}$](Mordy, 1959)

数值模拟表明,云滴浓度是冷却速率和 CCN 谱的函数(Howell, 1949;Mordy, 1959)。与缓慢冷却相比,快速冷却产生的瞬间过饱和度更大,活化的 CCN 更多。因此,在其他条件相同的情况下,强上升气流的云层底部的液滴浓度超过弱上升气流的云底的液滴浓度。然而,CCN 的浓度和粒径分布对液滴浓度的影响更大。大量的大吸湿性颗粒作为 CCN,通常会导致云滴的数浓度 N_c 值很高。

例如,Twomey 和 Wojciechowski (1969)推导了经验公式,量化了上升气流速度、云形成过程中的最大饱和度和活化的 CCN 的浓度之间的三者关系。

3.2.2　与观测结果比较

尽管数值模拟与观测结果基本一致,但真实云中的情况往往比模拟所显示的更为复杂。

真实的云通常是"零星"分布的。在数百米的范围内,云液态水浓度含量 χ_l 在厚积云中可能在 100 多米的距离内从小于 1 g · m⁻³ 变到 4 g · m⁻³ 不等,或更大。此外,液滴谱分布通常比模拟所显示的更宽、更不规律。Warner(1969)观测到了双峰谱。含云和晴空的湍流混合或具有不同发展阶段的含云气块的湍流混合,以及起伏脉动的上升气流已被用来解释这些观测结果。目前唯一清楚的是,随着时间的推移,有一些影响因素会使云滴谱变宽。

3.2.3　大陆性云与海洋性云

尽管刚才提到了一些复杂的问题,但海洋上空的云和陆地上空的云的微物理结构存在明显的差异(Squires and Twomey,1958)。

总的来说,海洋性云中的液滴浓度比大陆性云中的液滴浓度低,它们典型的 N_c 值分别为 50 cm⁻³ 和 500 cm⁻³,且各自都会发生较大的变化。在重度污染的空气中,由强上升气流形成的积云的液滴浓度高达 1500 cm⁻³。然而,这条通则似乎是成立的。

尽管海洋上的云通常不会表现出大陆积云的强烈上升气流特征,但海洋性云和大陆性云之间云滴浓度差异的主要原因似乎在于海洋和大陆气团中气溶胶分布的差异。通常,海洋上空的气溶胶所含的大吸湿核比大陆气溶胶所含的要少。图 3.5 比较了由美国海军研究实验室取样的中部大陆和海洋气团中活化的 CCN 数量与饱和度的函数关系(Twomey and Wojciechowski,1969)。结果总体上与云滴计数一致。

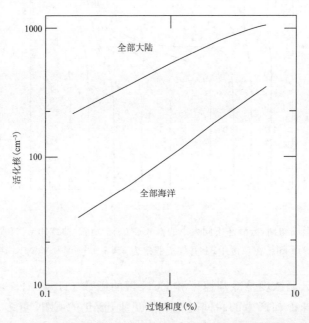

图 3.5　典型的大陆和海洋空气中活化的 CCN 浓度(取决于饱和度)
(Twomey and Wojciechowski,1969)

3.3　冰晶的水汽增长过程

3.3.1　冰晶特性

尽管冰相粒子可能以新粒子或过冷的云滴冻结的形式出现在大气中,但它们的下一个发展阶段始终涉及水汽的直接凝华。

自然科学家早已知道雪花中的冰晶具有多种形状。所有这些形状或特性基本上都呈六边形结构(图 3.6)。常见的冰晶形状为扁平六角板状;六角棱柱状冰晶,可以被认为是沿 C 轴而不是 a 轴生长的板状冰晶;以及枝状冰晶,即细枝六角星冰晶。扁平的枝状冰晶可以被认为是从六角形板生长出来的,这是水汽在拐角处优先凝华的结果,还有三维分支延伸的立体枝状冰晶。此外,除了定义明确的冰晶形状外,还有不规则的针状冰晶。由于与过冷水滴的碰并与冻结,所有冰晶均可能经历不同程度的淞附过程。

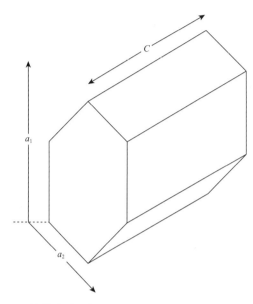

图 3.6   柱状冰晶。标出了组成冰晶的基本晶胞轴的方向

Nakaya(1951)进行的实验室研究首先描述了有利于各种冰晶形成的条件。冰晶特性显然是由温度和大气中超过冰面饱和所需的过量水汽压共同控制的。Hobbs(1974)仔细研究了现有数据,并得出了温度的影响往往更为重要的结论。而且,实际上有许多冰晶在水滴云中生长成,在水滴云中,温度是水汽压的决定因素。

图 3.7 显示了冰晶特性与温度和冰面饱和比的变化。尽管此图非常简化,但实际上与目前作者所能获得的所有数据都是一致的。如图 3.7 所示,各区域之间过渡平稳。例如,在板状冰晶和枝状冰晶区域之间的过渡区附近观测到扇形板状(在六个角上有大的延伸)(Hobbs,1974)。

如果实验室冷室中正在增长的冰晶受到温度变化的影响,那么冰晶特性会改变。因此,有可能导致枝状冰晶在板状冰晶的拐角处出现,或导致板状冰晶在柱状冰晶的两端出现,从而形成冠柱状冰晶。查看地面上的雪花有时会发现冰晶特性的变化,这可能与雪花穿过云层下落时经历的温度变化有关。Hobbs(1974)指出,几位研究人员的这些研究结果与实验室研究结果完全吻合。

3.3.2 冰晶的增长速率方程

式(3.12)给出了云滴的增长速率或蒸发速率与环境饱和比的函数关系,一旦冰晶大小到了几微米,该方程式就可用于计算冰晶的增长情况。即使冰的核化发生在非常小的核上,最初始生长过程也通常需要几十秒。

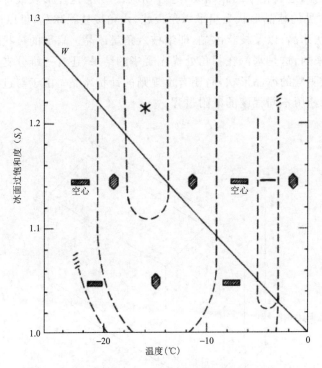

图 3.7　主要冰晶特性与温度和冰面饱和比的函数关系

(W 线表示水饱和度，——表示针状冰晶，▨表示柱状冰晶，◆表示板状冰晶，＊表示枝状冰晶和星状冰晶)

对于冰晶的生长，环境温度 T 下的冰面饱和水汽压 $e_i(T)$ 必须替代水面的饱和水汽压 $e_s(T)$。替换在式(3.12)中分母的相应部分进行。

用冰的饱和比 S_i 替代分子中的 S，还需要用升华潜热 L_s 替代蒸发潜热 L_v。

最后，还需要进行一次调整。水滴增长方程式(3.12)分子中包含了水滴的直径。由于冰晶的形状不规则，因此需要用晶体 C 的容量代替液滴的半径，晶体 C 是衡量冰晶从周围环境中吸收水汽而生长的能力。最终的方程式为：

$$\frac{\mathrm{d}m}{\mathrm{d}t} = \frac{4\pi C(S_i - 1)}{(L_s^2/kR_wT^2) + [R_wT/De_i(T)]} \tag{3.15}$$

一旦冰晶直径达到 1 μm 左右，就可以采用该式，式中 S_i 平衡值为 1，与平面冰面上的值相同。

通过与静电学类比，得出了几种简单晶体形状的 C 的理论值。对于球体，$C = d/2$，而对于圆盘，$C = d/\pi$。六角形板是一种常见的晶体形式，它的 C 值与等面积的薄圆盘的 C 值大致相同，而枝状板的 C 值又与外部尺寸相同的板的 C 值相同。

除了考虑式(3.12)和式(3.15)的差异以外，还要注意，S_i 的值通常远大于在大气中观测到的 S 的最大值。其原因是 IN 与 CCN 不同，数量很少。形成的冰晶通常不能全部消耗可利用的水汽，一旦 S 达到 1，凝结就成了 S_i 增加的唯一限制因素。因此，在许多情况下，冰晶在 $S = 1$ 的情况下增长。

与水的饱和比($S = 1$)相对应的冰的饱和比 S_i，随着温度从 0 ℃ 开始下降而稳定增加。然而,水面饱和时冰晶增长最快的情况并不是在非常低的温度下发生。

水面和冰面饱和度之间的绝对水汽压差在 −12 ℃ 附近达到最大值(图 3.1)。考虑 k 和 D 随温度的变化(表 3.1)后的结果表明,在给定的 C 值和水面饱和条件下,冰晶凝华增长最快的情况发生在稍低的温度下,比如 −15 ℃ 到 −17 ℃,具体取决于空气密度。但是,有证据表明,由于冰晶特性效应,C 对温度的依赖性极大。在 −5 ℃ 左右观测到冰晶迅速增长(Hobbs,1974)。图 3.8 显示了 Hindman 和 Johnson (1972)计算的不同生长阶段冰晶质量随温度而变化。最大生长速率明显在 −5 ℃ 和 −15 ℃ 附近。

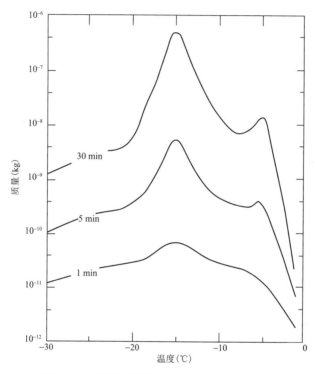

图 3.8　不同增长期的冰晶质量随温度的变化

(Hindman and Johnson, 1972)

冰晶在冰水混合云中的增长对于降水的形成至关重要,特别是在地球上较冷的地区。关于冰相粒子增长这方面的讨论,请参见 3.5 节。

3.3.3　冰晶繁生

尽管测量结果表明大气中的 IN 非常稀少,但一些观测表明冰晶浓度超过了同时测量的 IN 浓度 10～100 倍。在"白顶"实验期间,密苏里州 −10 ℃ 线附近的浓积云顶部的观测结果清楚地显示了这种情况。经常观测到那里的冰晶浓度在 −5 ℃ 附近高达 5000 m^{-3}(Braham,1964)。这些观测结果很快使人联想到某种繁生过程在起作用,致使单个冰核(IN)的活化最终产生了许多冰粒。

实际上,在试图核对 IN 和冰粒的观测结果时,有多种可能性要考虑。一方面,这些测量值指向的并不是同一种物质。如果测量正确,则云内的 IN 测量是指对那些在观测之前没有被捕捉到的冰核的测量。另一方面,冰粒子的出现表明 IN 在较早的时间已被活化。此外,例如,在 −10 ℃下观测到的冰粒子并不能证明它是在 −10 ℃时由活化冰核(IN)形成的。这种考虑在对流云中尤为重要,毫无疑问,在对流云中,下沉气流会导致低层出现冰晶或冰粒,而这些冰晶或冰粒起源于较低温度的云中较高的位置。

在考虑了以上所有因素之后,有时仍然会发生某种形式的冰晶繁生过程(Mossop,1970)。当然,理想的冰核(IN)是一块冰,它能使水在 0 ℃以下结冰。冰晶繁生过程考虑的可能性包括由于与其他水凝物碰撞引起星状枝状冰晶破碎而形成的碎片,以及当液滴冻结时破碎形成微小的冰碎片。过去,人们认为水滴会从外部冻结,在水核周围形成冰壳,水核自身冻结后会膨胀,从而打碎外壳并释放出许多微小的碎片。

当前观点认为,冰晶繁生与霰粒子在其路径中收集过冷水滴产生的淞附过程有关。室内实验证据表明,霰粒子收集直径在 50～70 μm 的大云滴会导致大约每 250 次捕获就释放一个小冰粒,前提是捕获须在 −12～−5 ℃的温度范围内进行(Mossop and Hallett,1974)。该证据与以下观测结果一致:在有大液滴的浓积云顶和降水粒子出现后 −10 ℃左右的云顶上,繁生似乎最常见。然而,几个实验室仍在积极研究冰晶繁生问题,新的结果可能会使得对目前公认的解释进行另一次修订。

3.4　通过碰并形成雨

几乎所有降落在地球上的降水都是由聚合的云滴组成的,这些云滴是由穿过云层下落的更大的水凝物冲刷捕获的。碰并(accretion)是一个总称,指的是水凝物以较大的下降末速度捕获任何水凝物。云滴和雨滴被较大的云滴或雨滴捕获的特殊情况称为碰并。过冷云滴被固体降水粒子捕获并立即冻结其上的过程称为淞附过程。小冰晶可以被较大的冰晶或雪花捕获,此过程有时称为聚合。所有这些过程都包含在"碰并"这个术语总称中。

3.4.1　连续收集

我们从最简单的情况开始,即直径为 d 的大水滴以下落末速度 u_T 通过均匀的水云落下。下落的水滴每单位时间扫过 $\left(\dfrac{\pi d^2 u_T}{4}\right)$ 的体积。如果它并合了所有中心位于该体积内的云滴,则雨滴的质量增加速率为:

$$dm/dt = \pi d^2 u_T \chi_1 / 4 \tag{3.16}$$

式中,χ_1 表示(液态)云水浓度。

3.4.2　水滴的下落末速度

式(3.16)的数值解要求 u_T 是 d 的函数。

u_T 的实验数据非常丰富,但是理论发展较为复杂。云滴是球形的,但雨滴在空气动力和其他力的作用下变为扁平形状(Pruppacher and Klett,1978)。通常将 u_T 表示为等效直径的函数,即含有与所讨论的水滴相同体积的水的球体直径。

水滴的末速度在很大程度上取决于空气密度,因此也与气压、温度和相对湿度有关。图 3.9 给出了在一个标准大气压(1013.25 hPa)和 +20 ℃下,从小云滴到大雨滴的整个尺度范围的 u_T。根据 Beard(1976)重新绘制的图 3.10 强调了由于气压和温度变化而引起的雨滴的 u_T 变化。

在计算机模拟中,可以通过在内存中将图 3.10 中的数据制表来处理 u_T,但是解析公式更方便。下面介绍一种有效的方法。

下落的水滴受到的阻力由驻点处的过压和其水平横截面的乘积得出,由阻力系数 C_D 订正。驻点是指空气相对于水滴静止时水滴底部的点。引用伯努利定律表明,过压为: $(\rho_a \mu_T^2/2)$。

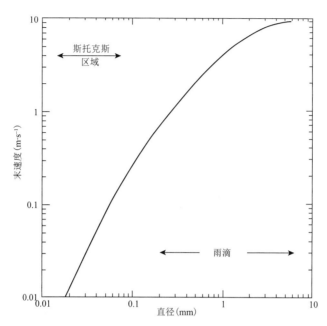

图 3.9 在一个标准大气压(1013.25 hPa)和 +20 ℃下,空气中水滴的下落末速度
(List,1958)

忽略浮力的影响,

$$mg = \left(\frac{1}{2}\rho_a u_T^2\right)(\pi d^2/4)C_D \tag{3.17}$$

通常,

$$C_D = 8mg/\pi\rho_a u_T^2 d^2 \tag{3.18}$$

回顾式(2.2)和式(3.14),可以看到在斯托克斯区域

$$C_D = 24/N_{Re} \tag{3.19}$$

计算斯托克斯区域($d < 80 \ \mu m$)以外的末速度时,基本问题是末速度 u_T 是雷诺数 N_{Re} 的函数,而雷诺数 N_{Re} 又与 u_T 有关。正如几位作者所明确的,解决的办法是:

$$C_D \propto 1/u_T^2$$

而水滴以末速度下落的雷诺数随 u_T 在式(3.14)的变化而变化。将贝斯特数 N_{Be} 定义为:

$$N_{Be} = C_D N_{Re}^2 \tag{3.20}$$

避开循环论证,得到:

$$N_{Be} = 8\rho_a mg/\pi\mu^2 \tag{3.21}$$

Beard(1976)根据实验结果给出了以 N_{Re} 作为 N_{Be}(他称之为戴维斯数)函数的公式。一旦 N_{Re} 已知,即可从式(3.14)开始计算 u_T。这种方法可以广泛使用,并且在碰并过程的计算模拟中很有用。

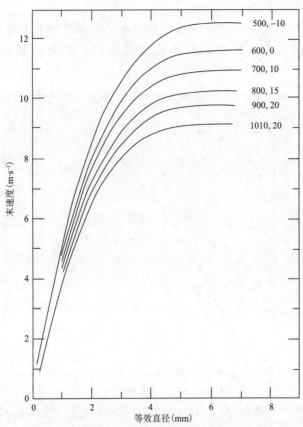

图 3.10　在不同温度和压力下雨滴的末速度随等效直径变化的函数（曲线旁数字单位分别为百帕和摄氏度）
(Beard，1976)

3.4.3　降水胚胎

利用式(3.16)和图 3.9 中的下落速度，并假设一个典型值 χ_1 为 $1\ g \cdot m^{-3}$，我们发现直径为 $100\ \mu m$ 的粒子可以在大约 $5\ min$ 内成长为直径 $d=1\ mm$ 的典型雨滴。计算表明，在液态水浓度较大的云中很容易形成降水，条件是有一些大水滴或其他收集粒子存在。所需的收集粒子称为降水胚。

解释降水的形成本质上是解释其起源或降水胚的问题。大滴胚不是只通过凝结形成的。式(3.12)表明，在饱和比为 1.01 的空气中，$40\ \mu m$ 的云滴需要几个小时才能达到直径 $200\ \mu m$。这太慢了，无法解释许多对流云在初始云形成后约 $20\sim40\ min$ 产生降雨的原因。

降水胚胎有两个来源。第一个是液态云滴的并合，第二个是混合云中水汽的凝华引起的大冰晶的生长，这是由于在混合云中有很大的冰面过饱和度。由于碰并过程发生的条件范围比其他过程更广，我们将首先考虑这个过程（图 3.11）。

3.4.4　通过液滴碰并形成的降水胚胎

虽然有许多因素被认为可以解释云滴碰并形成雨滴胚的原因，但重力捕获似乎是迄今为止最重要的因素。在某些特殊条件下，湍流或电效应可能会加速这一过程（Moore and Vonnegut，1960）。

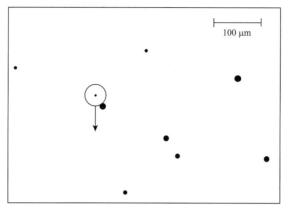

图 3.11 水云中通过重力捕获云滴而生长的一个雨滴胚

考虑云滴碰并需要对式(3.16)进行详细的阐述。相较于超越小液滴的大液滴,小液滴的下落末速度不再可以忽略不计。同样,小液滴的大小也不可忽略不计。如果液滴中心之间的距离减小到液滴半径的总和,则会发生碰撞。

更复杂的是,大小不一的液滴会影响它们周围的空气运动。碰并的基本几何过程如图3.12 所示,图中显示了直径为 d_2 的大液滴超越了其路径上直径为 d_1 的小液滴。当两个粒子都以末速度下落时,方便起见可以认为大液滴是静止的,而小液滴是朝着大液滴向上移动的。

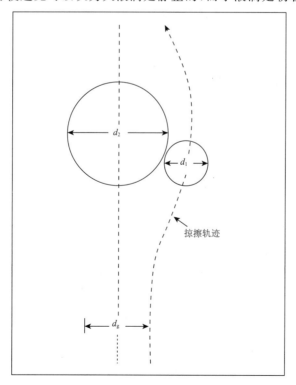

图 3.12 大液滴和小液滴并合过程的基本几何结构

图中显示了掠擦轨迹。对于掠擦轨迹,小液滴中心在距大液滴很远的位置给出了 d_g 的定义,
并给出了大小液滴对的碰撞效率定义

在这个框架中看到,空气以等于大液滴末速度的速度向上移动,然后围绕着它分开。小液滴向上向大液滴移动时,往往会受到大液滴周围的这种空气运动的影响。可以认为小液滴受到两种影响:(1)惯性效应,会阻碍小液滴运动的变化;(2)黏滞效应,会使小液滴沿着大液滴周围空气的流线运动。小液滴实际上沿着一条中间路径运动,受黏性力作用会发生偏转,但穿过了一些空气流线。

比较便捷的方法是在考虑大小液滴对(drop-droplet pair)时,引入碰撞效率的概念。液滴对的碰撞效率有多种定义。目前最常用和最方便的定义如下所述。将 d_g 定义为一个无限长的圆柱体的直径,其轴线垂直穿过大液滴的中心。这样,如果小液滴中心位于圆柱体内,但仍在大液滴下方很远的距离处,则小液滴将会与大液滴碰撞,否则不会碰撞。换句话说,在远离大液滴的下方将小液滴放置在距离垂直轴 $d_g/2$ 处,会产生掠擦轨迹。那么,碰撞效率可定义为:

$$E_1 = [d_g/(d_1 + d_2)]^2 \tag{3.22}$$

引入并合效率 E_2 是考虑到小液滴碰撞可能不会导致它们并合的事实。收集效率 E 则定义为:

$$E - E_1 E_2 \tag{3.23}$$

有证据表明,碰撞可能导致弹开而不是并合,特别是有电场存在的情况下,这一点将在后文再次提及。不幸的是,实验室实验的准确性不高,难以对 E_2 进行较好的估计。

小液滴表面合并的确切过程尚不清楚。很难区分擦碰后的反弹和总是由一层很薄的空气膜将大小液滴表面分开的情况。但是,在正常情况下,并合效率接近于1,因此,从实际角度来说,研究收集效率等于研究碰撞效率。

在实验室和数学上对液滴对的碰撞效率进行了研究。所有包含近似值的数学处理方法都会根据液滴的大小而变化,因为液滴的大小决定了在给定情况下哪些简化假设是可能实现的。有关结果已由 Pruppacher 和 Klett(1978)进行了总结。

在数学处理中,对大小液滴轨迹的计算机模拟已被证明是一种非常强大的分析工具。大小液滴对从假定在大液滴下方很远处的小液滴开始,小液滴中心从垂直线穿过大液滴中心偏移一定距离。然后,在短时间步长内计算出小液滴相对于大液滴的轨迹。计算机模拟的实际碰撞或(在某些情况下)大液滴和小液滴表面之间接近 1 nm 的情况,被认为是发生碰撞以及可能发生并合的证据。通过计算从垂直线到穿过大滴中心的各种初始位移的轨迹,可以确定适合大小液滴对的 d_g 值。那么,E_1 的计算就很简单。

对大小液滴并合问题的最早一项研究表明,如果大液滴直径小于 38 μm,则根本不会发生碰撞(Hocking,1959)。所谓的 19 μm 霍金极限(指大滴半径)自宣布之日起就在碰并研究中发挥了重要作用。后来的研究表明,在 d 小于 38 μm 时,E_1 并不完全为零。尽管在这种情况下 E_1 非常接近于零,但即使在几立方米的云层中也有大量的大小液滴对,保证了在典型的云层中会发生一些碰撞。

图 3.13 以示例形式给出了由 Klett 和 Davis 计算的 E_1 值。Klett 和 Davis(1973)在他们的论文中将他们的结果与先前的理论和实验结果进行了比较,并讨论了差异存在的可能原因。对于 d_1 和 d_2 几乎相等的情况,结果会有很大差异。一些作者认为在这种情况下 $E_1 > 1$,并将其归因于尾流效应。

所有计算出的碰撞效率都证实了 E_1 很大程度上取决于大液滴和小液滴的大小。当大液

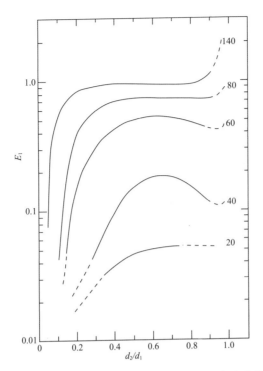

图 3.13 计算机模拟推导得出的碰撞效率 E_1 为大液滴直径 d_2 与小液滴直径 d_1 之比的函数
曲线标记为大液滴直径,单位:μm

(Davis,1973)

滴和小液滴都很大时,碰撞效率很高,这一结果与基于惯性和黏滞效应相对重要性的基本推理的预期结果一致(图 3.12)。

3.4.5 通过碰并造成的云滴谱的演变

在雨滴收集云滴的情况下,式(3.16)的简单应用是完全可以接受的。一个典型的雨滴云每秒钟会收集数百个云滴,而且,每次碰撞都会使雨滴的特性发生少许变化。

通过引入附加项,尤其是 E_1 和 E_2,式(3.16)似乎可以适用于云滴的并合。几位作者已经尝试了这种方法,但是结果并不令人满意。应用连续收集模型式(3.16)相当于假设把捕获的每个云滴平均分配给一些较大的收集滴。这将稍微加快每个收集滴的下落速度,并会略微提高它捕获另一个云滴的机会。

实际的并合过程是随机的,比连续过程更有利于液滴的增长(Telford,1955)。显然,每个云滴只被一个滴捕获。此收集滴的质量和下落速度快速增加,而其他雨滴的质量和下落速度则保持不变。因此,那个"幸运的"雨滴比其他雨滴进行二次捕获的可能性更大,从而进一步提高了它的竞争优势。这些观点如图 3.14 所示(Berry,1967)。

进一步考虑发现,必须放弃收集滴和收集到的云滴的简单概念,而要考虑整个云滴谱的演变。碰并导致的整个云滴谱的演变非常复杂,因为中等大小的滴能够捕获所有比它小的云滴,同时还能被比它大的滴捕获。

通过计算机模拟可以很好地处理碰并引起的滴谱演变。云滴谱通过指定某个特定云体积(例如 1 m³)内每个尺度间隔内的液滴数量来表示。由于在并合过程中,体积(或质量)而不是云滴直径的总和是守恒的,所以用云滴体积表示云滴谱比较便利。

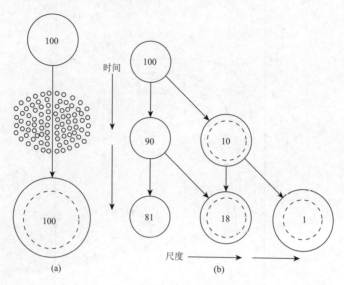

图 3.14　云滴并合过程的随机性

收集云滴的质量增加不像连续模型(a)中那样均匀分布,而是只有一些"幸运的"云滴(b)能增加质量,
使得这些云滴进一步碰撞的可能性大大提高(Berry,1967)

令 $n(v)$ 为云滴的密度函数,即 $n(v)\mathrm{d}v$ 为每单位体积空间中云滴体积在 v 和 $(v+\mathrm{d}v)$ 之间的云滴数(图 3.15)。体积分别为 v 和 v'、直径为 d 和 d'、末速度为 u_T 和 u'_T 的云滴收集核定义如下:

$$H(v,v') = \frac{1}{4}\pi\,(d+d')^2\,|u_T-u'_T|\,E(v,v') \tag{3.24}$$

现在考虑特定大小 v_0 下 n 的变化。这种大小的云滴在与较大或较小的云滴碰撞时消失,但是在体积为 v'(小于 v_0)的云滴与体积为 (v_0-v') 的云滴碰撞时会随时形成。

从数学上讲,

$$\frac{\partial n(v_0)}{\partial t} = \frac{1}{2}\int_0^v H(v',v_0-v')n(v')n(v_0-v')\mathrm{d}v' -$$

$$n(v_0)\int_0^\infty H(v_0,v')n(v')\mathrm{d}v' \tag{3.25}$$

因子 $\frac{1}{2}$ 防止了碰撞被计数两次。

对于数值模拟,有必要将连续的云滴粒径分布分解为离散的 Δv 增量。图 3.13(或其他可靠来源)的碰撞效率可以以表格形式输入计算机。几位作者(Berry,1967;Long,1974)已经指出将解析表达式作为收集核的计算优势,并提出了各种各样的方法,但没有取得任何显著的成效。

在数值模拟中,有必要使用足够短的时间步长来避免云滴在一个时间步长内被单个大云滴多次捕获的问题,或者通过调用复杂的泊松统计数据来考虑单个大云滴多次捕获的可能性。

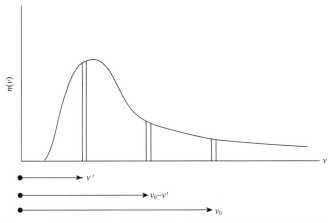

图 3.15　假设的连续云滴粒径分布来说明云滴的碰撞和并合演变

图 3.16 给出了使用上述想法进行计算机模拟的结果示例。其他已发表的模拟结果,细节上有所不同,但总体上并无太大差异。模拟结果表明,典型对流云中的云滴碰并会在 20～30 min 内会产生雨滴。

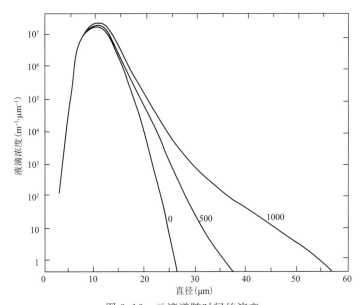

图 3.16　云滴谱随时间的演变

利用计算机模拟并合过程,并假设采用 Klett 和 Davis(1973)的收集效率。
注意水质量有被转移到较大液滴的趋势。曲线以秒为单位(Ryan,1974)

模拟证实了初始云滴谱的重要性。一般来说,对于给定液态水浓度的云水分集中在相对较少的液滴中和较宽的滴谱,有利于碰并。一些研究结果表明,虽然典型的陆地积云具有高液滴浓度和窄液滴谱,但如果没有液滴大于 15 μm 或 20 μm,那么就不可能在 40～60 min 的时间内通过碰并产生雨。

前面已指出,凝结本身并不能形成雨滴胚。但是,当对流云中的粒子从云底上升时,持续的凝结会引起粒子充分增长,从而显著提高碰撞效率。因此,在对流云的上层,特别是在其未混合的中心部位,通常比在云底附近更有利于通过碰并形成雨。在典型的积云中,碰并启动的降雨主要是由发生在最有利于碰并的云体积中发生的过程所决定,只占云总体积百分之几。

尽管式(3.25)有时被称为随机收集方程式,但在文献中,关于它与连续收集模型相比是否完全发挥随机过程的优势,一直存在很大的争议(Gillespie,1972)。目前研究认为,它无法完全发挥随机过程的优势。式(3.25)的直接应用给出了统计意义上的预期结果,但是自然界中所给定的情形可能进展得更快或者是更慢,具体取决于开始时云滴所在的位置。

将模型预测与自然云的发展进行比较,几乎不可能将这些随机变化与和液态水浓度的局部相关变化区分开来。

3.4.6　雨滴谱的演变

通过液态水云中的碰并过程形成的雨滴不会无限期地持续生长。Langmuir(1948)假设直径大于 5 mm 的大液滴在流体动力学上变得不稳定,并分裂成更小的液滴。他的理论认为,这些雨滴碎片将作为雨滴胚,加速更多的云水滴转化为雨滴。这一过程在上升气流速度超过 $6\sim8$ m · s^{-1} 云中显得尤为重要,其强度足以托住这种大小的雨滴的。

Brazier-Smith 等(1973)后来的实验研究和其他研究表明,雨滴碰撞是造成大部分(即使不是全部)雨滴破碎的原因(Gillespie and List,1976;List,1977)。两个雨滴的碰撞会导致其并合、弹开或破碎成几个更小的液滴,这取决于撞击的角度以及雨滴的大小和撞击速度(图3.17)。碰撞会导致许多大小在 $2\sim4$ mm 范围内的雨滴破碎,因此即使有,也仅仅极少数雨滴能够达到通过自身的流体动力不稳定性破碎或所需的大小。

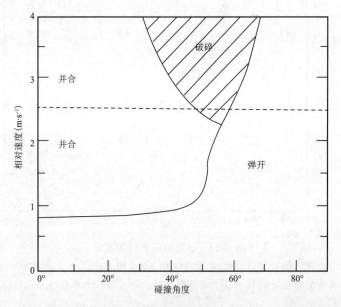

图 3.17　0.3～0.9 mm 大小的雨滴之间的碰撞预期结果与碰撞速度和碰撞角度的函数关系
水平虚线表示两个雨滴的末速度差异(Pruppacher and Klett,1978)

地面上的雨滴谱通常遵循以下方程式的指数定律:

$$n_d \mathrm{d}d = n_0 \exp(-\Lambda d)\,\mathrm{d}d \tag{3.26}$$

式中,$n_d \mathrm{d}d$ 是直径在 d 和 $(d + \mathrm{d}d)$ 之间的雨滴的数量,n_0 和 Λ 是雨滴谱参数(Marshall and Palmer,1948)。在大多数观测样本中,n_0 为 80 m^{-3} · mm^{-1} 的量级,Λ 约为 2.5 mm^{-1},在大雨

中略有下降趋势的下落雨滴群。

　　计算机模拟了下落雨滴群与云滴碰并和彼此碰并、着重于碰撞破碎的演变,其结果表明这些过程会导致指数分布,但是 Λ 的指示值并不总是与观测结果一致。

3.5　贝吉龙过程

　　降水胚的第二个主要来源是混合云(含有冰和过冷水的云)。Bergeron(1935)是第一个对混合云如何产生固态降水胚并因此产生降水的原因做出合理的完整解释的人。因此,下面描述的过程称为贝吉龙(Bergeron)过程,本书中也采用此名称,尽管 Wegener 和 Findeisen 的名称与之关联。此过程有时被称为冷云过程,但它不可能发生在完全由冰晶组成的非常冷的云中。

　　由于缺乏自然冰核,云滴常常在几乎低至 −40 ℃ 的温度下仍保持过冷水状态,由于环境水汽压等于水的饱和水汽压,引入到有过冷水的云中的单个冰粒往往会因凝华而迅速生长。例如,在 −15 ℃ 的水云中一个 10 μm 的球形液滴会在不到 10 min 的时间内冻结并长成直径超过 250 μm 的枝状冰晶,此时已成为降水胚,并通过凝华和碰冻进一步生长(图 3.18)。

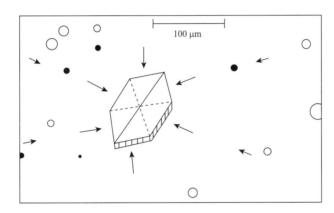

　　图 3.18　在不到 10 min 的时间里过冷云中的冰晶会通过水汽凝华生长到降水胚大小(>250 μm),
液滴蒸发以保持水面的气压接近饱和(箭头表示水分子的净扩散漂移)

　　模拟贝吉龙过程时需要考虑冰晶沿不同轴的凝华增长速度,以及冰晶的下落速度和凇附效率。

3.5.1　冰粒子的末速度

　　冰晶和聚合体的下落速度不能像水滴的下落速度那样被清晰地表达出来,因为它们的形状多种多样。雪花通常以其最短的轴垂直落下,但会经历明显的摆动。聚合体的末速度高达 1.5 m·s^{-1}。尾流效应很重要,一个冰晶超越另一个冰晶时,往往会被吸引到它的后面并加快自己的速度。Hobbs(1974)和 Rogers(1976)给出一些建议的经验公式。图 3.19 显示了几个研究人员建议落速是冰晶大小的函数,如 Heymsfield(1972)和 Locatelli 等(1974)。

3.5.2　凇附过程

　　冰晶的凇附效率取决于其大小和形状、空气密度以及被收集云滴的大小。已经通过飞机对云的采样(Ono,1969)和类似用于研究液滴碰撞的计算机模拟(Pitter and Pruppacher,

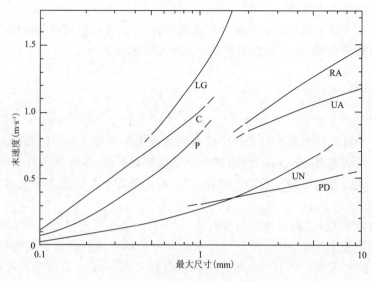

图 3.19　冰晶和雪花的末速度

水凝物的类型和信息来源如下：LG 表示地面密度为 0.1～0.2 Mg·m⁻³ 时的块状霰（Locatelli and Hobbs,1974）；C 表示 400 hPa 和 −20℃ 条件下的柱状冰晶（Heymsfield,1972）；P 表示 400 hPa 条件下的片状冰晶（Heymsfield,1972）；RA 表示地面上的凇附聚合晶体（Locatelli and Hobbs,1974）；UA 表示地面上的未凇附聚合晶体（Locatelli and Hobbs,1974）；UN 表示400 hPa 条件下未凇附针状结晶（Heymsfield,1972）；PD 表示 850 hPa 条件下的平面枝状冰晶（Heymsfield,1972）

1974）研究了该问题。凇附阈值是一个有用的概念，在凇附阈值以下，不会发生凇附过程。

对于盘状冰晶，凇附过程显然在 a 轴到达 0.3 mm 时就开始了。对于柱状冰晶，a 轴（厚度）必须达到 90 μm 或 100 μm 时凇附过程才能开始，确切的值取决于空气密度和云滴大小。D′Errico 和 Auer（1978）对研究结果进行了总结。

冰晶的凇附过程通过释放融化潜热来提高其温度，从而抑制了凝华过程。因此，冰晶的总体生长不能简单地通过分别添加由凝华和碰冻而引起的增长来计算。Neiburger 和 Weickmann（1974）在一篇综述中提到了这一点，他们引用了 Cotton 修正的生长方程式来订正此效应。

还应注意的是，像液滴碰并一样，凇附（或雪晶聚并）是随机的过程。在每立方米的云中进行的前几十次捕获的"幸运"冰晶，往往会主导雪花谱的后续演变。

云中的液态水显然由于冰晶的存在而耗尽。除非空气持续冷却，例如通过对流云上升气流的上升，持续提供新生的过冷水，否则随着水滴的蒸发和水汽凝华在冰晶上，混合冰和水云往往会变成冰云。

考虑了冰粒子的凝华和碰冻增长的贝吉龙过程的模拟表明，每升云体引入 10^5 个冰粒仅需 1～2 min 即可使典型云变干。但是，每升引入 1～10 个冰粒可使冰粒继续生长约 20 min，直到云水完全耗尽（Beheng,1978）。到那时，冰粒通常已经长成雪花或小冰雹。

3.5.3　雪融化形成雨

贝吉龙过程不仅限于在地表产生雪的情况。在许多情况下，通过贝吉龙过程会形成地面降雨，因为雪花、霰或冰雹穿过 0 ℃ 等温线后融化。

值得注意的一点是,0 ℃层附近的湿雪花往往会形成大颗粒。固态水凝物融化产生的雨滴往往比并合形成的雨滴要大(Gillespie and List,1976)。伊利诺伊州多普勒雷达[1]的观测结果表明,由融化的雪花形成的雨滴需要下落约 1 km,才会发生碰撞导致的碎裂和碎片的并合,产生典型的指数雨滴分布。Gillespie 和 List (1976)进行的一项模拟研究表明,在大雨中,雨滴不到 2 min 的下落就能达到平衡的雨滴粒径分布,这与前述结果一致。

3.5.4　地理范围

贝吉龙过程主要发生在中高纬度地区,遍及全球各地。即使在热带地区,仍存在许多风暴云高踞在 0 ℃等温线以上。然而,研究人员认为,大多数热带云首先通过并合过程形成降雨,并且贝吉龙过程仅在云生命周期的后期才活跃。

贝吉龙和碰并过程的相对重要性取决于季节。例如,在美国东部上空,夏季的对流云具有暖的云底和较高液态水浓度,通常通过碰并形成降雨,但在冬季,贝吉龙过程似乎是更重要的机制。

例如,在北美东部广泛分布的层状云系中,雪融化成雨是雷达气象学家所熟知的,因为融化的雪花会导致雷达回波出现一种被称为亮带的增强特征(Battan,1973)(图 3.20)。

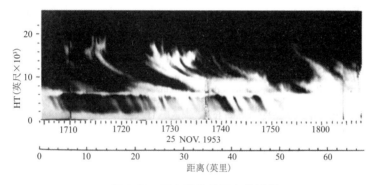

图 3.20　正在发生的贝吉龙过程

1953 年 11 月在蒙特利尔一个垂直指向 3 cm 的雷达得到的时间-高度截面图显示,地面以上 5~6 km(16~19000 英尺)有降雪胚、风切变引起的水平方向展开的飘雪轨迹、2 km(6500 英尺)高处的亮带(表明 0 ℃等温线附近有湿雪聚集)和在 0 ℃层以下的雨滴比在 0 ℃层以上的雪花以更快的速度(因此更接近垂直)落到地面,1 英尺=0.3048 m,1 英里=1609.344 m(照片由 R.R. Rogers 和加拿大麦吉尔大学提供)

在大范围的锋面云系中,观测往往显示在高(卷云)层有丰富的冰粒,而在低层的云团中冰粒浓度较低。在某些情况下,云层从地面到卷云层是不连续的,人们可以观测到冰晶从卷云层掉落到较低的云层。一些作者将在这种情况下的高层云称为"种子云",并为下层云提出了各种各样的名称。Hall(1957)等利用从飞机上收集的云物理数据研究了这些问题。他们的数据强调了广泛的水凝物类型以及它们之间在跨越 0 ℃等温线的复杂云系中发生的各种相互作用。

---

[1]　天气雷达是几乎所有降水形成研究中都会使用的重要工具。由于水凝物散射回雷达天线的能量随着其直径的六次方变化至第一近似值,因此雷达装置可以轻松地区分降水区域和晴空区域或仅包含云粒的区域。多普勒雷达测量反向散射辐射中的频移,从而可以估算出朝向或远离雷达天线的粒子的速度(Battan,1973)。

3.6　冰雹增长

在上升气流超过 $10 \ \mathrm{m \cdot s^{-1}}$ 和大量过冷云水或雨水的地区,固体水凝物因碰冻而增长,很快呈现出冰雹而不是结晶的雪花的特征。随着水浓度的增加,不断结晶的雪花逐渐变为球形雪粒、霰,最后变成冰雹。对于雪粒来说,水凝物密度可能低至 $0.2 \ \mathrm{Mg \cdot m^{-3}}$,但对于明显的冰雹来说,其密度高达 $0.9 \ \mathrm{Mg \cdot m^{-3}}$。按照惯例,只有直径超过 5 mm 的水凝物才能被称为冰雹。

典型的冰雹是椭球体形状的。它的最短轴或围绕垂直指向转动的方式下落。最短轴长度通常是长轴的 $0.5 \sim 0.8$ 倍(English,1973;Macklin,1977)。

观察冰雹,可以发现冰雹通常有一个可以区分的内部部分,称为冰雹胚。冰雹胚的直径可达 5 mm,通常可以将其识别为冰冻雨滴或凇附雪花,常常是枝状冰晶(Knight and Knight,1970)。

关于冰雹生长的观测和理论研究至少可以追溯到 Schumann(1938),他确定了一个基本问题:冰雹如何处理伴随水滴碰并冻结而释放的潜热呢? 20 世纪 50 年代,List 使用风洞在瑞士的达沃斯进行冰雹增长实验,而 Macklin(1963)、Ludlam(1958)等则进行了其他理论和实地研究。加拿大研究人员模拟了冰雹在含过冷雨水区域的增长(Douglas,1963),并且他们的想法在苏联进行的广泛冰雹研究中得到了扩展(Sulakvelidze et al.,1967)。

随着计算机的可用性不断提高,Musil(1970)、English(1973)等人尝试建立冰雹增长模型。当冰雹通过碰冻增长时,有必要在模型中加入已知的冰雹下落速度。如果阻力系数(C_D)是已知的,则可以计算下落速度。图 3.21 给出了冰雹阻力系数随直径变化的估算值。在相当大的尺度范围内,典型雹块阻力系数接近 0.6,因此,大致看来,冰雹的下落速度随其直径平方根而变化(图 3.21)。由于形状不规则和表面粗糙度的变化,单个雹块可能与 C_D 的指示值相差很大。

Musil(1970)的冰雹增长模型计算了每个时间步长的干增长速率(假设所有增加的水被保留)和湿增长速率(假设只有冻结的水被保留),并假定两个速率中较小的一个实际应用。

在没有过冷雨滴的情况下,干增长速率为:

$$\frac{\mathrm{d}m}{\mathrm{d}t} = \frac{\pi d^2 u_{\mathrm{T}}}{4}(\chi_1 E_1 + \chi_i E_i) \tag{3.27}$$

式中,d 是冰雹直径,u_{T} 是其下落末速度,χ_1 和 χ_i 分别是云水和云冰的浓度,E_1 和 E_i 分别是云水和云冰的收集效率。直径大于 200 $\mu\mathrm{m}$ 的所有冰胚和冰雹的 E_1 都假定为 1.0,尽管 Macklin(1977)的实验表明,当冰雹直径增长到 10 mm 以上时 E_1 会下降。干冰雹的 E_i 还不清楚。模型运行时多数假定 E_i 为 0.25,即假定遇到的大多数冰晶将会弹开。

湿生长方程更为复杂,这里没有给出。它是通过考虑雹块的热平衡得出的,假设温度为 0 ℃,并要求总热交换为零。即

$$q_1 + q_2 + q_3 + q_4 = 0 \tag{3.28}$$

式中,q_1 是从雹块传导出去的热量,q_2 是蒸发损失的热量,q_3 是通过撞冻云水加到雹块上的热量(熔合潜热减去把保留和甩掉的撞冻云水加热到 0 ℃所需的热量),q_4 是将撞冻冰晶加热到 0 ℃所需的热量。q_4 被证明是热量平衡的重要组成部分。由于所有拦截的冰粒都可能会黏附

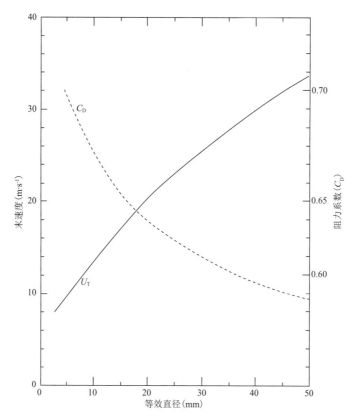

图 3.21　冰雹的阻力系数和下落速度随直径的变化曲线。根据 Macklin 和 Ludlam(1961)给出了
轴比为 1∶1∶0.7 的雹块的 C_D 实验值,末速度是在 700 hPa 和 0 ℃时给定 C_D 值下计算的

在湿冰雹上,因此将 E_i 设为 1.0。

　　为了使模型结果有意义,必须假设现实的环境条件。该模型在各种一维云模式中运行,被用来预测美国中北部典型云中的冰雹增长。

　　Musil 计算得到的一个重要结果是,20～30 mm 大小的冰雹在低至−30 ℃的温度下处于湿增长状态,而且在这样的温度下生长最快,并不是像一些以前的研究人员所认为的那样在略低于 0 ℃的温度下生长。

　　该模型的使用表明,在云模型的不同位置引入的直径为 50～100 μm 的冰粒有时在上升气流中上升一次就可能长成直径最大为 10 mm 的冰雹。结果强调了一个"调整"过程在起作用,一些冰胚从云层底部掉落,许多被喷射到砧状云中,只有少数生长到最大(Musil,1970)。

　　如前所述,Musil 的程序假设所有多余的水分都从雹块中流出。有学者开展了一些模型计算,以检验冰雹可以形成海绵状结构并保留一些多余水分的设想(Dennis and Musil,1973)。模型模拟表明,这种雹块在高过冷水浓度的区域中会迅速长成直径为 50～100 mm 的"水滴",只含有 1%～2%的冰。可以肯定地得出结论,这种物体,像大雨滴,会因碰撞而破碎。

　　研究人员已经注意到,冰雹下落时会围绕其垂直轴旋转和摆动,这往往会甩掉多余的水。除了冰雹运动的不规则性外,Chong 和 Chen(1974)研究了被水壳包围的下落(非旋转)冰球上的流体动力学力,并得出结论:除了一层非常薄的薄膜之外,水将被扯裂掉。这一结论与地面冰雹观测结果一致。尽管偶尔会看到"松软的"冰雹，但热量观测(Gitlin et al.，1968)表明大多数冰雹几乎都是固态冰。Dennis(1977)提出冰雹湿生长中的水脱落是冰雹中新降水胚的重要来源。

English(1973)和 Musil 等(1975)将冰雹增长的模拟扩展到二维云模式，后来 Paluch (1978)将其扩展到三维云模式。这些模式可以模拟这样的特殊情况：在超级单体雹暴中，冰雹沿穿过弱雷达回波[2]区域的轨迹生长(Browning and Foote，1976)。这些模拟表明，复杂风暴中的再循环可能是造成大多数地面上直径超过 25 mm 冰雹的原因。这一结果与早期研究人员的推测和最近使用多个多普勒雷达扫描风暴的实际观测项目的结果相一致。

---

[2] 没有雷达回波(因而没有降水)的原因是上升气流非常强($20 \sim 30$ m · s^{-1})，以至于云滴在到达云顶并被喷射到雷暴砧之前没有足够的时间并合成降水。

第 4 章　人工影响云的概念和模型

4.1　引言

前面章节描述了决定水云形成、冰晶形状和降水形成的因素,现在我们可以评估现有的不同人工影响云方法的成功几率。

在 Langmuir 和 Schaefer 的基本发现被公布后,许多人就如何对云进行人工影响以实现特定作业目的(例如防雹)提出了观点。Howell(1966)在《指导播云应用的概念模型》文中总结了一些重要的观点。

每个概念模型均有一个严重的弱点,即它倾向于遵循一系列假设的播云效果以达到预期结果,而不考虑其副作用。确定特定的概念模型是否适用于大气,需要进行定量研究,包括在某些情况下进行外场试验。但是,可以使用基本的物理推理来选择更有希望的方法以进行进一步的研究,本章即对这一选择过程进行详细介绍。

4.2　人工影响云凝结核(CCN)谱

图 4.1 展示了通过人为改变 CCN 谱来影响云微物理过程的主要概念模型。这些模型介绍如下。

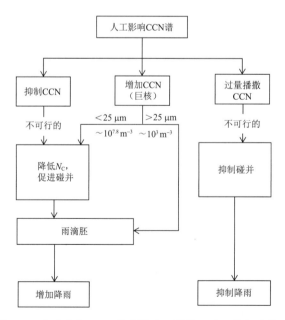

图 4.1　通过改变 CCN 谱来影响云微物理过程的概念模型

4.2.1　人工造云

我们首先研究通过提供 CCN 是否可以人工产生云的问题。这需要空气过饱和但同时无云（因为缺乏 CCN）。这种情况会发生，但很少发生。例如，在黄石国家公园的热水池上方，过饱和度有时会达到 3 或 4。那里的大气中含有大量从热水池中蒸发出的水汽，水蒸汽不断向上扩散并远离热池表面，通过扩散迁移作用驱散了大部分 CCN。

在 20 世纪 60 年代，由 Schaefer 组织的黄石公园实地考察研究实验已多次表明，只要燃烧一根火柴或引入能起 CCN 作用的吸湿性粒子，就可以在热水池上产生云（图 4.2）。

图 4.2　通过燃烧火柴形成云

(a)在黄石公园的一个热水池，水温大约为 85 ℃，水池上方的环境空气温度大约为 −15 ℃。即使水池上方的空气过饱和，也不会形成云，因为清洁空气中的 CCN 很少。在背景中的其他热水池上形成了云，这是由于那些区域的空气被来自未知来源的粒子所污染。(b)通过在水池上方燃烧一根火柴来提供云凝结核。当不会自然产生 CCN 时，此火柴产生的燃烧产物提供了大量的 CCN，形成了一小片云（照片由加利福尼亚州弗雷斯诺的大气公司拍摄）

通常，将这种方法运用到大气中的任何尝试注定都会失败。大气通常包含大量能够用作 CCN 的粒子。即使去除了最活跃的 CCN，仍然会有无数的其他粒子能够以比正常饱和度稍大的比率（例如 1.02 或 1.03 左右）被激活。因此，我们得出结论，实际上，仅通过添加人工云凝结核（CCN）产生超高饱和度是非常有限的，并且没有实际意义。

Woodcock 和 Spencer(1967)试图通过释放氯化钠粉末（NaCl）来加热几乎饱和的大气，其释放浓度为每千克空气含 40 mg 氯化钠。他们认为释放的熔合潜热可能会提供足够的额外浮力以产生对流云。虽然以这种方式可以使温度升高，但升高的温度远远不到 1 ℃。

Woodcock 和 Spencer 在夏威夷附近太平洋上温暖潮湿的海洋层中进行了实验。他们从飞机上将盐粉释放到相对湿度 80%～90% 的空气层中。尽管产生了可见的云，但它们似乎由与环境水汽压平衡的液滴组成，并且没有液滴超出其临界直径。飞机观测到产生的增温分布的峰位值为 0.4 ℃。由于强积云的上升气流通常比环境空气温度高 1～3 ℃，所以实验似乎并没有产生大量对流云的可能性，尤其是在海洋层通常被下沉逆温所覆盖。

尽管在未来的某些实验中存在成功的可能性，但目前可以肯定地说，通过添加人工云凝结核（CCN）进行人工造云的尝试没有任何明显成功的案例。人工造云的话题将会在成冰剂催化和无意识人工影响天气的章节中再次讨论。

4.2.2　改变云的微物理特性

这对于提高雾的能见度和改变降水量可能具有实际意义。前文提过,相较于大陆性云,海洋性云更容易产生降水,这种差异主要是由于海陆气溶胶提供 CCN 的差异所致。

有人提出,可以使大陆云呈现海洋云的云滴尺寸分布特征,从而增加其产生降水的概率。大陆云的"问题"是云滴浓度(N_c)高于通过碰并形成降雨的阈值浓度。似乎通过抑制核可以获得较低的 N_c,也就是说,添加某些化学物质使许多 CCN 失去活性。但是,也有学者对此方法提出反对意见。首先,没有现成的化学物质已证明能产生所需的核抑制作用。另一个更基本的反对意见是,无论有多少 CCN 受到抑制,在艾特肯核大小的上限附近仍然会有许多粒子,即便更合适的粒子被去除,这些粒子也能够用作 CCN。

从理论上讲,一种更有希望的方法是添加足够大和数量足够多的人造云凝结核(CCN),以防止自然云凝结核(CCN)的活化。数值模拟表明,粒子谱尾部的形状是决定多少自然或人工云凝结核(CCN)能被活化的关键因素。通过引入直径为 $1\sim3$ μm 的粒子($25\sim100$ cm^{-3} 的浓度下),在某些情况下,即使在污染最严重的大陆气团中,也可以确保形成"海洋"云。大的人工云凝结核(CCN)便能捕获可用水分,并阻止更多但更小的自然云凝结核(CCN)参与云的形成过程。

尽管上述概念模型在理论上是可行的,但在实际应用中遇到了很大的困难。首先,让我们计算播云所需的人工云凝结核(CCN)的质量。假设使用 2 μm NaCl 粒子并且所需的粒子浓度为 50 cm^{-3},我们发现空气的强积云每秒摄入 10^6 m^3 所需的播云率为 30 $kg \cdot min^{-1}$。如果将这种播云概念应用于整片云的播云,那么其所需的物流和后勤保障将是一个大麻烦。

当然,当我们注意到降水的"传染性"时,上述问题便能得到一定程度的缓解。也就是说,一旦云层中的任何地方产生了降水,它就会随着雨滴和破碎的粒子通过云内的循环和湍流而扩散。因此,"一次性"播云,例如对 10^6 m^3 的空气可能就会起作用。但是,还有另一种折衷方法,下面将对其进行描述。

4.2.3　人工雨滴胚胎

促进水云碰并的第二种折衷方法是引入人工雨胚。与其改变整个云滴谱以加快碰并过程,不如通过引入足够大、能够立即充当雨滴胚的粒子来绕过降水形成的初始阶段。

将雨胚引入云中的直接方法是喷洒细水滴。1954 年,芝加哥大学在加勒比海沿线进行的试验最终表明,这种操作方式增加了积云产生雷达回波的可能性,这表明云层内部出现了雨水,并且出现回波所需的时间减少了约 5 min(Braham et al.,1957)。

喷水播云方法的缺点是,飞机必须将大量的水输送到云中,以产生任何可检测到的效果。从经济的角度,这种提议并没有吸引力。[1] 减少后勤保障问题的一种方法是用吸湿剂处理云,这些吸湿剂是干粒子或喷雾液滴,它们通过自身的吸湿作用形成雨滴胚。这大致相当于提供 CCN 巨核,它们在一些海上阵雨的形成中起作用。

为了使人造雨滴胚有效,引入的巨粒的直径必须为几十微米。该粒子必须产生远超过 Hocking 范围($d = 38$ μm)的胚胎,并且在其作为雨滴胚胎开始起作用之前,不能认为引入的

---

[1] Todd(私人通信)估计了每立方米喷雾产生 $10^6\sim10^7 m^3$ 雨量的浓积云的喷水播云回报。

粒子将会有足够时间吸收足够的水汽以达到符合式(3.10)的平衡半径(Woodcock and Spencer,1967)。

例如,Biswas 和 Dennis(1972)通过一维云模式计算追踪了单个雨滴胚的生命史。结果表明,在对流云的云底引入直径大于 120 μm 的 NaCl 粒子,10～12 min 内云中就会有降雨的形成。如果使用较小的粒子,则液滴的生长将非常缓慢,并且通常会在云顶逸出,不会发展成足够大的液滴并进而克服上升气流而下落。

继 Biswas 和 Dennis(1972)之后,Klazura 和 Todd(1978)也对此进行了研究,但他们考虑了雨胚的凝结和撞冻。Klazura 和 Todd(1978)在一维云模式中运行了雨胚的生长模型,该模型中的上升气流在空间和时间上都保持不变,可用于研究粒径、上升气流速度、云高和云底温度的影响(图 4.3)。结果表明,对于云底温度高于 0 ℃的大陆性云,吸湿性播云是可行的,当云底温度高于 10 ℃时更为有效。

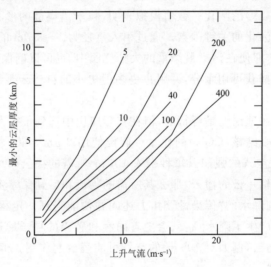

图 4.3　在 3 km 和 +10 ℃附近的对流云底部播撒吸湿性催化剂的数值模拟结果
粒子长大到足够从上升气流下落的大小,所需的最小云高是各种粒径(单位:μm)的上升气流速度函数
(Klazura and Todd,1978)

播云采用的粒子大小随上升气流速度的增加而增加。对于中等高度的积云(5 km),若其伴随的上升气流也是中等水平(12 m · s^{-1}),引入到云底的 NaCl 粒子直径必须大于 40 μm,这样形成的液滴才不会从云顶逸出。

吸湿性播云对粒子直径的要求为 50～100 μm,这带来了严重的后勤保障问题。如果加快碰并过程所需的雨胚浓度为 1000 m^{-3},那么整片对流云的播云所需粒子数量为 10^{15}。云中播撒 10^{15} 个直径为 100 μm 的粒子,意味着需要播撒成吨的催化剂。

假设在较大的人工雨胚周围形成的雨滴会破碎,从而产生更多的雨胚,那么情况将变得更加乐观。为了实现这一点,必须产生直径为 2～3 mm 的雨滴,并使其在穿过云层下落的过程中充分减速,以完成必要的碰撞和破碎过程。在上升气流不超过 5 m · s^{-1} 的云中,该过程不太可能发生。

Biswas 和 Dennis(1972)指出,在他们的模拟结果中,云中雨滴增长、破碎、再增长的循环过程通常需要 3～4 min,而 Klazura 和 Todd(1978)的某些模拟结果估计需要 2 min。这两对作者都假定雨滴是因流体动力学的不稳定性而破裂（$d=5$ mm）（Langmuir，1948），而不是由于碰撞而破裂（$d=3\sim4$ mm）（Brazier-Smith et al.，1973），因此他们高估了雨滴增长循环过程所需的时间。然而，在自然降水过程达到相同结果之前，破碎和再循环过程是否会影响整个云层，这个问题仍然有待进一步研究。

更高级的云模式同样对吸湿剂播云进行了模拟（Farley and Chen，1975）。截至目前，模拟结果仍然没有解决上述问题。

合理的折衷办法是在中等大小的云团上向每个云团中播撒 $25\sim50$ kg NaCl 或其他吸湿性粉末。这是有道理的，并且已经在多个试验中实现。这些试验将在第 7 章中进行描述。

4.2.4　云凝结核(CCN)过量播撒

到目前为止，我们一直在考虑将增加水云中的液滴尺寸以促进雨水形成作为一个理想的目标。如果有人希望追求相反的目标(降雨延迟)，那么还有一些值得探索的概念。至少就其微物理学而言，要将海洋性云转换为大陆性云，有必要引入其他云凝结核(CCN)。这就是过量播云的一个例子，可将其粗略地定义为通过干扰雨滴过程来抑制降水(图 4.1)。

尽管云凝结核(CCN)的过量播撒原则上可以延迟降雨的形成，但在实践中不太可能起作用。人工云凝结核(CCN)必须具有与自然云凝结核(CCN)相当的尺寸，并且其浓度为每立方厘米数百个。由于所需的云凝结核(CCN)浓度更大，后勤问题将比吸湿播云的问题更大。此外，在这种情况下，降水就好似以"传染"的方式在进行，这不利于播云者进行播云。播云者必须对目标云的所有部分都进行播撒，因为一旦在目标云的任何地方出现降雨，雨滴和雨滴碎片将通过其有组织的内部运动和湍流在整个云中循环。由此可见，通过过量播撒云凝结核(CCN)来改变降水量并不是一个实际可行的概念。[2]

4.3　引晶催化的微物理效应

引晶催化是指将冰晶粒子播撒到云中或部分清洁的大气中。可以通过两种方式实现引晶催化：(1)将空气冷却至低于-40 ℃，在该温度下会发生同质核化过程，或者足以活化现有的自然冰核；(2)添加人工冰核，它们能够通过凝华、凝结或冻结云中云滴或雨滴的方式形成冰粒。人工冰核的生成及应用机制将在第 5 章中进行讨论。

4.3.1　人造冰云

前文已指出，由于大气中的 CCN 含量丰富，通过在大气中添加 CCN 来制造水云仅在极少数情况下有效。自然冰核(IN)十分稀少，因此，与利用人工云凝结核(CCN)播云相比，引晶催化可在更多情况下产生明显的效果。

在大气中，环境水汽压介于冰面饱和水汽压和水面饱和水汽压之间的情况时常发生。但是，由于缺乏合适的 IN，能够长时间存在的冰云有时无法出现。在这种情况下，引晶催化可形成冰晶云，且冰晶云持续时间较长(Bigg and Meade，1971)。

飞机轨迹能在空中长时间停留，显然是因为它形成的大气条件相对于冰面来说是过饱和的。当然也有持续时间较短的飞机轨迹，这取决于飞机发动机排气中的水汽含量。它们在与

---

[2]　美国空军确实利用 CCN 的过量播云来抑制航迹云。排气中的水汽被冷凝成如此细小液滴，以至于在实际应用中不可见。

环境空气混合的几分钟内消散,水汽压下降到冰面饱和水气压以下。

4.3.2　人工雪花胚

在某些过冷云中进行引晶催化,可通过贝吉龙过程形成降水粒子。这是显而易见的。但引晶催化能否增加地面降水却是个更为复杂的问题。在过冷云中,人工冰粒的增长速率取决于其浓度以及温度、空气密度和可用于支持其增长的过冷水的浓度。人工冰粒遵循自然冰粒的同样增长方程(第2章和第3章)。

为了使引晶催化对雨胚总量产生很大的影响,必须存在多块过冷云,这些云需在过冷的状态下保持至少5~10 min,然后再被天然冰核冻结成冰。引晶催化的主要突破口在于,在高于−15~−12 ℃的温度下,极少有天然冰核能够被活化。该事实尤其重要,因为如果冰晶可以在−15~−5 ℃的温度范围内增长,则冰晶粒子达到其霜凇繁生阈值所需的时间就明显缩短了(第3章)。

某些类型的云,尤其是云顶温度高于−20 ℃、生命周期较短的地形云,可以满足人工干预的条件。对流云的上部也存在过冷云水,但需要考虑一个问题,即过冷水被携带到云中更高的位置并被天然冰核冻结之前能持续多长时间。在某些存在冰晶繁生过程的海洋性云中,大约−5 ℃层的冰相粒子影响整个云体所需的时间似乎不超过5~10 min。在这些情况下,通过引晶催化产生雨胚的机会有限。

4.3.3　对晶体习性和下落速度的影响

晶体习性取决于其生长的温度。这意味着引晶催化后,冰晶实际生成时的温度如果高于冰晶本该出现时的温度,那么这不仅会改变冰晶在移动空气块中的出现位置,而且会改变冰晶的类型。在许多自然云中,高于−20~−15 ℃的温度下,冰相粒子稀少,因此大多数冰晶都是小的板状冰晶。如果在−15~−12 ℃的温度区间播云,则形成的冰晶呈枝状。当温度更高时(如−5 ℃左右)催化,则会形成针状和柱状冰晶。这些差异很重要,因为对于给定的质量,各种类型的冰晶具有不同的凝华增长速度和下落速度,并且在捕获云滴(即进行凇附过程)时具有不同的收集效率。Cooper(1978)提出,在接近−5 ℃的温度下产生柱状冰晶特别有利于形成霰,相关研究仍在继续进行中。

通过播云改变晶体习性意味着改变其下落速度。另外,必须考虑到,引晶催化产生的冰晶,如50~100个/L,将抑制凇附过程(Jiusto and Weickmann, 1973)。结霜的冰晶比未结霜的冰晶下落得更快,因此播云导致降雪重新分布的可能性非常大。

然而,播云改变降雪的程度很容易被低估。结霜的雪晶聚合物到达地面时通常会距离其从单个冰晶开始生长的地方50~75 km。只需消除凇附,就可以减小下落速度,例如:从1 m·s^{-1}降低到大约0.5~0.7 m·s^{-1}(图3.19)。反过来,这可能会导致雪花在到达地面之前又漂移20~30 km。

降雪的重新分布将在后续章节中适时提到。

4.3.4　过量播撒

前面描述过,播撒浓度为10^8 m^{-3}的冰粒可以在1 min左右的时间内完全冻结一团含云水的空气。这种情况下形成的每个冰晶质量约为初始云滴质量的五倍。因此,没有粒子能够大到足以捕获其他冰晶或液滴,更不会从云层落下并在蒸发前到达地面。这种引晶催化产生的效果是过量播撒的极端例子。在不太极端的情况下,如果有足够的时间,冰晶将具有足够的下落速度从而聚集成雪花,因此对于生命周期较长的层状云,云层向下能够延伸至 0 ℃附近或低于 0 ℃,过量播撒不是大问题(Jiusto and Weickmann,1973)。但是,在生命周期较短的地形或对流云中,确实存在过量播撒的可能性。

对流云过量播撒的结果可能会产生比平时更大的卷云砧,该卷云砧在主体云消散后可能会持续存在。但是,应该指出的是,分离的或"孤立的"卷云砧在其消散阶段可表现出自然对流云的特征,并且还可能持续数小时。因此,仅观测到分散云砧,不应被视为已发生播云的证据,更不应被视为过量播撒的证据。过量播撒的影响可能更加微妙:改变降水粒径分布并增加云底和地面之间的蒸发损失。后者对干旱地区更为重要,如美国新墨西哥州。因为这些地区的积云底有时会比海平面高 5~6 km(Workman,1962)。

4.3.5　防雹概念

冰雹的形成是一个非常复杂的过程,本章节大部分内容将聚焦在人工播云抑制冰雹的可能性上。在本章的框架中,需要注意两个简单的概念,即:云层冰晶化和雹胚竞争(Howell,1966),它们可用于通过引晶催化抑制冰雹。

应当记得,冰雹的生长主要取决于在上升气流足够强烈的云中有多少过冷云滴和/或过冷雨滴能够支撑冰雹生长。

通过引晶催化从而使得云层冰晶化,进而抑制冰雹的概念模型可以解释为:将所有过冷云滴在某个特定温度(例如−5 ℃)下全部冻结,从而消除冰雹生长的可能性。我们将在第 8 章中看到,在强烈的上升气流中,这种催化方式所需的催化剂数量是完全不现实的。

通过微物理效应抑制冰雹,更现实的假设是雹胚竞争假说。雹胚竞争假说的前提是,从风暴中掉下的冰雹量是固定的,它可能取决于对流云云底流入的水汽通量、上升气流的速度、发生自然结冰的温度以及自然结冰之前冰雹胚胎可聚积的云水量。雹胚竞争假说认为,通过在冰雹形成区引入额外的冻结核,可以减小冰雹的大小。

冰雹对农作物损害的研究表明,即便单位面积上的冰雹总量没有变化,但尺度更小的冰雹造成的冲击能量会更小,因此造成的损失也会减小(Wojtiw and Renick,1973)。将冰雹的总质量分配到更多的雹胚中,也可以提高在到达地面之前就已融化的冰雹比例。

Iribarne 和 de Pena(1962)以及其他人都对上述假说进行了分析,他们的研究结果表明,该技术有成功的可能性。但是,对雹胚竞争假说也存在一些基本的反对意见。没人能够保证对流风暴产生的冰雹数量是固定的。完全可以想象,在已有过冷云滴用于冰雹生长的区域引入额外的冻结核可能只会增加到达地面的冰雹数量和总质量。

雹暴的发展过程在极大程度上取决于时机。简单的概念模型无法应对这种情况,因为它将对流风暴视为相对固定的对象。播云对冰雹形成的总体影响必须结合播云如何影响强对流云的动力学模型,并充分考虑到人工成冰剂干预云形成过程的机制。有关防雹模式和防雹结果的进一步讨论请参见第 8 章。

4.3.6　播撒地形云的数值模式

至此非常明确的一点是:定性讨论不足以确定播云的效果。为了更好地估计各种播云技术成功的可能性,有必要使用数值模式。我们在讨论云的形成和人工云凝结核(CCN)的播云效果时已经使用了一些简单的数值模式。在最简单的模式中,我们考虑了在一团静止的空气中水凝物的静力增长。在云形成模式中,可以看到在上升的空气中,正在发展中的水滴相互竞争,以获得经冷却而生成的多余水汽。在吸湿性播云的情况下,我们考虑了运动学模型,在此类模型中,粒子穿过云(其循环已确定),最终增长到足以使其从云底掉落的大小。在讨论贝吉龙过程时,我们考虑到一个事实,即成长中的雨胚耗尽了空气团中的云水,从而引入了胚胎竞争的概念,并发现竞争在理论上可能抑制降水(过量播撒)。

用成冰剂播云将不可避免地释放出潜热,从而改变云的动力过程。然而,在许多情况下,大气非常稳定,引晶催化释放出的热量不会对空气运动产生任何可检测到的影响。即使在不稳定的情况下,播云也不会对云动力产生重大影响。有时将这种播云方式称为静力催化,以将其与动力催化区分开,动力催化的目的是通过潜热释放来改变云中及其周围的大气运动。

播云的动力效应是非常复杂的问题,此节暂不考虑。播云同时也会涉及到微物理效应,我们目前仅关注一种简单情况,即仅考虑播云的微物理效应。即使是这种简单情况,也需要在广泛的数值模式中进行选择,这些模式都非常复杂,计算机也需要耗费相当长的时间才能生成所需的结果。这些模式有时被称为运动学模型,以将其与动力学模型区分开来,后者将在下一小节中介绍。

这些运动学模型可以是一维、二维或三维的,并且可以是静稳的或时变的。如先前引用的结果所示,这些模型可能会假定人工降水粒子不会显著减少云水,或者可能会假定因为竞争的雨胚而造成云水的消耗。

现在,我们介绍运动学建模结果,以说明引晶催化引起云中降水粒子形成的可能影响。我们从地形云的静稳运动学模型开始,在该模型中,潮湿的空气在绵长山脉的迎风面爬升。在这种情况下,由于空气的下沉运动,云层于迎风坡持续形成,背风坡消散。迎风坡上的云由新形成的冷凝水滴组成,地面观测员很容易对此进行验证。沿地形云的迎风坡向太阳望去,通常会发现色彩鲜艳的日冕和其他光学效应,可以证明这是直径在 $10\sim20~\mu m$ 范围的水滴对光的散射所致。这种类型体现的正是液态水浓度适中的新形成的云。

山脉上是否有降水形成以及降水在何处发生,取决于许多因素,包括山脉的形状、风速、云的含水量、大气的稳定性、温度以及云的胶体稳定性。有时,这种地形云降水是连续不断的,并且能持续多个小时,进而导致大量积雪;但在其他情况下则没有降水,且背风坡蒸发的云水量与迎风坡的凝结水量相等。

Bergeron(1949)和 Ludlam(1955)均指出,地形云发展到低于 0 ℃ 的区域时,是人工播云的理想选择,可以通过迎风坡的 AgI 发生器连续播云来增加降水。他们用来定量分析该问题的模型非常简单。近年来,人们开发出了更为先进的模型。Chappell 和 Johnson(1974)利用雪花成云的一维模式推断出,当云顶温度高于 -25 ℃ 时便具有人工增雪的潜力。他们还推断出,雪花胚的浓度并不是重要因素,但大概应在每升 $30\sim200$ 个的范围之内。

我们将要详细描述的模式是由 Young(1974b)研发的,Plooster 和 Fukuta (1975)也开发了类似的模式。

Young(1974b)的模式选用的是在山脉迎风坡形成的地形云,他将不同浓度和不同温度的冰粒引入云中,以分析其不同的效果。不难理解,追踪单个雪花在地形云中的轨迹和发展相当简单,但追踪大量冰晶竞争的效果却非常困难。为了追踪冰晶竞争的效果,需要在二维网格上保持每个格点的水分平衡,并考虑水分因垂直运动凝结或蒸发的速率、水汽到冰晶的凝华增长速率,以及下落的冰晶(雪花)因撞冻而消耗云水的速率。需要考虑增长冰晶的下落速度与尺寸和晶体习性的关系、各种类型的冰晶对于各种尺寸的云滴的收集效率以及不同类型和尺寸(体积)的冰晶的凝华速率。此外,模式中还需要包含一些将冰晶聚合成更大的雪花的过程。

　　有些雪花可能会具有相交的轨迹。即使在有上坡风的情况下,在迎风坡附近云层中引入的冰晶最终也会开始向云底掉落。在掉落的过程中,它们很可能会穿过较小的冰晶,这些冰晶形成于山顶附近,并且仍在上升气流中抬升。

　　Young(1974c)将他的模式应用于一个特殊的冬季,情况表明:向云顶附近上游 40 km 处播撒每升含 50 个冰核,能够在−4 ℃时充当碰撞核,可以使整个山脉的人工降雪最大化。图 4.4 比较了未播云情况和这种最佳播云情况下的液水含量(liquid water concentrations, LWC)分布。模拟结果表明,根据有关自然云条件的假设,包括天然冰核(IN)的丰沛或稀少,添加人工冰核(IN)可能会提高或降低水汽转化为降水的速率。一个同样重要的事实是,该模型清楚地表明,通过改变引晶催化的速率和位置,可以在某种程度上移动或重新分配降水区域。引入大量人工冰核(IN)会形成较小的雪花,这些雪花需要更长的时间才能到达地面,在这种情况下,最大降水量的区域将向迎风坡抬升,甚至越过顶峰。

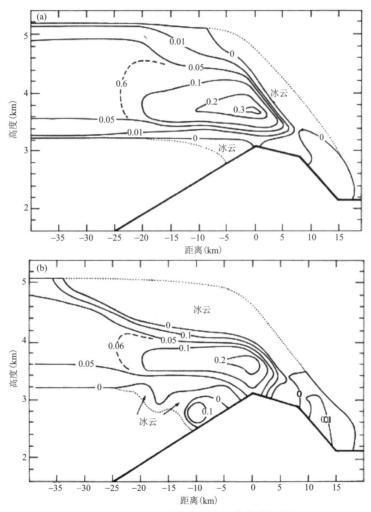

图 4.4　地形云引晶催化试验的数值模拟结果

对比了未播云情况(a)和播云的情况(b)在横脊垂直平面上的液态水浓度,在云顶附近上游 40 km
处释放可在−4 ℃活化的每升 50 个冰核(IN)。播云个例中,由于播云促进了雪花的生长,所以液
态水含量(LWC)较低(Young,1974c)

上述相对简单的二维地形云模式可以扩展应用到更复杂的系统中。地形云系本身具有三维特征,因为在暴风雨中很少有风垂直吹向山脉。相反,低空风往往平行吹向山脉,只有在更高的海拔高度,风才垂直吹向山脉。地形的不规则性以及许多地形风暴包含对流云带或对流单体或其他中尺度组织,带来了更多的复杂性。此外,时间变化可能很重要。要认识到,尽管上述模式非常复杂,甚至需要一台大型计算机来处理,但它仍然只是山区暴风雪的极简体现。

一旦认识到云系的三维性质及其随时间的变化,就可以运行一个如前所述的运动学模式来进行分析研究,研究对象可以是引晶催化对大范围锋面风暴系统的影响。然而,截至目前尚未开展过此类模拟研究。

4.4 播云的动力效应

4.4.1 背景介绍

仅通过播云的微物理效果来估算整体上人工影响天气的可能影响,其估算结果并不能体现出天气或气候的急剧变化。由于缺乏雨胚而无法降水的云通常是中等厚度和/或生命周期短的云。尽管播云可能会导致一部分这类云产生降水,也可以提高其他稍大的云的降水效率,但从任何角度来说,被催化云团对年降水量的贡献仍然很小。因此,播云可能增加的年降水量通常为自然降水量的 $5\% \sim 15\%$。

最早的播云试验产生了更显著的效果。播云后,一些孤立的对流云发展成积雨云,并生成中到大雨。Kraus 和 Squires(1947)记录了澳大利亚一个非常惊人的案例。据推论(Schaefer, 1951),该案例中的增雨是由潜热释放引起的播云动力效应产生的。其基本原理可借助于简化的热力学图进行说明,如图 4.5 所示。通过播云产生动力效应,进而大量增加对流云降水,在20 世纪 60 年代,许多研究人员开始定量研究通过播撒产生动力效应来大幅度增加对流云降水的可能性(Davis and Hosler, 1967)。

表 4.1 比较了典型的小、中、大对流云的总降雨量,可以看出这项工作的成效。大尺度对流云的降雨量比小尺度对流云的降雨量大 100 倍或更多。小尺度对流云无法像大尺度对流云那样凝结大量的水汽,此外,由于云中气流与环境空气的混合而导致凝结水蒸发,狭窄雨幕在其到达地面的过程中也会出现蒸发,造成大量凝结水损失。

关于播云动力效应的概念,一个吸引人的特征是,对流云本身在 $-10 \sim -5$ ℃温度层已含有冰晶粒子的情况下,它提供了人工影响降水的一种方法。从理论上讲,只要对流云中保持一定数量的过冷水,且通过人工催化冻结过冷水的速度比包括冰晶繁生在内的自然冻结更快,就可形成动力效应。

显而易见,接近 -5 ℃时释放潜热会导致云中上升气流增强,并形成尺度更大的云,但是关于这个假设,实际上仍然存在许多问题。早期的研究结果表明,在一些情况下,在热带地区通过飞机从对流云云顶播撒,会导致云团上升并与主体云团分离,但云系整体并没有增长。还有沉降负荷对云上升气流一些细微的影响。借助计算机数值模拟,可以很好地解决微物理和动力效应相结合的复杂问题。显然,所使用的模型必须包含微物理过程和云动力学之间的相互作用,并且能够模拟播云作业过程。以下小节将描述两种已被广泛应用于播云动力响应的模拟研究的云模型。这两类模型是实体模型和运动场模型。由于实体模型是先开发的,并针对播云动力效应的一些方面提供了有用的见解,因此,我们首先介绍实体模型。

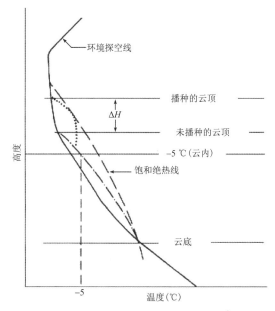

图 4.5 简化的热力学图,说明人工冰晶催化如何增加积云塔云高

点划线表示未播云中的温度廓线,圆点表示在播云塔−5 ℃附近完成冰晶化后的假设温度廓线,

ΔH 表示由播云引起的云顶高度增加(有时被称为可播度)

表 4.1　积云降雨与降水效率的函数关系[a]

	小尺度积云	中尺度积云	大尺度积云
空气密度 $\rho(kg \cdot m^{-3})$	~1	~1	~1
混合比 $(g \cdot g^{-1})$	18×10^{-3}	18×10^{-3}	18×10^{-3}
上升气流区面积 (km^2)	0.20	0.78	12.6
上升气流速度 $(m \cdot s^{-1})$	0.5	1	2
生命周期 (s)	600	1800	3600
降雨量 $(10^3 \; m^3)$			
100%效率	1.1	25.3	1633
50%效率	0.5	12.6	816
10%效率	0.1	2.5	163

[a] 引自 Simpson 和 Dennis(1974)。

4.4.2　实体模型

实体模型将不断增长的积云视为气泡或夹卷射流,并假定它会遵循流体力学中适用于此类实体的定律。而实体模型的开发毫无疑问是受到了 Scorer 和 Ludlam(1953)以及其他研究者们的鼓舞,他们试图将观测到的对流云的结果适配到这种概念框架中去。在实验室中使用不同密度的流体对水箱中的对流进行模拟,有助于选择最可能适用于对流云塔的关系(Simpson and Dennis,1974)。

这里将举例说明一个有用的模式,该模式最初是由宾夕法尼亚州立大学开发,随后在其他地方进行了改进。该模型将积云视为一系列气泡,每个气泡上升到大气中的相同高度。它是一维模型或"棒模型",这意味着气泡内的温度、湿度等变化可忽略不计。

模型运行的常用方法是假设给定半径的气泡在计算出的云底高度处有弱的上升速度。首先计算出向上的加速度,再将气泡向上移动一个高度间隔,比如 50 m。接着得到影响浮力的所有过程,计算出新的速度,并假定将该速度应用于下一个高度间隔。不断重复该过程,直到气泡到达稳定层为止,在该稳定层中,其浮力变为负值,并且上升速度减小为零。

只要气泡的虚温超过环境空气中的虚温,每个气泡就如同大气中的真实气泡一样,具有正浮力,但速度会因与周围空气混合而减慢。用数学方法可表示为

$$\frac{\mathrm{d}w}{\mathrm{d}t} = w\frac{\mathrm{d}w}{\mathrm{d}z} = gB - \frac{1}{m_B}\frac{\mathrm{d}m_B}{\mathrm{d}z}w^2 = gB - \frac{2\alpha'}{r_u}w^2 \qquad (4.1)$$

式中,w 是气泡的上升速度,z 是高度,g 是重力引起的加速度,B 是浮力,m_B 是气泡的质量,α' 是经验常数,r_u 是上升气流的半径(假设由连续的气泡组成,每个气泡的半径为 r_u)。浮力 B 由下式给出

$$B = (\Delta T_v/T_v) = (T_v - T'_v)/T_v \qquad (4.2)$$

式中,T_v 是气泡的虚温,T'_v 是环境的虚温。

气泡上升时的温度主要取决于三个因素:(1)当气泡向更高高度移动时产生的减压;(2)释放潜热;(3)与环境空气的夹卷。环境空气不仅比云中空气更冷,而且通常不饱和。一些云水蒸发,使夹卷的空气中的相对湿度上升到 100%,这使空气进一步冷却。实验表明,夹卷量与气泡或射流的半径成反比,并且该关系被认为适用于云模式。在不同的气团条件下,夹卷率的变化由经验常数 α' 决定。

在某些云模型中,假定所有凝结水都会立即下落。否则,有必要调整浮力以考虑云水带来的向下拖力。在这种情况下

$$B = (\Delta T_v/T_v) - w \qquad (4.3)$$

式中,w 是云水混合比(即每克空气中水的克数)。显然,可以进一步地完善以使模式更加接近实际,但是在实践中发现,一维定常模式并不值得更深入的改进。这种一维模式中存在一些人为设置的因素,例如忽略气泡内部的温度变化,这也就意味着这些模式无法模拟出云的行为,除非是以一种非常笼统的方式。

4.4.3　实体模型预测结果与观测结果的比较

已经证明,无论是定常的还是时变的一维实体模式,可以预测不同温度直减率和湿度条件下不同上升气流半径的积云在大气中抬升的高度。Hirsch(1971)使用宾夕法尼亚州立大学模式的改进版本,比较了南达科他州西部对流风暴的观测高度和模式预测高度(图 4.6)。上升气流区的半径是用飞机在云下层探测得到的,环境探测数据从无线电探空获得。云顶高度根据 RHI 雷达观测估算得到。将 α' 设置为 0.20 时,观测和模拟结果相关性最好。相关系数(r)为 0.82,这体现出该计算机模式强大的计算能力。在其他气团状况下也获得了类似的结果。

4.4.4　模拟播云

确定实体模型具有一定的云层高度预测能力后,就可以考虑如何在模式中进行催化模拟。通常假设云水在相对较高的温度下冻结成冰。例如,Simpson 等(1965)在模拟佛罗里达积云

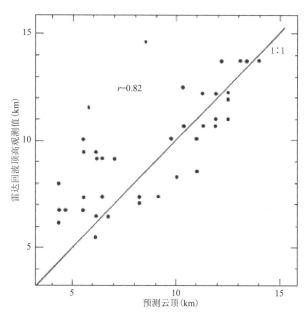

图 4.6　雷达观测到的南达科他州西部对流阵雨高度与一维定常云模型预测的高度对比
通过适当调整模型中的夹卷参数,可以在其他地区获得等效的结果(Hirsch,1971)

播云时,曾假设云水冻结成冰的温度范围在 $-8 \sim -4$ ℃。但不幸的是,1975 年该区域播云试验中的云物理观测结果表明,在高于 -10 ℃的温度下几乎没有冻结现象的产生(Sax,1976)。

通过比较南达科他州西部的播种云和非播种云的内部条件,Hirsch 和合作者采用了非线性冻结曲线,该曲线规定,非作业云中所有云水在 $-40 \sim -20$ ℃层被冻结成冰,而在作业云中,所有云水在 -5 ℃和 -25 ℃被冻结成冰(Hirsch,1972)。每单位体积人工冻结的云水和雨水释放的热量随 χ_I 和 χ_R 变化。有学者指出,冻结会导致上升气流中的温度突然升高 $2 \sim 3$ ℃,但更为现实的估计值为 $0.5 \sim 1.0$ ℃(Orville and Hubbard,1973)。并非所有释放的潜热都可用来加热上升气流,在某些过于简化的处理中忽略了这一点。释放的潜热大部分用来膨胀上升空气,以抵抗环境空气施加的压力。然而,其温度上升值与发展中的积云的上升气流中普遍观测到的温度高出值相当。

4.4.5　播云增加云高的模型预测

实体模式预测,在非常稳定的情况下,播云释放的潜热不会增加云的高度。在极不稳定的情况下,对流云迅速上升到对流层顶甚至超过对流层顶,尽管云内的上升气流结构可能有微小变化,但该模式再次预测云顶高度不会因播云产生明显变化。应在云形成和消散影响保持平衡的边界条件下来寻找播云效果。

最有趣的是自然云被逆温覆盖的情况。在这种情况下,模型有时会预测人工冰晶核化可以释放出足够的潜热,使得某些云塔能够穿透逆温层,并迅速抬升至其上方的不稳定层。这种发展被称为爆发性增长,观测结果中曾出现类似的爆发性增长(Simpson et al.,1965)。在亚热带地区,例如,在佛罗里达州上空,最有可能出现这种情况。百慕大高压西侧的下沉空气经常导致弱的逆温层出现,有时会同时出现两三个逆温层。

Weinstein(1972)使用宾夕法尼亚州立大学模型的一种变型模式来估算引晶催化增加美

国西部积云降水的潜力,如图 4.7 所示。他得出的结果虽然是基于播云的微物理和动力效应,但这些假设都过于笼统,因此不能被视为最终结果。但是,他尝试将气候数据、观测的云尺度分布和云模型结合,以观测一个季度内播云响应如何随地点变化,这种研究并不多见。

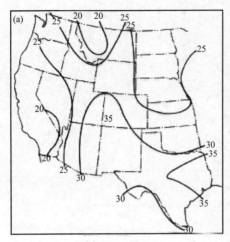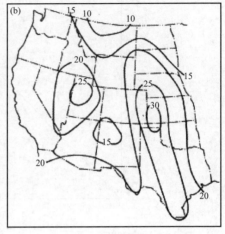

图 4.7　有利于孤立积云引晶催化增加(a)和减少(b)降水的夏季天数百分比
研究结果来自模式研究,仅供说明之用(Weinstein,1972)

4.4.6　运动场模型

　　相较于实体模型,运动场模型是更为强大的分析工具,它没有关于射流、羽流和气泡的假设,本质上是时变模型,可能是一维、二维或三维模型。[3]

　　在运动场模型中,一组网格点的大气状态取决于多种变量。一个有效的一维模型最少包含 5 个变量,分别为:压力、温度、空气运动(通常在垂直方向)、水汽压和总水凝物的质量(通常是混合比)。

　　模型维度的增加需要添加空气运动矢量。为了使模型有价值,必须将总水凝物分为云水、云冰、雨水、雪或冰雹。在这些模型的初始版本中,雨水浓度仅用一个简单的数字来表示。这样的整体参数化是基于常规观测的雨滴粒子谱得出的。在更先进的模型中,雨水浓度采用 10 个或更多的数字来表示,以体现雨滴粒径谱及其随位置和时间的变化。

　　一些模型包括大气电过程,因此必须指定大离子和小离子的浓度以及静电场的组成部分(Chiu,1978)。在这些模式中,一个格点上要定义的变量可能超过 30 个。

　　对于任意一个模式,如果想要准确模拟播云的动力效应,至少要对发生的某些微物理过程进行模拟(千万记住,动力效应是通过微物理的变化而实现的)除此几乎所有模型都会涉及因冻结而释放热量,通常首先关注的是云水碰并形成雨水的自动转化过程。显然,随机碰并过程的详细计算不能在每个时间步长的每个网格点处重复。相反,我们使用的是参数化。

　　Kessler(1969)和 Berry(1968)都发表了云水转化为雨水的碰并速率经验公式。Orville 和

---

　　[3]　必须仔细检查早期一维模型的结果。其中一些结果无意间违反了连续方程,从而导致云水浓度(χ_{I})和雨水浓度(χ_{R})的人为变化。对模型后续的必要调整就产生了所谓的 1.5 维模型。

Kopp(1977)对他们的观点进行了修改,得出的公式为:

$$\frac{d\chi_R}{dt} = -\frac{d\chi_1}{dt} = (\chi_1 - \chi_{10})^2 \left[\phi + \frac{\theta N_c}{d_0(\chi_1 - \chi_{10})}\right]^{-1} \tag{4.4}$$

式中,χ_R 和 χ_1 分别是雨水浓度和云水浓度,χ_{10} 是二者转化的阈值,ϕ 和 θ 是经验转化参数,N_c 是云滴的数浓度,d_0 是滴谱的分散度。通过 N_c 和 d_0 考虑云滴谱对液态云水转化为雨滴的速率的影响。通常,由粒径谱较宽(d_0 大)的少量大云滴(N_c 小)组成的高云浓度(χ_1 大)的云水有利于迅速转换为雨水。

一旦雨水形成,雨滴就开始碰并。在某些模型中,还考虑了雨滴冻结形成冰雹以及因水汽凝华核化或云滴冻结形成雪和冰雹的过程。

可以看出,为了检验动力播云效果而开发的运动场模型实际上在处理降水形成和微物理播云效果方面优于实体模型。

一维运动场模型可模拟沿对流云垂直轴的运动,已被证明在研究降水的初始形成方面非常有用,此外,它的计算时效十分经济划算。一维模型的例子包括 Wisner 等(1972)和 Danielsen 等(1972)研发的模型。

但是,一维模型,无论是实体模型还是运动场模型,都不足以处理上升气流过强导致雨水无法从云体中下落。在自然界中也会发生这种情况,但事实上,自然降水可掉落出上升气流区域。模拟这种降水机制需要借助于二维或三维云模型。此类模型是由 Murray、Orville 和 Bleck 等开发的。

4.4.7　二维云模型

IAS 模型是由南达科他州矿业及技术学院大气科学研究所的 Orville 及其同事开发的二维模型。它使用流函数公式来描述大气垂直截面中的空气运动(Liu and Orville,1969;Orville and Slogan,1970),这里没有给出方程组。需充分注意的是,在每个网格点都遵循诸如虚温高引起的浮力、降水负荷和潜热效应之类的影响。图 4.8 展示了最新版 IAS 模型的微物理过程。水凝物被分为以下五类:(1)云水;(2)云冰;(3)雨水;(4)雪;(5)霰和冰雹。每个参数都经过总体参数化处理,可生成雨、雪和霰的平均下落末速度,每个速度都适用于所有类型的所有水凝物。云水和云冰的下落速度假定为忽略不计。5 种水凝物的各种过程和相互作用可以分为以下 12 类不同过程(数字与图 4.8 对应)。

(1)蒸发或升华。

(2)凝结或凝华。

(2a)贝吉龙过程(液滴蒸发并在云冰或雪上凝华)。

(3)融化。

(3a)冰雹湿增长中甩落液水。

(4)冻结。

(5)同一相态的水凝物自动转换和碰并。

(6)雨和云冰之间的相互作用,形成霰。

(7)雨与雪之间的相互作用形成霰、雪或雨,具体取决于降水粒子浓度和温度。

(8)霰或冰雹碰冻雨水(如果冰雹处于湿增长状态,则大部分碰冻的雨水通过过程 3a 返回)。

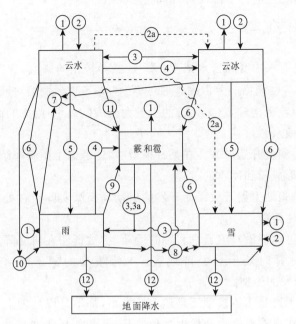

图 4.8　IAS 二维云模型的当前版本在每个网格点和每个时间步长中的微物理过程
其他子程序可用于模拟电效应以及催化剂的传输和作用

(9)霰碰并雪晶。

(10)雪和云水之间的相互作用,增加的雪或雨水含量,具体取决于温度。

(11)霰碰冻云水。

(12)降水落到地面。

除了二维的局限外,该模型最大的不足是云与环境空气之间质量和热量湍流交换的参数化。但是,这一不足近年来已得到改进。现在,根据风切变和空气的热力学稳定性,能够估算每个网格点上广义的涡流扩散系数(D)。

该模型的输出量非常巨大,以至于无法给出多个样本结果。用动态摄影机获得的结果通常在阴极管显示器上展示。通过播放影片,可以查看模型中云发展的各个方面,并且可以将"自然"情况与各种假设的播云试验情况进行比较。当然,何为自然云本身就是一种选择,因为必须根据对真实云的观测,来假定云滴谱、碰并成雨滴的速率以及自然冰核(IN)的活化。

该模型在近几年才得以完善,不再以粗略的方式模拟播云催化的情况。现在可以"投放"干冰并"释放"AgI 粒子,对它们在云模型中移动并与云滴相互作用的历史进行追踪。

4.4.8　样本结果

这里选择运行的特定模型是为了模拟引晶催化对两个相同的对流云中其中一个的影响。图 4.9 中展示了自然云(a)和模拟 AgI 播云 24 min 后的作业云(b)。在时变模型中,播云可能会加快对流单体在其整个生命周期中的进程,因此,需要随着时间的推移来估计播云对降水的总体作用。

尽管如此,瞬时值的比较也是有意义的。在自然云图 4.9 中(a),降水量很小,且降水刚从云底发生。而在作业云图 4.9 中(b),降水已经开始到达地面。随后,作业云得以充分冰晶化,

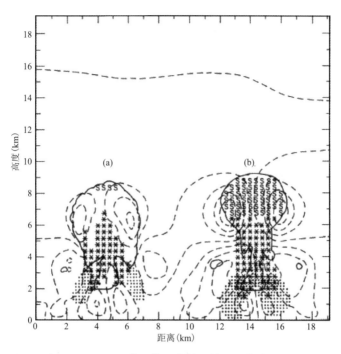

图 4.9　IAS 二维云模型中播云效果的模式预测

实线为云的轮廓,虚线为流场。符号 S 表示云冰, * 表示雪, ··· 表示雨。(a)自然云,(b)作业云。
没有播云的情况下,云的发展几乎完全相同。模拟播云后 24 min,降水从播种云(右侧)开始降落
到地面,比非播种云的降水提前了几分钟,且播种云充分冰晶化(Hwang,1978)

但它与自然云同时开始消散(Hwang,1978)。

对流云中人工播云产生的降水早于自然云降水,这为动力效应提供了其他可能性。通常,播云引起含水量变化,可能会促进下沉气流和云中环流的发展。播云可能会引发多种相互作用,因此任何基于少数现有的模式结果得出的结论都是不谨慎的。

4.4.9　对周边云团影响的预测

在确定播云,特别是使用成冰剂播云可以改变对流云的动力过程之后,大气物理学家立即就会提出如下问题:这种影响是否会扩展到周边的云? 多年以来,一方面人们普遍假设,通过播云来增强对流云往往会抑制 20~50 km 范围内的其他对流云。另一方面,Simpson 等则认为,对周边的对流云进行播云往往会促进云的合并,这正是对自然过程的模仿,要知道这一自然过程对对流降雨的产生很重要。由多个孤立阵雨云合并形成的大积雨云,可能以 5×10^7 m³·h⁻¹ 的速度引降倾盆大雨,即使将这些单个阵雨云作为一个整体,它们也不太可能以高于 10^6 m³·h⁻¹ 的速度产生降水。

尽管直观上很有吸引力,但通过播云促进对流云的合并却很难记录下来。人们普遍认为,云的合并需要增强低层云的辐合以模仿自然中尺度系统,但是尚不清楚作业云塔中增加的浮力如何产生所需的辐合。美国国家海洋和大气管理局以及其他机构正在对合并概念进行研究。

4.4.10　吸湿性播云的动力效应

有人提出吸湿性播云可以产生动力效应。但值得注意的是,用人工云凝结核(CCN)播云不会改变云的凝结水总量,只会改变水滴的粒子谱。

我们已经提到了 Woodcock 和 Spencer(1967)的试验。通过添加盐粉,他们成功地将接近饱和的空气温度提高了约 0.4 ℃。利用 NaCl 播云形成浓度约为 10^3 m^{-3} 的人造雨胚,计算对流云底的增温,其计算结果能达到 0.02～0.05 ℃。即使是这种微小的影响也不会向上扩展到云中。一旦穿过了成云区,使用吸湿剂播云的总凝结量就与未播云的总凝结量相同。因此,一维实体模型不能预测吸湿性播云的动力效应也就不足为奇了(Hirsch,1971)。

与降水负荷变化有关的动力效应可能更加细微。另外,促进碰并往往会增加在给定温度下云水冻结的比例,这将释放一些额外的潜热。二维模型能够模拟这种效应,但这种效应过于微弱,接近于模型可检测到的极限。

人们研究了吸湿性播云的微物理和电场效应,发现这些效应都在对流云的自然可变性范围内(Cunningham and Glass 1972;Murty et al.,1976)。这表明无法检测出相关的动力效应。总之,模拟研究和外场试验综合表明,在任何有意而为之的播云项目中,都无法巧妙地利用吸湿性播云的动力效应。

4.4.11　特殊假设

研究人员提出了许多非常详细的假设,表明播云如何通过微物理和动力效应的各种组合来影响雷暴风、闪电和其他灾害天气现象。这些效应通常没有能够转化为令人满意的可用于模型测试的数值形式。第8章的有关观点将对之进行阐述。

4.5　播云的远距离效应

即使是最简单的微物理播云概念,其效应也有可能从释放催化剂的地方开始扩展到数十千米。如果在云层中或在夜间释放 AgI 晶体,它们的活性不会因受光而衰减,在数小时后仍然能被活化。在这段时间内,它们可能会传输 100～200 km。播云产生的人工冰晶可能会持续更长的时间,并且会向远处传输很长一段距离,在作业云下风方向播云。有时候在雷暴主体消散后的第二天还能够探测到积雨云砧中的冰晶。Simpson 和 Dennis(1974)推测,这种孤立云砧可以充当几千米外的其他云层的催化剂。它们还会导致白天地表降温,而夜间地表升温。

播云可产生动力效应,这使大面积效应的问题立刻变得更加复杂,也更加令人好奇。它提出了这种可能性:从催化剂释放点开始,播云不仅影响下风方,而且影响侧风方甚至上风方。例如,人们可以想象经人工影响后的对流云朝对流层顶上升,形成了抵御上层风的屏障,从而在上风方的一定距离处产生了正压力扰动。目前已有三维中尺度和区域模式可用于测试上述概念及其相关概念。

自 1962 年以来,美国政府相关机构一直在开展"雷霆风暴"(Stormfury)项目,研究人工影响热带飓风的可行性。其中涉及至少两个概念模型。目前"雷霆风暴"项目支持的假说认为,促进飓风雨带中对流云的发展可将入流空气从眼壁云移开,并降低飓风的峰值风速(Gentry,1974;Rosenthal,1974)。若实施这一概念,将在接近 10 万 km^2 的区域进行大气调节,第8章中将就此进行更为详细的介绍。

播云可能产生的效果各异,因此,如果播云对降水的远距离效应确实存在,其效应也将会是好坏参半的。在某些情况下,它们会导致降水增加,而在另一些情况下,它们会导致降水减少,或者可能随着降雨在某些点增加、在其他点减少而对降水进行重新分配。必须强调的是,人们还在研发精确的中尺度和区域尺度扰动数值模式,用来评估特定情况下的播云效果。因此,目前只能通过分析现有播云试验和播云作业周边区域的降水分布来研究播云的远距离效应。第 7 章将对此(充其量也只是试验性的证据)进行讨论。

第 5 章　碘化银晶体和其他催化剂的产生和应用

5.1　引言

为了使任何改变云的概念得到适当的测试或付诸实施,必须开发一种技术,通过这种技术可以产生所需的云催化剂并将其引入想要改变的云层中。如果要实现可行的人工影响天气技术,则该技术必须有效且成本合理,而且不会造成不可接受的环境危害。

在第 4 章中,我们讨论了通过播云来人工影响天气的各种理念。然而,我们也注意到,其中一些理念的实施将引起一些实际上无法解决的问题。至少暂时而言,这些问题涉及 CCN 毒化和在相当大的空气体积内人为改变整个 CCN 谱的问题。

现在存在引入吸湿性粉末或喷雾剂作为在云中产生人工降水胚的技术,但是它们不够精细。实施起来技术涉及的主要问题是如何在飞机上携带所需体积和质量的材料、如何防止吸湿性粉末在潮湿条件下结块,以及如何以足够精细的方式分散这些材料以实现合理的效率。这些是机械工程而非大气物理学中的问题,在此不再详细探讨。

与云催化剂有关的最先进技术是生成大量的碘化银(AgI)粒子用于云的人工冰晶化。如我们所见,由于投放干冰丸或释放液态空气、液态丙烷等射流而产生的强烈冷却,可以使云层冰晶化。而且,除 AgI 外,还有许多物质可作为人工冰核,包括其他无机盐,如硫化铜(CuS)和碘化铅(PbI_2),以及许多有机化合物,例如介乙醛。Fukuta 等(1966)描述了一种在 $-12\ ℃$ 下有效产率为每千克 10^{15} 个核的四聚乙醛介乙醛发生器,但这些冰晶很快就会蒸发。Fukuta 等(1975)描述了使用 1,5-二羟基萘在积云中进行的播云试验。尽管如此,AgI 仍然是最重要的播云催化剂。其他物质也具有科学意义,并在一定的情况下得以应用,但从未取代 AgI 作为云催化剂在人工影响天气野外试验中使用。因此,我们从描述 AgI 发生器及其工作原理开始讨论播云装置和投放系统。

5.2　碘化银发生器及其产物

5.2.1　发生器类型

任何用来产生微小 AgI 粒子的装置都被称为碘化银发生器。大多数发生器的工作原理是汽化 AgI,并使其冷却后固化成直径小于 $1\ \mu m$ 的粒子。没有其他过程可以达到通过升华-凝华过程产生的粒子数量。Vonnegut(1947)的首批发生器中有一个使每克 AgI 产生了 10^{16} 个粒子。在实验室应用中,有时通过研磨 AgI 或喷洒 AgI 溶液(例如,无水氨中的 AgI)来生成 AgI 粒子,但在实际的人影作业中此类方法由于成本过高而缺乏吸引力。

AgI 的熔点为 $552\ ℃$,在 1 个标准大气压下的沸点为 $1506\ ℃$。通常在 $1000\ ℃$ 左右工作的发生器中,AgI 会从固体升华成蒸气或从熔融状态蒸发,而实际上没有沸腾。

发生器的构造方式多种多样,令人惊叹。虽然有时使用电弧,但 AgI 通常在火焰中蒸发,这可能是连续的或与爆炸有关。需要注意避免长时间暴露在还原性大气中,因为这种大气会将 AgI 分解为金属银和碘蒸气(I_2),而碘蒸气经常与部分燃烧的燃料反应,产生碘化氢(HI)。

两种最常见的发生器是丙酮发生器和焰剂发生器。St.-Amand 和他的同事对这两种类型的发生器作了相当完整的讨论(Burkardt et al.,1970;St.-Amand et al.,1970a—c,1971a—e;Vetter et al.,1970)。

丙酮发生器是 Vonnegut(1950)发明的。由于 AgI 不溶于丙酮,因此添加了一种"载体"或增溶剂。最常用的载体是碘化钠(NaI)、碘化钾(KI)和碘化铵(NH_4I)。将丙酮溶液喷入火焰中,单独或与丙烷或汽油一起燃烧,使 AgI 和载体气化(图 5.1)。AgI 的消耗速率从最低 5 g/h 到约 1 kg/h 不等。

图 5.1 内华达山脉山麓附近的地形云播种项目布设的丙酮发生器,其后为另一个设计略有不同的
发生器。丙烷罐(左)提供燃料和压力源,驱动 AgI-NH_4I-丙酮溶液进入燃烧室

在一些丙酮发生器配置中,产生的热量不足以使 AgI 完全蒸发。在这种情况下,反应产物包括烧结的 AgI 或包含 AgI 的混合物,每个粒子代表一个溶液液滴的残留物。St.-Amand 等(1971b)认为这种操作模式对于在接近 0 ℃ 的温度下产生充当冰核的活性粒子是可行的。然而,除非假设存在不切实际的精细喷雾,否则这种模式在粒子产生方面效率很低,因此不作进一步讨论。

现已开发出了液体燃料发生器,使用 AgI 易溶解的燃料(Davis and Steele,1968)。这些发生器尚未被广泛采用,因为所涉及的燃料往往难以处理(例如,冷冻的无水氨)或为有毒物质(例如,异丙胺)。

第一种固体燃料发生器在强制通风的便携式熔炉中燃烧事先浸泡过 AgI 溶液的焦炭颗粒。另一种发生器是将 AgI 浸渍的细绳由发条控制送入丙烷火焰中(Vonnegut,1957)。

焰剂发生器主要是为在飞机上使用而开发的,在飞机上携带易燃溶液存在明显的风险。最早的焰剂发生器是简单的保险丝、铁路警告信号弹,在标准混合物中加入一些 AgI。大约从 1959 年开始,位于加利福尼亚州中国湖的美国海军武器中心的科学家开始了一项系统的计划,开发和测试专门用于播云的焰剂技术。他们研制的焰剂,有些通过飞机抛落而另一些则是在架子上原地燃烧(图 5.2)。

图 5.2　用于播云的各种焰剂

(a)装有 8 支焰剂的播云机机翼后缘的机架。焰剂由驾驶舱发出的电子信号点燃并原地燃烧。
(b)装有可抛落焰剂的机架安装在播云机机身下方的底架上。同时释放各个焰弹并由电子信号
点燃(照片由加利弗尼亚州弗雷斯诺 Atmospherics 公司提供)

好的焰剂有许多要求。显然,好的焰剂应该保持稳定地燃烧,不会引起意外爆炸。原地燃烧的焰剂必须具有足够的结构强度,以免折断和掉落。在支撑管中燃烧焰剂效率不高,因为生成的粒子容易凝聚。最好将焰剂燃尽,不要让用过的焰剂壳掉落到地面上。

在焰剂发生器中,含 AgI 的化合物与其他化合物混合在有机黏合剂中,这种有机黏合剂通常是一种带有增塑剂的硝化纤维素燃料。常用的一种化合物是碘酸银($AgIO_3$)。当碘酸银分解为 AgI 时,释放 O_2 使燃料的氧化相对独立于空气密度,抑制了 AgI 分解成 Ag 和 I_2 的趋势,I_2 因与部分氧化的富氢燃料发生反应形成 HI。St.-Amand 等(1970b)表明,添加富含碘的化合物是抑制分解趋势的另一种方法,但要注意其中一些化合物可能会形成爆炸性化合物。他们建议在某些情况下使用五氧化二碘(I_2O_5)。

St.-Amand 等(1970b)给出了许多焰剂混合物的详细信息。从试验过的数百种混合物以及广泛用于各种业务目的的几种混合物中,我们挑选列出了 LW-83 焰剂的化学成分,用于下投式焰弹 EW-20。焰剂的配方为 78% $AgIO_3$、12% Al、4% Mg 和 6% 黏合剂。习惯上焰弹以每克 AgI 的有效冰核数来标记。EW-20 中的 $AgIO_3$ 还原后会产生 20 g 的 AgI,因此,EW-20 被描述为 20 g 的焰剂。

另一种有趣的"发生器"是"天气导火索"(Weathercord),即爆炸导火索采用 AgI 混合物制备(Goyer et al., 1966)。"天气导火索"被从飞机上抛落,已用于如在伊朗进行的作业项目。

如果要列出全部类型的发生器,就需要提到苏联开发的、主要用于人工影响冰雹云的火箭和炮弹。对此,Bibilashvili 等(1974)给出了大量信息,尽管其中化学组成不很完整。但由于经济方面的原因,许多装置使用的是 PbI_2,而不是 AgI。

5.2.2　影响粒子产量的因素

AgI 最常见的形式是黄色的六边形冰晶,其密度接近 5.68 mg·m^{-3}。图 5.3 显示了在对数正态粒径分布范围内,1 kg 的 AgI 产生的固态球形粒子的数量。在某些发生器中产生的复杂粒子,特别是 AgI-NaI 和 AgI-KI 粒子,需要用密度为 5.68 mg·m^{-3} 的六角形 AgI 来调整

平均密度。

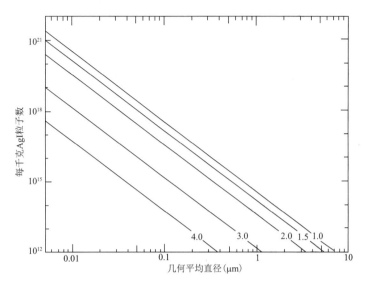

图 5.3　对于对数正态分布气溶胶,在不同的几何标准差 σ_G 值的情况下,每千克 AgI 获得的球形
粒子数量随几何平均直径的变化(Dennis et al.,1977)

　　许多情况下,在发生器中形成的胚胎粒子的数量超过释放到环境空气中的数量。胚胎粒子通过布朗运动而凝聚,因此一个典型的最终产出粒子是由许多微晶组成的。Petersen 和 Davis(1971)的 X 射线研究表明,某些发生器产出的粒子的总粒径平均为 0.15 μm 到约 1 μm,单个微晶平均粒径为 80 nm。线性尺寸的比率表明聚合物包含 10~1000 个微晶。

　　让我们回想一下式(2.10),它给出的均匀粒子的布朗凝聚速率为:

$$dN/dt = -K_B N^2 \cdots, \tag{5.1}$$

式中,N 是粒子的浓度,K_B 是粒径与介质黏度和温度的函数。如表 2.2 所示,在 $T=296$ K 下使用式(5.1)和 Fuch 的空气 K_B 值可得到表 5.1。该表显示了由布朗凝聚引起的粒子浓度每秒的初始下降速率。附加计算(略)表明,若 $T=600$ ℃,焰剂在出口处的凝聚速率大约会增加 1.5 倍。

　　显然,凝聚速率主要取决于浓度。

表 5.1　布朗凝聚引起的单分散气溶胶浓度下降的初始速率与粒径 d 和浓度N[a]的关系

		$N(m^{-3})$		
		$10^{13.5}$	10^{14}	$10^{14.5}$
	10	1%	3%	10%
$d(\mu m)$	1.0	1%	3%	10%
	0.1	2%	7%	20%
	0.01	3%	9%	30%

[a] 每秒的下降百分比。

　　表 5.1 显示,任何发生器从每立方米的排气(译者注:发生器产生排出的 AgI 气溶胶)中产生的粒子都不能超过 10^{14} 个,只有在粒子形成后几秒钟之内通过与环境空气混合来稀释排气,发生器才能产生这么多的粒子。

　　科罗拉多州立大学的发生器测试已证实,每立方米排出气体的粒子产量最大为 10^{14} 个左右。Steele 等(1970)根据用不同的溶液强度和风洞流速的实验,建议每消耗 1 kg AgI 的稀释流量不少于 10^6 m^3 的空气。他们设法维持指示效率,即在强风洞流量中采用稀释溶液的情况下,每消耗 1 kg AgI,能够在 -20 ℃ 的温度下保持 3×10^{19} 个冰核的活性。

　　总而言之,由发生器产生的粒子数量有两个主要控制因素:一是流经由蒸气形成的粒子的区域空气或其他排气的流量;二是熄灭速度,即通过与环境空气混合来冷却排气的速率。发生器消耗的 AgI 总量会影响平均粒径,而不是粒子产量。这些是适用于焰剂和液体燃料发生器的一般性说明。

　　凝聚显然会影响最终的粒径分布以及总浓度。表 2.2 显示,不同大小的气溶胶粒子之间碰撞凝聚系数比均匀大小的气溶胶(或大或小)的碰撞凝聚系数大 1000 倍。因此,当 1 μm 粒子的总数浓度达到 10^{14} m^{-3} 左右时,几乎所有非常小的粒子($d<10$ nm)会在不到 1 ms 内消失。结果是最终粒径分布变窄。

　　由于穿过焰剂不同部分的空气块或废气块具有不同的进程而使情况变得更复杂。通常情况下,几个独立的因素形成一个结果时,粒径近似遵循一个对数正态分布 (Mossop and Tuck-Lee, 1968;Gerber and Allee, 1972;Parungo et al. , 1976)。[1]

　　对数正态分布的特征在于其几何平均直径 $\bar{d}_G$ 和几何标准差 σ_G,被定义为:

$$\ln^2 \sigma_G = \overline{(\ln d - \ln \bar{d}_G)^2} \qquad (5.2)$$

式中,ln 表示自然对数。对于对数正态分布,$\bar{d}_G$ 也是直径中值。

　　Mossop 和 Tuck-Lee(1968)在电子显微测定法的基础上,研究报告了混合的 AgI-NaI 气溶胶在 84 nm 处和 σ_G 在 1.47 处的 $\bar{d}_G$。Gerber 和 Allee(1972)观测到了含由广泛使用的 LW-83 配方的焰剂燃烧而形成的气溶胶。St. -Amand 等(1970b)认为,至少有一些焰剂发生器产生的粒子能代表了燃烧过程中混合的个别碎片融化后冷冻的残留物,这也许可以解释为什么 Gerber 和 Allee 测量的粒径分布非常不规则且分布广泛,这对发生器的效率有严重影响。他们报告的结果是:$\bar{d}_G=16$ nm 和 $\sigma_G = 5$。

　　一般情况下,所有粒子 $d = \bar{d}_G$ 的假设会导致高估每克 AgI 的粒子输出量。根据 Dennis 和 Gagin (1977)的研究,遵循对数正态分布的球形粒子的平均体积可由下式求得:

$$\bar{v} = \frac{1}{6}\pi \bar{d}_G^3 \exp[4.5(\ln^2 \sigma_G)] \qquad (5.3)$$

应用式(5.3)可得到表 5.2 和图 5.3。图 5.3 显示了每千克 AgI 粒子的产量与 $\bar{d}_G$ 和 σ_G 的关系。例如,Gerber 和 Allee(1972)所描述的 LW-83 气溶胶的粒子产量接近了 7×10^{15} kg^{-1}。

　　对于消耗的 AgI 单位质量总粒子数而言,宽分布范围与大发生器产量之间存在不相容性,见表 5.2。幸运的是,发生器产生的 σ_G 的典型值在 1.5～2.0 范围内,而不是 5(Mossop and Tuck-Lee, 1968)。

　　只有根据粒子的成核能力(取决于粒径和化学组成)以及期望的效果,才能对发生器的产量进行真正的评估。因此,有关发生器效率的问题将在后面的小节进行讨论。

---

　　[1]　部分学者更倾向于这样的表达式:$n(d) = a'd'^2 \exp(-b'd)$,式中 a' 和 b' 是拟合常数,但对数正态足以满足许多应用 (Fuchs, 1964)。

表 5.2　假设所有粒子 $d = \bar{d}_G$ 而被低估的对数正态分布气溶胶中的平均粒子体积因子 F^a

σ_G	$F = \exp[4.5(\ln^2 \sigma_G)]$
1.25	1.25
1.50	2.1
1.75	4.1
2.0	8.7
2.5	44
3.0	230
4.0	5700
5.0	115000

ª 引自 Dennis 和 Gagin(1977)。

5.2.3　化学成分

即使发生器被设计成生产纯 AgI,粒子中也经常含有微量的杂质和少量的金属银。暴露在表面的金属银会氧化为 Ag_2O。此外,从发生器产出的纯 AgI 粒子立即开始发生表面化学变化,包括暴露于紫外光而失活(Reynolds et al.,1952)。许多研究人员竭尽全力制造新鲜、纯净的 AgI 气溶胶,例如在控制条件下,在碘蒸气存在的情况下气化银丝。然而,这些结果不可直接用于外场 AgI 发生器产生的不纯气溶胶,因此这里不作引用。详见 Mason(1971)的评述。

用 NaI 或 KI 燃烧 AgI 溶液的丙酮发生器会产生非常复杂的粒子。Mossop 和 Tuck-Lee(1968)、Davis 和 Blair(1969)的实验室研究表明,AgI-NaI 粒子的结构会发生很大变化。

根据 Mason 和 Hallett(1956)的研究,Lisgarten 发现 AgI-KI-丙酮溶液汽化产生的烟雾没有显示出任何一种标准的电子衍射图,但形成了混合晶体。然而,Petersen 和 Davis(1971)在 X 射线研究的基础上得出结论,AgI-NaI-丙酮溶液产生的复合粒子表面上同时存在 AgI 和 NaI 微晶。他们的结论与 Parungo 等(1976)后来的发现完全不同,Parungo 等(1976)指出了 AgI 和常用的载体化合物之间的平衡水汽压的差异,并提出了 NaI 或 KI 会先从蒸气中沉积出来,并充当 AgI 的核,这将在每个粒子上形成壳。Burkardt 和 Finnegan(1970)观测到,AgI 和 NaI 的熔融混合物的 X 射线衍射图与简单混合物的 X 射线衍射图不完全相同。结果表明形成了少量的无水复合物,但总体上与 Petersen 和 Davis(1971)的观点一致。

无水复合物的问题并无实际意义,因为粒子在几乎饱和的空气中才能被活化。当粒子吸水时,会形成弱的化学键,并生成水合物,比如 $AgI \cdot NaI \cdot 2H_2O$(Davis,1972a)和 $2AgI \cdot NaI \cdot 3H_2O$(Burkardt and Finnegan,1970)。随着进一步润湿,水膜出现。

AgI-NH_4I 溶液生成的气溶胶往往比 AgI-NaI 或 AgI-KI 溶液生成的气溶胶更纯净,因为 NH_4I 在低温(约 550 ℃)下会升华,然后分解并部分氧化,生成氮气、水蒸汽、I_2 或 HI 以及其他化合物(St.-Amand et al.,1971b)。某些 NH_4I 可以继续存在,特别是在使用冷焰的情况下(Blair,1974)。Parungo 等(1976)根据 AgI 和 NH_4I 的饱和水汽压推测,AgI 从其气态凝聚后,NH_4I 应该主要凝聚在粒子的外部,但是我们没有注意到有任何证明这种壳体结构的实际证据。

焰剂发生器产生的气溶胶变化很大,具体取决于添加到含 AgI 的化合物中的黏合剂、氧化剂和助燃剂。为了获得纯的 AgI 粒子,研发了上述 LW-83 配方。

5.3　碘化银粒子的活性

5.3.1　AgI 作为冰核剂有效的原因

对于 AgI 作为冰核剂的不寻常效果,最简单的解释是外延生长。AgI 的晶状结构与冰非常相似。在 AgI 的六边形晶体形态中,银离子和碘离子的位置类似于冰晶格中氧原子的位置,并且间距非常相似。冰晶格的 C-平面中氧原子之间的间距为 0.452 nm,AgI 冰晶中银离子和碘离子的间距为 0.459 nm。晶格失配度非常低,精确地说为 0.015。因此,沉积在 AgI 基底上的第一层水分子与 AgI 晶格结构非常吻合,因此其接触面上的表面能很小。

AgI 的立方形结构也使其有效地用作冰核。它在某些平面上也具有与 0.452 nm 冰晶格间距相匹配的间距。

Vonnegut 和 Chessin(1971)将溴化银(AgBr)引入到 AgI 晶体中,以产生晶格畸变,其中某些晶格畸变比 AgI 更符合冰晶格结构,而另一些晶格畸变与冰晶格的匹配效果较差。此实验结果表明外延生长确实很重要。掺杂 AgI 的冰成核能力随着晶格与冰晶格结构配合度的增加而增加,并且随着晶格偏离冰间距而降低。Passarelli 等(1973,1974)发现,沉淀的 CuI-3AgI 晶体基本上没有不匹配的,可以在 $-0.5 \sim -1.0$ ℃ 的温度下充当冰核。

5.3.2　碘化银发生器的测试

国内外已经建立了许多设施用于模拟云过程和测试各种 AgI 配方的效果(图 5.4)。原则上,AgI 发生器的测试很简单(Grant and Steele,1966)。将已知的排气样品引入到含有特定温度的过冷水滴的云室中。实验人员可以根据计算出的冰晶数量得知,每消耗单位质量的 AgI 会产生多少冰核。实际情况非常复杂,云室实际上根本不计算核的数量,而是计算由冰核

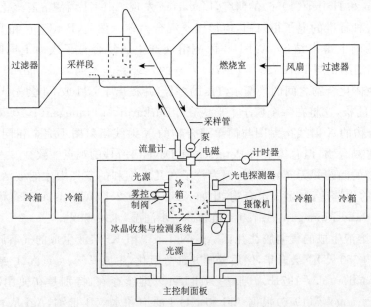

图 5.4　用于测试 AgI 发生器的风洞/云室设施的示意图

该设施的特点在于其具有多个冷箱,可在不同温度和雾密度控制激活下同时进行光电探测器测量

(Donnan et al.,1971)

活化产生的雪花或小冰晶的数量。

要考虑的第一个问题是 AgI 粒子的凝聚。正如我们所知,为了保证发生器的效率,必须快速稀释发生器排气。在收集样本并将其引入云室的过程中,稀释作用可能会丧失。例如,排气花一秒钟或更长时间穿过一个收缩管,迫使其进入收集器。一些系统可用手持注射器收集样本,收集的排气被喷入云室之前会有几秒钟的延迟。除了粒子彼此间的自凝外,这种过程还会由于与注射器壁和废气通过的管道内壁的碰撞而造成大量粒子的损失。这些损失可能会导致发生器效率估算值出现 2～5 倍的误差。

Grant 和 Steele(1966)描述了在科罗拉多州立大学云室设备上使用的一种动态稀释装置,以补充鼓风机所做的正常或"静态"稀释。动态稀释是通过在稀释风道出口处使用文丘里管来实现的。

AgI 粒子进入云室之后,凝结仍在继续,但是大多数云室经过设计,使此时的浓度降至 10^{12} m^{-3} 左右,云室体积是够大,可以忽略碰撞云室壁造成的损失。

还记得冰核以四种不同的方式起作用,即通过凝华、凝结后冻结、接触成核和浸润成核。在云室中通常不可能完全模拟云中的条件以再现四种冻结模式的相对重要性。在大多数云室实验中,接触成核起着不成比例的作用。在真实大气中,播云通常会产生 $10^4 \sim 10^5$ m^{-3} 的粒子浓度。在云室中,使用 $10^9 \sim 10^{11}$ m^{-3} 的浓度,以便在短时间内从较小体积中获得冰晶的统计样本。结果,水滴有时会被淹没,在引入 AgI 烟雾的几秒钟内,所有原始水滴都与许多核接触。毫无疑问,有些检测得到的"冰核数"实际上反映了云室内的水滴数量。已经建立了相当复杂的系统来维持过冷雾的密度(图 5.4),从而确保了后续测试的可比性(Donnan et al.,1970)。

在某些情况下,实验人员发现了生成的冰粒子的特性随时间变化的证据。例如,Blair 等(1973)指出,冰晶的产生速度在开始时迅速下降,但是小冰晶的产生过程,可能是通过凝华,在引入 AgI 之后持续了 20 多分钟。

鉴于上述考虑,我们只应该将已公布的 AgI 发生器效率视为大致趋势指标。1975 年,某著名机构称,他们以前公布的结果都应下调 10 倍以上(Sax et al.,1977a)。特别是,对两个发生器系统在相同设备、相同操作条件下进行测试之前,不得对它们的相对有效性做出任何判断。即使这样,从测试结果推导出的相对性能也可能无法准确反映其在自由大气中过冷云的成核相对性能。

我们可以理解为,上述言论不适用于示踪飞机跟随 AgI 流在自由大气中进行采样和测试的情况。可是,我们仍必须通过某种特定的云室来检测收集到的冰核。如第 2 章所述,在自由大气中进行冰核取样的问题一直是几次国际会议和研讨会的主题,但尚未得出令人满意的结论。一些研究人员认为,自由大气中的冰核数量具有至少一个数量级的不确定性范围。

在自由大气中测试 AgI 发生器时,必须对粒子的离散度作出一些假设,不然的话,就应该释放出一种带有 AgI 晶体的示踪化合物。

然后,在收集飞机中单独收集并采样示踪化合物,得出 AgI 焰剂的稀释量。示踪化合物通常是硫化锌(ZnS),这是一种荧光材料,可以很容易地撞击到移动的黏合带或薄膜过滤器上,随后在紫外光下检测出来。Leighton 等(1965)已经给出了荧光示踪法的详细信息。Leighton 等(1965)表明该方法的实验误差小于 ±20%,与 IN 计数器的误差相比,这是很小的。

考虑到以上所有因素,我们仍然必须在地面或空中进行云室测试来获得有关 AgI 发生器有效性的第一手资料。下一小节将给出一些实例结果。

5.3.3　样本结果

AgI 发生器的效率表示为每千克 AgI 产生的粒子数，这些粒子在不同温度下均可作为冰核。三种类型丙酮发生器的实验结果如表 5.3 所示。

表 5.3　三类丙酮发生器的特点[a]

发生器	消耗量 (kg·h^{-1})	产量 (nuclei·s^{-1})			粒子 (kg^{-1})	$\overline{d}_G$ (nm)
		−5 ℃	−10 ℃	−20 ℃		
Sprayco 喷嘴（Vonnegut，1950）	0.100	～0	10^{11}	10^{14}	4×10^{18}	≤40
"天火"（Skyfire）项目（Fuqua 和 Wells，1957）	0.016	～0	8×10^{11}	3×10^{13}	10^{19}	≤30
改良"射流播云机"（Jet-Seeder）（Blair，1974）	0.280	1.5×10^{11}	4×10^{12}	8×10^{12}	10^{17}	≤150

[a] $\overline{d}_G$ 的计算是基于所有粒子均在 −20 ℃ 下具有活性且 $\sigma_G = 1$ 的假设，因此 $\overline{d}_G$ 为上限。发生器使用不同的采样设备进行测试，其数量可能无法严格比较。

典型发生器产物的成核阈值约为 −5 ℃。温度每下降 3.5～4.0 ℃ 到 −15 或 −20 ℃，活性核的数量会增加一个数量级，在这种温度下，所有粒子都被激活。这种特性显然与天然冰核非常相似（式（2.16））。图 5.5 给出了装有 AgI-NaI 和 AgI-NH$_4$I 溶液的丙酮发生器以及 LW-83 焰剂发生器的样品曲线。

尽管自然云中的 AgI 气溶胶的活动可能与其在任何云室中的活动大不相同（St.-Amand et al.，1970d），但如图 5.5 所示，装满 AgI-NH$_4$I 溶液的丙酮发生器在 −5 ℃ 附近的性能表现优越。实验室和外场实验都认为这是真实的（Blair et al.，1973）。[2]

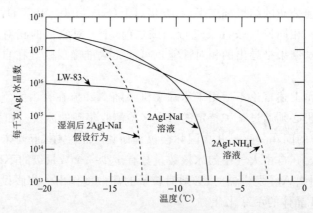

图 5.5　J. A. Donnan 在南达科他州矿业理工学院的风洞/云室中测定的 AgI 发生器产品的活化曲线
（St.-Amand et al.，1971b）

---

[2]　正如 St. Amand 所认为的那样，Vonnegut（1957，p. 284）早期提出的相反报告很可能影响到了整个人工影响天气领域的发展。然而，Vonnegut 的确警告过，AgI-NaI 粒子可能比装有 AgI-NH$_4$I 溶液的发生器产生的相对纯的 AgI 晶体"老化"得更快。

5.3.4 发展一种理论的尝试

一些研究试图通过基础理论将经验确定的发生器效率与独立观察到的粒径分布联系起来,但成效甚微。

Fletcher(1959a)应用经典的热力学理论来确定 AgI 粒子形成冰胚的速率。纯的 AgI 具有疏水性,因此,Fletcher 假设 AgI 粒子充当凝华核。Fletcher 根据理论基础计算了在 0 ℃ 至 −20 ℃ 范围内,充当凝华核所需的 AgI 粒子的大小。他发现大粒子可以在接近 0 ℃ 的温度下起到凝华核作用,而 10 nm 左右的小粒子则只能在较低温度下起到凝华核作用。Fletcher 据此计算出 Fletcher 曲线。从理论上讲,该曲线显示了在不同温度下,每消耗单位质量的 AgI 所能产生的活性冰核的最大数量(图 5.6)。

显然,Fletcher 曲线和实验曲线是一致的,如图 5.5 所示,因此在大多情况下人们不加批判地接受 Fletcher 理论。但是,如 St.-Amand 等(1971a)指出的,人们对该曲线都有广泛的误解。Fletcher 曲线并不代表消耗单位质量 AgI 而生产的单个气溶胶的活性,而是源自单位质量 AgI 的所有潜在的单分散气溶胶的最佳性能包络线(Fletcher,1959b)。具体而言,如果通过 Fletcher 曲线预测的在 −5 ℃ 下有效的粒子为每千克 $3×10^{13}$,那么我们不能同时得到在 −10 ℃ 下有效的 $1.5×10^{17}$ 粒子。

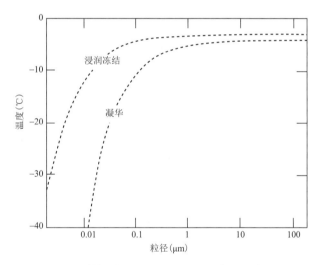

图 5.6 根据 Fletcher(1959a)的计算,球形 AgI 粒子作为凝华核和冻结核的活化温度阈值随粒径的变化而变化。沉降曲线可用于计算 Fletcher 曲线,该曲线旨在显示一定温度下单位质量的 AgI 凝华核可获得的粒子数量

Davis(1972b)指出,如果 Fletcher 理论是正确的,则具有典型 σ_G 值的单个发生器产物的活度曲线会比实测的曲线更弯曲。事实上,在 1972 年之前,其他研究人员已经对 Fletcher 理论提出了异议。

一些研究人员指出,AgI 粒子中亲水物质(如 KI)的存在使凝结-冻结比凝华更可能成为成核机理。Fletcher(1968)阐述了他的理论来解释这种效应,但是 Mossop 和 Jayaweera(1969)指出该理论仍然与实验数据不一致。尤其是,Mossop 和 Jayaweera 用 AgI-NaI 气溶胶进行试验,发现粒径与成核率之间并不是 Fletcher 理论预测的 1:1 对应关系,小粒子成核率的下降速度要比 Fletcher 理论预测的要快。Gerber(1972)通过实验证实了 Mossop 和

Jayaweera 对小粒子的成核率下降速度的推测。

Fletcher(1970)进一步尝试证明理论与实验的一致性,假设表面缺陷(凹坑)处有成核现象。这种阐述与电子显微镜观察到的成核现象相吻合(Mason,1971),并且与 Davis 和 Blair (1969)的发现相符,即:存储的应变能量提高了成核效率。即便如此,正如 Davis(1972b)指出的那样,研究仍然存在一些难点。

5.3.5　AgI 核的活化模式

现在,人们普遍认同,AgI 粒子与其他冰核一样,以下面四种不同的方式起作用:

(1)凝华;

(2)凝结-冻结;

(3)接触冻结;

(4)浸润冻结。

粒子以何种方式起到成核作用取决于其大小、化学组成和表面状态。因此,在讨论理想的发生器类型之前,我们将分别讨论每种诱导冻结的方式。

通过凝华形成冰晶时所必须克服的能量势垒大于相同温度下液态水形成冰晶所必须克服的能量势垒的能障。因此,对于给定温度下的成核,凝华通常比液态水冻结需要的核更大。目前许多研究人员认为,只有在低于 -12 ℃的温度下,AgI 发生器的产物才能作为凝华核(St.-Amand et al.,1971a;Blair et al.,1973)。

凝结-冻结是指凝结在 AgI 粒子上的包覆水层或积水斑块的冻结。包覆水层的厚度可以从几个分子层到 10 nm 左右,这种情况下冻结过程的起始阶段类似于浸润冻结。但是,如果 AgI 粒子不像 CCN 那样产生正常的云滴、与已有的云滴碰撞或在云滴中沉降,则整个过程最好描述为凝结-冻结。

对四种成核模式能量势垒的考虑表明,多数情况下凝结-冻结是最有希望的。而且,凝结-冻结能够在合理的时间内和实际云中可能遇到的条件下,激活气溶胶样品中的所有核。

最初 Donnan 等(1970)和 St.-Amand 等(1971b)认为的装有 AgI 和 NH_4I 的丙酮发生器对生成纯 AgI 粒子的成核率,现在被认为是由于粒子表面上残留的 NH_4I 斑块所致,这使粒子起到了凝结-冻结核的作用。Blair(1974)指出,AgI-NH_4I 溶液在 650 ℃左右的冷焰中燃烧时效果最佳。他发现在从热焰转变为冷焰的过程中,粒子尺寸略有增加,但不明显,在约 -17 ℃或更低的温度下,有每千克约 10^{17} 个粒子从热焰和冷焰中散发出来。Sax 等(1977a)发现成核特性差异很大的焰剂具有几乎相同的尺寸分布。Blair 认为冷焰的主要优点在于,它使一些残留的 NH_4I 保留在粒子上,这又反过来让粒子起到了凝结-冻结核的作用。Davis 等(1975)后来发现,在发生器废气中存在一种复合物($3AgI \cdot NH_4I \cdot 6H_2O$),与冰的错配率非常小。这种复合物能在高达 -2 ℃以下的温度下引起成核,并且可能对 AgI-NH_4I 系统的性能也很重要。

根据所用混合物的不同,焰剂产品包含多种亲水化合物,例如 Al_2O_3 和 MgO。这些杂质使凝结-冻结成为受污染的 AgI 粒子的一种可能的成核机理,前提是杂质含量非常少。Sax 等(1977a)猜测,1975 年 8 月前,佛罗里达地区积云试验(Florida Area Cumulus Experiment,FACE)所使用的焰剂性能欠佳,原因是 KI 和金属氧化物等可溶性成分过多。在那种情况下,改变化学配方使在 -5 ℃附近成核的云室试验结果得到很大的改善。

在评估接触成核时,既要考虑液滴与气溶胶碰撞的可能性,也要考虑碰撞导致冻结的可能性。

　　尽管扩散迁移、热迁移和重力捕获也起着一定的作用,但通常认为将过冷云滴和直径小于 $1\ \mu m$ 的 AgI 粒子聚集在一起的是布朗运动(St. -Amand et al. ,1971c)。扩散迁移和热迁移的作用尤其需要注意。如下所示,扩散迁移和热迁移在水滴自由落下中是相反的(空心圆圈表示云滴;点表示气溶胶粒子)。

	生长中的云滴(上升气流)	蒸发中的云滴(下沉气流)
扩散迁移	○←·	○·→
热迁移	○·→	○←·

　　Edwards 和 Evans(1961)在实验室研究的基础上得出结论,扩散迁移没有实际意义,但他们的实验数据并未排除通过这种效应在气溶胶中捕获百分之几的 AgI 粒子的可能性。

　　St. -Amand 等(1971c)显然认为扩散迁移具有一定的重要性,但是 Slinn 和 Hales(1971)及 Young(1974a)计算出了不同的结果。Young(1974a)发现对于直径小于 $2\ \mu m$ 的气溶胶粒子,热迁移比扩散迁移的作用大 $2\sim5$ 倍;对于控制云滴和直径大于 $50\ nm$ 的气溶胶粒子之间的碰撞,热迁移的作用比布朗运动更重要,其确切的交叉点取决于压力、温度和湿度。因此,他得出结论,与上升气流相比,下沉气流中更有可能发生气溶胶与液滴的碰撞。在上升气流中,迁移实际上会阻碍云滴与直径在 $0.2\sim2\ \mu m$ 的气溶胶粒子发生碰撞。Young 的结果支持了其他作者的观点(Parungo et al. , 1976),非常小的粒子($d<40\ nm$)有利于促进与云滴的接触。

　　即使对于非常小的 AgI 粒子,典型云中的布朗碰撞过程的时间常数也只有几分钟。使用式(2.9)和表 2.2 得出,浓度为 $5\times10^8\ m^{-3}$ 、直径为 $20\ \mu m$ 的云滴与浓度为 $10^6\ m^{-3}$ 、直径为 $20\ nm$ 核的碰撞率接近 $8\times10^{-4}\ s^{-1}$,也就是说,引入的核中只有约 0.1% 会在一秒内发生碰撞。

　　一些动力效应播云实验的设计要求在很短的时间内冻结一定体积内的所有云水。研究人员尝试过释放高浓度的 AgI 粒子,通过接触成核来冻结云滴。St. -Amand 等(1971c)提供了一张表格,该表格显示了在 1 秒内接触一定体积云中所有的云滴所需的核浓度。对于 $d=20\ nm$ 的晶体和粒径为 $20\ \mu m$ 的云滴,浓度大约是 $5\times10^{11}\ m^{-3}$ 。这种计算在某些情况下导致了大规模播云,将几千克 AgI 播撒于一个对流云团。

　　该方法不仅浪费催化剂,而且导致污染。释放的 AgI 晶体中超过 99% 从未在目标云区充当冰核,但可能在其他区域充当冰核。

　　如果准备等待 5 min 左右,可以使用适中的速率,至少在理论上是这样。如果 AgI 晶体浓度为 $10^6\ m^{-3}$,那么每立方米的云 1 秒时间就会接触约 2000 个小液滴。这能够满足某些应用需要。

　　现在我们来讨论一个问题,即过冷液滴冻结在嵌入其表面的 AgI 粒子周围的问题。一些学者认为,嵌入表面的 AgI 粒子(接触成核)的冻结概率要比完全浸入液滴内部的相同粒子(浸润冻结)的冻结概率要高。在这一点上,缺乏可靠的实验证据。Fukuta(1975)研究结果显示,接触成核的温度阈值比浸润冻结的温度阈值要高 $2\sim3\ ℃$,但他使用的是有机质成核剂,而不是 AgI。Gokhale 和 Goold(1968)报告了在高达 $-5\ ℃$ 的温度下通过接触成核进行冻结,但他们使用研磨的 AgI 粉包含直径大于 $1\ \mu m$ 的粒子。

　　现有的实验证据表明,通过接触成核冻结的过程可能会在接触后很长时间之后才发生,尤其是对于最有可能发生接触的非常小的粒子(Edwards and Evans,1961)。Sax 和 Goldsmith(1972)在实验室中发现,温度降至-12 ℃或-13 ℃时,粒径分布峰值在 20～30 nm 的 AgI 气溶胶粒子几乎完全无效。

根据实验证据,我们拒绝了产生非常小的 AgI 粒子是促进接触成核的正确方法的建议,而不仅仅是接触。

浸润冻结是水滴在完全浸入其中的核周围的冻结。液滴和核最初可能通过碰撞而接触,液滴可能在粒子周围形成,或者核可能已经从溶液液滴中沉淀出来。

尽管接触成核比浸润冻结更有效(Fukuta,1975),但浸润冻结的优势在于可以将核"存储"在云滴中,直到出现合适的激活条件。例如,在夏季积云下部的上升气流中播云时,一些较大的 AgI 粒子在穿过云底上升时就可以充当 CCN,只要它们足够大(比如说 $d > 0.2 \ \mu m$)并包含如 KI 这样的亲水成分。尽管有热迁移(Young,1974a)的抵消作用,但一些较小的粒子在上升到 0 ℃层时会通过布朗运动接触云滴(St.-Amand et al.,1971c)。

浸润成核中需要考虑的一点是,粒子可能在成核发生之前就溶解了。对于在 10 ℃以下直径超过 10 nm 的纯 AgI 粒子,在云滴中完全溶解并不是一个重要的考虑的因素(St.-Amand et al.,1971e；Mathews et al.,1972)。但是,NaI 或 KI 的存在会改变这种情况。St.-Amand 等(1971b)对含 KI 或 NaI 粒子的溶解表示了强烈关注,并强烈反对在气溶胶必须穿过暖云到达过冷云的情况下使用它们。

Mathews 等(1972)假设受污染的 AgI 的溶解度高达 $10^{-3} \ Mg \cdot m^{-3}$,发现直径为 $2 \ \mu m$ 的 AgI 粒子在 $60 \ \mu m$ 的液滴中仅能维持 2 s。Davis(1972a)使用先前发表的溶解度数据计算得出,当 AgI 与 NaI 或 KI 的摩尔比为 2∶1 时,只有 $d < 20$ nm 的粒子才有在其吸湿性水包膜中完全溶解的危险。Davis 得出的结论是,如果有足够的时间,比如几十分钟,摩尔比为 1∶1 的AgI-NaI 粒子可以在水包覆层完全溶解。

假设 AgI 粒子浸没在云滴中,我们现在要设法分析实际成核的情况。根据 Fletcher(1959a)的理论,直径为 2 nm 的纯净、微小的 AgI 粒子可以在-9 ℃下充当浸润冻结核。但实验室数据表明情况并不乐观。Gerber(1976)发现在温度高于-12 ℃时,包含小粒子的冻结试验的时间滞后长达 1 h。不论温度如何,似乎都存在尺寸阈值。在直径小于约 20 nm 的粒子周围未观察到冻结现象。

如果 AgI 粒子是含有可溶性成分的聚合物,则可能会影响其成核率。Fletcher(1968)计算出 AgI · KI 和 $(AgI)_2$ · KI 的浸润冻结阈值比含等量 AgI 的纯 AgI 粒子的冻结阈值低很多。Fletcher(1968)的处理方法是基于一个常识,即溶解溶质会降低水的冰点,这只是可能的影响因素之一。Davis(1972a)考虑了 AgI-NaI 或 AgI-KI 溶液对 AgI 表面的老化作用,这可能腐蚀掉活性位点并释放出晶体储存的应变能量。

在完全溶解的情况下,如果液滴被向上带到较冷的区域,或者随着液滴的生长溶液变得更稀,AgI 有时会从溶液液滴中再次沉淀出来(后一种看似荒谬的可能性是由复杂的离子关系引起的)。沉淀物可能由许多细颗粒组成,而不是由单个颗粒,当然就不具有吸水 AgI 的应变能量。

Chen 等(1972)在实验室对 AgI 通过暖云进行模拟的过程中,观察到了自由 AgI 的损失和装有 AgI-NaI 溶液的发生器产生的气溶胶成核能力的下降。随后在云室温度降至-15 ℃之后才检测到冰,而对于 AgI-NH₄I 溶液处理过的气溶胶,活化阈值温度仍保持在-7 ℃

附近。

我们的结论是,对于浸润冻结的尝试,应该仔细控制 AgI 与 NaI、KI 或其他可溶成分的摩尔比,以避免显著的腐蚀或以其他方式改变吸水 AgI 粒子到任何可察觉的程度。

5.3.6　核失活

Vonnegut 的基本发现之后不久,人们发现大多数 AgI 晶体随着时间的推移往往会失去其成冰核的能力(Reynolds et al. ,1952)。实验室研究表明,暴露于光,尤其是紫外线,加速了失活过程。

在澳大利亚进行的空中烟羽追踪实验证实,AgI 烟羽的成核能力呈指数衰减(Smith and Heffeman,1954;Smith et al. , 1958,1966)。试验中,从飞机或山顶上同时释放 AgI 烟雾和 ZnS 作为示踪剂。结果表明,在明亮的阳光下,2 h 内减少了 1000 倍,但在夜间或阴天(2 h)时,1 h 内示踪剂没有明显的损失。虽然不同试验测得的失活率差异很大,但澳大利亚的研究结果仍然对规划实地作业有指导意义。

该领域的一些研究人员认为,与复杂粒子相比相对纯的 AgI 粒子不易因太阳光失活,但对这一点尚无确凿的证据。

5.4　关于碘化银发生器的结论

没有“最好的”AgI 发生器或播撒技术。云催化剂和播撒系统的选择必须与人们希望在要作业的云中产生的变化相一致。

因为云室实验的极端可变性和给定的核可能以四种不同的方式启动冻结,所以播云方案的设计变得更加困难。到目前为止,只有少数模型(Young,1974a)考虑了成核过程的复杂性。尽管如此,仍有可能调整发生器产品使其以确定的首选方式发挥作用。

云模式表明,在接近 0 ℃的温度下,冰粒子的产生对降水效率和云动力影响最大。这些冰粒既作为降水胚,又在成长为冰雹、霰或雪花过程中释放出潜热。同时,人们通常希望避免在低于−20 ℃的温度下产生大量的小冰晶。正如一些云模式指示的那样,这可能会降低云的降水效率(过量播撒)。

使冰核在 0 ℃附近活化,但避免其在−20 ℃或更低温度下高浓度活化的最佳解决方案是产生中值直径接近 0.2 μm 且谱分布较窄的 AgI 气溶胶粒子,[3] 此类气溶胶含有少量(如重量占比 1％或 2％)的可溶性化合物,例如 KI 或 NH_4I。这意味着每千克 AgI 约产生 $3×10^{16}$ 个粒子,但是播云结果应该比设计产率每千克 AgI 产生 10^{18}~10^{19} 个粒子的发生器好(表 5.3)。遵循此方法可确保所有粒子在−10 ～−5 ℃的温度范围内迅速起作用,同时可避免在低于−12 ℃的温度下因凝华而产生大量冰晶。亲水性成分很重要,因为它会引起凝结-冻结或凝结之后的浸润冻结。这些过程避免了在−12 ℃以上冻结的无效方式,也避免了等待数十分钟才能观察到与云滴碰撞或使用大量的 AgI。

所需类型的核可以通过用冷焰运行装有 AgI-NH_4I 溶液的丙酮发生器获得,为每立方米排气输入 3 g AgI 到发生器中实现,也可以使用焰剂。Burkardt 等(1970)描述了在高达−3 ℃的温度下产生活性核的配方,其产量在低于−8 ℃时可稳定在每千克 AgI 产生约 $3×10^{16}$ 个粒子。

---

[3]　Mathews and St. -Amand(1977)已提出了关于最佳尺寸(0.1~0.4 μm)的类似建议。

焰剂的最新发展已经认识到,试图通过使用大型装置或浓缩的 AgI 混合物来增加粒子输出量是徒劳的,这一点在上文关于凝结的讨论中已经提到。在"雷霆风暴"项目中,为播撒飓风而开发的第一批焰剂包含金属包装的 Alecto,每个 Alectos 含 1.7 kg AgI,以及 Cyclops Ⅰ和Ⅱ,分别包含 4.5 kg 和 30 kg AgI(St.-Amand et al.,1970c)。相比之下,最新的"雷霆风暴"项目焰剂的长度为 250 mm,直径为 15 mm,每个焰剂包含 17 g AgI,其效率远远高于 Alecto。

其他使用大剂量催化剂(AgI 和 PbI₂)的有苏联的防冰雹装备。他们的 Oblako 火箭"有效载荷"高达 5.2 kg,PbI₂含量多达 50%或 60%(Biblashvili et al.,1974)。Federer 在瑞士测试一种苏联火箭系统,他在 1977 年的一次私人谈话中说,他们的新配方(节银剂)使用 2%的 AgI 代替了苏联 Alazan 火箭原来的 45%的 PbI₂,产生的冰核在数量上没有减少。从经济和生态的角度来看,这种减少都是受欢迎的。

5.5　各种播撒系统的工程考虑

AgI 发生器或其他播云装置的选择解决了实现人工影响天气概念的部分问题,但播撒系统的问题仍然存在。当然,对于某些类型的装置,如可投放的焰弹或用 AgI 浸渍的焰剂,对于播云发生器的选择实质上也决定了播撒系统的选择。在其他情况下也存在各种可能性。例如,可以在地面上、在云底以下的上升气流中飞行的飞机上,或在直接穿过目标云体的飞机上操作丙酮发生器。最佳方案取决于目标云的类型和希望达到的效果,还有成本和安全性等工程考虑因素。

为了比较不同播撒系统的优点,有必要研究云催化剂释放后控制其运动和分散的传输过程。我们首先考虑位于地面上的 AgI 发生器。同样的探讨适用于可忽略的粒子下落速度任何催化剂。

5.5.1　地面发生器播云

考虑从地面连续源发射的云催化剂特定的分布问题。解决这个问题的一种方法是使用高斯烟羽模型,类似在空气污染研究中通常使用的模型(Perkins,1974)。假设水平风以平均速度 $\overline{U}$ 沿 x 轴吹,则源的下风向浓度 χ 可由下式给出:

$$\chi = \frac{Q}{\overline{U}8\pi\,\sigma_y\,\sigma_z}\exp\left\{-\frac{y^2}{2\,\sigma_y^2}-\frac{z^2}{2\,\sigma_z^2}\right\} \tag{5.4}$$

式中,Q 是源强度,y 是相对 x 轴的水平位移,z 是高度,σ_y 和 σ_z 是烟羽的标准差。值得注意的是,该方程式中播云催化剂在水平和垂直方向上的分布可以不同,也就是说,不要求 σ_y 等于 σ_z(图 5.7)。

式(5.4)表示整个烟羽的浓度遵循高斯分布。一些作者更简单地认为,烟羽在距发生器一定距离处混合均匀,σ_y 是烟羽的水平半宽度,而 σ_z 是烟羽的深度。

当烟羽向发生器的下风方向扩散时,很明显,σ_y 和 σ_z 与距发生器的距离有关。假设它们是湍流强度相对于平均水平风速的函数。有理论依据的经验公式可以给出不同气象条件下,σ_y 和 σ_z 与点源距离的函数关系。

在美国,最常用的关系可能是在 Pasquill-Gifford 模型(Turner,1969)中研发的关系,如图 5.8 和图 5.9 所示。图中提到的天气条件 A—F 的定义见表 5.4。

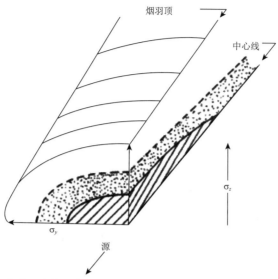

图 5.7　平坦地形上连续运行的碘化银发生器产生的理想烟羽的纵向和横截面图

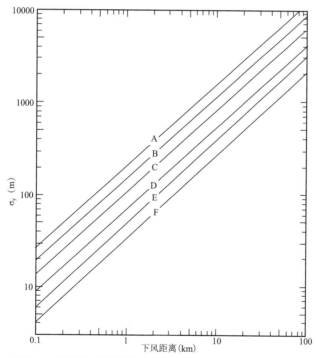

图 5.8　烟羽的水平离散度(半宽)与点源下风距离的关系
气象条件要点见表 5.4(Turner,1969)

在计算浓度时,通常假定地面"反射"正在扩散的烟羽。对于地面上的发生器,烟羽理论推测最大浓度将保持在地面上。

如果假设垂直方向上的湍流扩散系数恒定为 D_z,则可以这样写:

$$\sigma_z^2 = 2\,D_z t \tag{5.5}$$

和 σ_y 的公式相似。

我们已经注意到,D_y 和 D_z 的适当取值取决于所考虑的材料分散所用的时间。正常情况下,当发生器在地面上连续运行时会产生一个特殊的问题,因为人们希望同时考虑发生器在一段时间内释放的物质的分布,这段尺度时间可能是从不到 1 min 到超过 1 h。

Smith 等(1968)使用了另一个公式,假设各向同性湍流为:

$$\sigma_y^2 = \sigma_z^2 = C' \varepsilon t^3 \tag{5.6}$$

式中,C' 是一阶无量纲常数,ε 是能量耗散率,t 是从发生器下风处到观测点经过的时间 $(x/\overline{U})$。根据经验发现,虽然在 t 较小时,σ_y^2 在随着 t^3 变化,但最终变为线性二次方程关系。Smith 等(1968)提出,三次方关系应保持 $10\sim15$ min,线性关系可在一个小时左右建立。

只要有 D_y、D_z 和 ε 的值,就可以利用这些公式对来自单个发生器的烟羽进行建模。这样构造的简单模型(图 5.7)是一种理想化的模型,可以认为模拟的是平均烟羽。风向的短期波动有时会引起烟羽在平均烟羽包络线内蜿蜒。模型建立后,需要检验它符合自然的程度。抽样研究表明,水平方向的烟羽扩散比在垂直方向的扩散更符合模型,所以我们从观测 σ_y 开始。

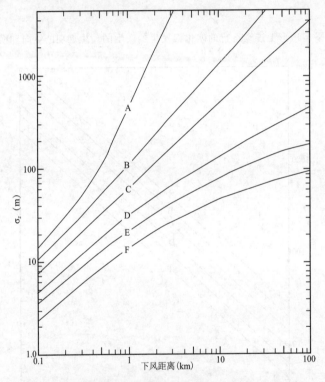

图 5.9　烟羽的垂直离散度(深度)与点源下风距离的关系
气象条件要点见表 5.4(Turner,1969)

毫无疑问,某些烟羽非常细长(狭窄)。Peterson(1968)研究了 D 类白天(表 5.4)的烟羽,在长岛以东海上航行了近 10 h,σ_y 仍保持在 10 km 以下。Auer 等(1970)测量了经过美国怀俄明州麋鹿山天文台、由移动 AgI 发生器产生的冰核烟羽,发现烟羽的角宽通常接近 10°。根据他们自己的和以前的测量结果,他们估计,随着递减率从每千米 12 ℃下降到每千米大约 6 ℃,角宽从 8°增加到 20°以上。

人们可能认为,可以通过检查 σ_z 与 −5 ℃高度之间的关系来确定地面发生器必须作业的目标云的逆风距离。这通常会导致把发生器放置在目标区域的一两个小时的逆风位置。然而,AgI发生器常用于上坡地形条件或可借助对流来抬升 AgI 晶体的条件下。作业项目和烟羽示踪试验的经验表明,在这种条件下,发生器通常仅需布置在目标区域逆风 15~60 min 的位置。

表 5.4 稳定性类别的气象条件要点[a,b]

地面风速(在 10 m 处)(m·s⁻¹)	白天(太阳辐射)			夜晚	
	强	中等	轻微	稀薄多云或≥4/8 低云	≤3/8 云
<2	A	A—B	B		
2~3	A—B	B	C	E	F
3~5	B	B—C	C	D	E
5~6	C	C—D	D	D	D
>6	C	D	D	D	D

[a] 根据 Turner(1969)。

[b] 白天或晚上的阴雨天气应假定为中性 D 类。

山区的烟羽尤为复杂。烟羽的某些部分可能被困在山谷或峡谷中稳定的大气层之下,而一些稍早或稍晚释放出来的部分则已上升 1000 m 或更高,进入暴露的山脊上方的大气中。

Langer 等(1967)给出了一份与 NCAR 冰核计数器测试有关的多山地形烟羽示踪报告,他们发现了 AgI 粒子有时被困在山谷中的证据。

图 5.10 将 AgI 烟羽的飞机测量值与地形条件下的模型预测值进行了比较。最大预测浓度始终在地面,飞机无法采样。观测的兴趣点实际集中在烟羽顶部以多快的速度达到足够的高度,才开始被当天的对流云团的上升气流带走。这种特殊情况下,播云在发生器下风约 25 km处生效。

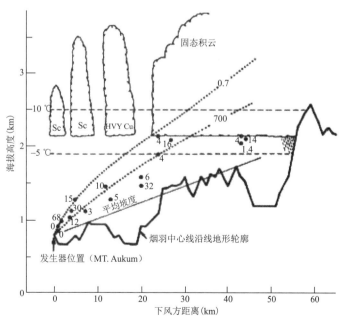

图 5.10 1977 年 2 月 28 日,内华达山脉西南侧山麓丘陵地带的一台发生器产生的烟羽中 AgI的垂直分布。冰核浓度为 −24 ℃下每升空气中活跃的冰核数量。编号的圆点是采样飞机测得的 30 s 平均值;虚线为在条件 C 情况下扩散模型估计的等量等值线(Elliott et al.,1978a)

在山区或其附近放置发生器时,必须注意低层风的局部变化。山脉本身使风减速,因此科氏力(Coriolis force)无法平衡气压梯度力,结果是气流向低压方向漂移。例如,在内华达山脉的西南风风暴中,在海拔 4000～5000 m 的逆风坡上,明显有低空气流从东南向西北漂移,穿过大多数天气图上都有的平滑等高线。Elliott 等(1978a)已对扩散模型和储罐模型模拟结果与这些复杂条件下的飞机烟羽采样结果进行了比较。如果山谷空气被逆温层控制,"阻塞气流"的情况就特别严重。即使没有逆温层,也需要将发生器放在地面上最高的地方。

当然,将发生器放置在高地上的设计,可能与把发生器放置在目标区域上风 20～50 km 处、以提供催化剂到达目标区之前所需的升力的需求不一致(图 5.10)。将发生器移入山区也减少了催化剂水平分散的时间。所有证据都表明,用于覆盖整个目标区域的发生器应布设于目标区的上风方,同盛行风向垂直,相距不能超过几千米。将这一结果与过去的一些项目中实际使用的发生器布设密度进行比较,发现目标区域只有一部分被播撒。

5.5.2　稳定大气中飞机播云

在考虑飞机播云时,可以很方便地将发生器在指定目标区域的逆风方向连续运行的情况与其他情况区分开来,包括飞机在目标对流云层下的上升气流中的飞行情况,或者飞机穿云和从正上方向云中投放催化剂的情况。

发生器在飞机上连续燃烧,在层状云中水平飞行或在指定目标区域的逆风飞行的飞机上,连续燃烧的发生器的操作可以被认为是产生了扩展的催化剂锥形云,即使它在飞行高度随风漂移,也会沿飞行路线轴扩散 (Smith et al.,1968; Sand et al.,1976)。锥形云的半径起初大约为 $t^{3/2}$,然后以较慢的速度扩展。通常认为,由于飞机本身产生的湍流,圆锥体半径瞬间可以达到约 10 m。因此

$$(\overline{y^2})^{1/2} = (C\varepsilon t^3)^{1/2} + y_0 \tag{5.7}$$

式中,y_0 是圆锥的初始半径。代入轻微不稳定大气的典型值($\varepsilon \approx 10\ cm^2 \cdot s^{-3}$),结果表明,受催化剂影响的圆锥半径在几分钟后达到了 100～200 m,但随后的传播很慢。

Hill(1977)最新的一项研究总结了地形云上典型的机载播云操作的控制因素。图 5.11 显示了播云飞机每 15 min 沿固定轨道飞行一次所留下的烟羽的垂直截面。假设条件如下:

播云高度:3 km;

播云温度:−10 ℃;

递减率:5 ℃;

水平风速:15 m·s^{-1};

垂直风速:0.25 m·s^{-1};

D_x:1000 m^2·s^{-1};

D_z:200 m^2·s^{-1};

飞机速度:50 m·s^{-1};

播云率(Olin R-15 焰火):0.12 kg·h^{-1}。

这种假设情况的计算表明,为了使得播云轨迹下风方向 30～60 min 处覆盖范围更均匀,飞机需要更频繁的来回飞行。或者,可以把播云轨道移到更上风的位置。

Hill(1979)的最新观测结果表明,在中性稳定条件下 D_x 和 D_z 的适用值小于 Hill(1977) 假定的值。在这种情况下,发生器烟羽的覆盖范围比图 5.11 所示的要小。

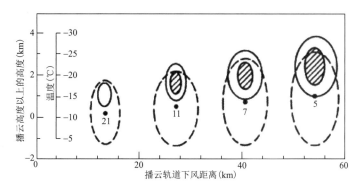

图 5.11　在 15、30、45 和 60 min 之前的四次飞行播撒,人工冰核浓度与空中释放下风云距离的函数关系。虚线包围了 AgI 质量浓度超过 10^{-14} kg·m^{-3} 的区域。圆点为高浓度中心,单位:10^{-14} kg·m^{-3}。实线包围了环境温度下活化冰核浓度超过 5 个/L 的区域,阴影线表示活化冰核浓度超过 10 个/L 的区域(Hill,1977)

5.5.3　上升气流播云

飞机播云的另一种常见方式是飞机在对流云底下面的上升气流中飞行,让上升气流将 AgI 或其他催化剂带入过冷云区。此类操作的关键问题是,催化剂是否有足够的时间在上升气流到达 -5 ℃ 层之前被扩散到整个上升气流中,使其在 -5 ℃ 层活化。

个例计算表明了催化剂扩散需要的时间,从中等强度上升气流播云的 10 min,到非常强烈上升气流(比如 20 m·s^{-1})播云的 1~2 min 不等。参考表 5.5 中的 ε 值,并利用式(5.6)估算相应的 σ 值。结果表明,烟羽确实会在大约 10 min 内扩散到所有典型的对流上升气流(跨度为 0.5 km),但即使是大块积雨云中的强烈湍流也不足以在短短 2 min 的时间内将催化剂扩散到跨度为 2~3 km 的上升气流中。Sand 等(1976)根据式(5.7)计算出,在气流上升到 -5 ℃ 层时,在大雷暴云底下方作业的单架飞机可能只影响 1%~2% 的上升气流(图 5.12)。

表 5.5　各种大气状况的典型 ε 值[a]

大气状况	ε(cm^2·s^{-3})
稳定大气	<1
层云内部	1
积雨云内部	60
大积雨云内部	1000

[a]引自 Smith 等(1968)。

还有一个问题,Davison 和 Grandia(1977)测量了加拿大亚伯达省雷暴及其附近的湍流谱并得出如下结论:式(5.6)和式(5.7)三次方关系仅适用于强风暴 3~5 min。他们认为早先的计算假设式(5.6)保持 10~15 min,高估了飞行播撒的扩散。如果是这样的话,从云底正下方对 20~25 m·s^{-1} 的强上升气流播撒是完全没有用的。

这些简单的计算得到了观测和探测结果的支持,进而可确定播云后对流云内的冰晶化范围。一方面用 AgI 发生器播云后,在小到中等强度的对流云中的观测表明,由核产生的冰晶分布很广(MacCready and Baughman,1968)。另一方面,实验人员获得的图片显示,降水从过冷积云被播撒催化剂的一侧落下,而另一侧则明显未受影响(图 5.13)。此外,偶有证据表明,宽度为 1 km 或以下的薄的雨幡沿着播云飞机的轨迹从云中落下(Takeda,1964),这说明不能想当然地认为催化剂能在整个大云团中扩散。在强风暴情况下,必须找到一种播云方法可提供几十分钟的时间让催化剂扩散,或者直接将其投送到目标作业区域。

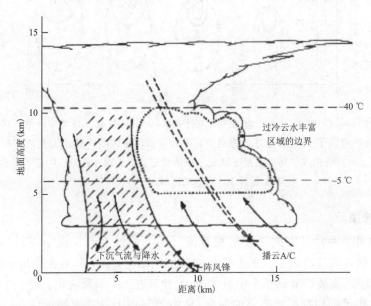

图 5.12　在云底正下方播种强烈的上升气流可能会影响 1% ～ 2% 向上通过 −5 ℃ 层的气流

图 5.13　在单体云团上进行的实验,其中只对一半的云用干冰丸作业。云被播种的部分(右侧)外观模糊,表明有冰晶存在,而未被播种的部分(左侧),轮廓仍然清晰,表明存在液态水。在这个特殊的实验中,雨水从干冰播撒过的那部分云落下,而左边未作业过的部分没有出现降水

5.5.4 直接播撒

前文概述的因素为多年来开发设备的尝试提供了依据,这些设备可以在短时间内大范围对对流云作业,从而产生快速播撒响应。我们已经提到过 EW-20 和其他用于使催化剂穿过云层自由下落的播云设备。如前所述,苏联科学家开发了令人印象深刻的火箭(图 5.14)和炮弹系列,用于快速响应大体积对流云的播撒(Bibilashvili et al.,1974)。

图 5.14　苏联防雹计划中的火箭发射器
左边的发射器装有短程火箭。右边的发射器可装更大、更复杂的火箭。方位角和仰角的设置
以及有效载荷开始燃烧的延迟时间(如果适用)是根据配备雷达的控制中心提供的信息制定的

代入 ε 值,结果表明,连续燃烧的焰剂向下穿过对流云会形成垂直的圆柱形播云柱,其直径迅速扩大到几百米,此后缓慢扩散。因此,大多数采用这种播云方法的作业组都是多次抛撒焰剂。在飞机穿过云层的过程中,大约每隔 300 m 投放一枚焰弹(Summers et al.,1972)。对于大体积的积雨云,这意味着飞机穿越一次,可以投掷多达 10 枚焰弹。这些焰弹可产生一层播种材料的帷幕,横穿上升气流。Davison 和 Grandia(1977)关于大对流云团湍流结构的发现适用于从云顶进行焰剂播撒和上升气流区播撒,可以预计,大约 5 min 后烟羽的增长速度会变慢。因此,彻底而迅速地播种大块积雨云,似乎需要间隔 300~500 m 的反复飞行,共消耗将近 100 个焰弹装置。

例如,苏联的 Oblako 火箭燃烧超过 45 s,可以留下 8 km 长的气溶胶轨迹。它的射程可达 12 km 或向上到 8 km 的高度。Bibilashvili 等(1974)研究报告指出:"Oblako 火箭由火箭头、发动机、一个降落伞舱和遥控装置组成。"降落伞打开,将用过的容器降到地面。在某些情况下,弹头被设定为爆炸而不是完全烧完(均需要在发射前设定适当的延迟时间)。无论哪种情况,都可以对穿云的喷烟或烟羽进行建模,并且也可以用到上文提供的数值模式中。播撒一大片云需要多次发射才能实现,因此快速连续发射 10～20 枚火箭非常普遍。

5.5.5　直接播撒干冰

利用 AgI 发生器进行播云的工程中出现了各种问题,使人们对干冰作为催化剂的优点重新产生了兴趣。

在美国、加拿大、澳大利亚以及其他几个国家的第一次人工降雨飞行中都使用了干冰。尽管 AgI 替代干冰成为首选的云催化剂,但干冰仍继续用于许多实验和作业中(Davis and Hosier,1967),而且研究人员对其有效性进行了实验研究(Eadie and Mee,1963)。

使用干冰的主要问题是单位质量干冰生成冰晶的数量。Langmuir 认为,1 kg 干冰可以产生多达 10^{18} 个冰晶。Braham 和 Sievers(1957)并未找到任何证据证明干冰有如此的成核率,但是他们在接近 0 ℃ 的温度下对云进行了催化。

下落的干冰颗粒不仅冻结了其路径上的云滴,而且通过引起突然的过饱和激活了许多气溶胶粒子,使其成为 CCN。当升华的干冰颗粒的表面接近 −78 ℃ 时,新形成的云滴迅速经历同质核化,从而提供大量的胚胎冰晶。然而,当温度恢复到环境温度水平时,这些胚胎冰粒中的大部分会蒸发,只有那些超过临界尺寸的冰粒才能继续存活(Eadie and Mee,1963)。因此,存活下来的冰晶数量似乎取决于气溶胶颗粒的浓度以及干冰颗粒穿过云层下落的速度。

最近,人们恢复了对干冰播云的兴趣(Holroyd et al.,1978)。人们重新对干冰产生兴趣的一个原因是,在相当大的范围内,它所产生的冰晶数量几乎与温度无关。我们记得,在 −10 ℃下用 AgI 播云以产生给定浓度的冰粒时必然会导致更大的浓度,并且可能在 −20 ℃ 或 −30 ℃ 下过量播撒。使用干冰可避免这些问题,而且干冰迅速升华,不会留下残留物污染其他云。

Holroyd 等(1978)分析了澳大利亚和美国蒙大拿州的大量实验干冰颗粒,然后用装载了仪器的飞机穿过播撒后的云,确定干冰颗粒浓度。结果表明,每千克干冰颗粒的冰粒产量中值在 10^{14} 和 10^{15} 之间。

每克干冰产生的冰晶的确切数量与下落的颗粒大小有关,并且可能还会随云内的情况(包括气溶胶谱)而有所变化。最佳干冰颗粒大小可以通过确定干冰颗粒必须下落的距离来估算。干冰颗粒通常会从 −20 ℃ 层下降,在下降过程中一直产生冰晶,直到 0 ℃ 层。理想情况下,我们希望干冰颗粒到达 0 ℃ 层时完全升华,这样就不会有干冰被"浪费"。但实际上,我们更希望有一定大小的干冰颗粒穿过 0 ℃ 层。否则,如果颗粒在下落过程中受到上升气流的阻碍,它们将无法到达 0 ℃ 层。Holroyd 等人已经详细考虑了这些问题,并指出直径 7 mm 的尺度大小最适合从 −10 ℃ 层下落。

5.6　关于发生器和播撒系统的结束语

从以上讨论中可以明显看出,人们不能完全区分播云发生器和播撒系统的选择。在某些情况下,发生器和播撒系统的能动部分是同一个,例如,在苏联部分地区用于向冰雹云中播撒 PbI_2 或其他催化剂的炮弹。即使播云装置确实允许多种播撒系统,如在使用丙酮发生器的情况下,仍然需要确保有适当的匹配。一些作者持有不同意见,认为不应使用可溶性络合剂(例如 NaI)从地面或从云底播云,因为云底的 AgI 必须穿过暖云上升才能到达-5 ℃层。尽管在这种情况下使用 AgI-NaI 溶液的最新证据在某种程度上令人鼓舞,但毫无疑问,较纯的 AgI 气溶胶才是最适合这种应用方法。

当然,没有最佳的播撒系统,就像没有最佳的播云发生器一样。在每种情况下,我们都必须考虑到影响目标云的特性、催化剂的路径以及云的预期响应。

在世界上许多地区的操作程序和应用研究程序中,已经找到了催化剂播撒问题的答案。

地面发生器的主要优点是经济的,能够在数小时或数天内连续不断地提供 AgI 或其他播云催化剂。这种发生器特别适合在山脉的迎风面进行播云。无线电控制发生器的发展增加了发生器在边远地区的可用性。

地面发生器的主要缺点是不能保证对播云作业作出快速反应,催化剂轨迹有不确定性,在到达目标区域之前可能因日光或在暖云中浸润而失活。对个别情况的分析可以明确这些缺点是否会让我们摒弃地面设备。

飞机播云具有以下优势:目标定位更准确,有可能将较高浓度的播云催化剂投放到特定的云中,以及能够以相对较快的速度连续将催化剂投放到各种云中。相对于地面发生器它的缺点包括:成本较高,在一些上升气流播云作业的情况下,催化剂在到达过冷云团之前缺乏足够时间进行充分扩散。

直接播撒方法,无论是采用干冰小球、自由下落的焰弹、火箭还是炮弹,都具有快速响应和能够将催化剂快速播撒到目标区域的优势。这种方法的缺点在于从云顶以上播云需要高性能的载体,如飞机、火箭发射器或火箭炮,它们往往成本较高。火箭和火箭炮在许多地区都是禁止使用的,因为它们会对"飞机和地面人员构成危险"。另一个缺点是,要在短时间内广泛播撒催化剂需要使用许多独立的焰剂装置,有时甚至需要多达 100 个装置才能对一个大对流云团进行播撒作业。

关于催化剂和播撒系统的选择,将在后续章节中讨论关于具体作业目标的技术水平时作进一步说明。

第 6 章　人工播云结果的统计评估

6.1　统计评估的必要性

　　1952 年,华盛顿州出现了一个有趣的情况。因为樱桃是脆弱作物,在成熟时易受到雨水侵害,所以,Yakima 的樱桃种植者雇用了一名人工影响天气专家,该专家声称他有一种抑制降雨的方法,包括使用一种秘密化学物质。与此同时,同一地区的许多小麦种植者与一家公司签订了用 AgI 发生器播云来增加降雨的合同。这两个组的计划哪个更有价值,这一问题一直没有定论,但是 Yakima 事件确实使人们更加关注评估人工播云计划的必要性。

　　一些人工影响天气的试验产生了惊人的视觉效果,毫无疑问,降水是人为产生的。过冷层云被催化部分的雪迹显然是人工降雨的一个例证。然而,这种云产生的降水通常很少,对给定地点的年降水量贡献不大。因此,实际播云作业几乎总是涉及到更深厚或更宽的云系的播种,在这种云系中,肉眼观察的效果不能足够精确地衡量效果。

　　许多研究人员试图使用比他们自己的眼睛更复杂的传感器来确定这些更复杂情况下的播云效果。已使用的设备包括冰核(IN)和云凝结核(CCN)计数器、云滴采样装置和冰晶形状复制装置、跟踪播云产生的降水的雷达设备以及用于收集降水样本的特殊装置(Ruskin and Scott, 1974)。通过用原子吸收分析和中子活化技术等多种方法对降水样本进行了分析,特别是对银含量的分析。用电子显微镜拍摄雪花胚胎,显示了在某些情况下,AgI 颗粒无疑充当了冰晶长成雪花所需的冰核(IN)。

　　以上所有的方法都被归类在物理评估的总标题下。虽然物理评估可以提供信息,但它们不能直接解决在特定情况下人们最关心的问题,即"播云是否影响到地面的降水总量?"毕竟,从围绕着 AgI 颗粒形成的雪花中落下的降水可能是从围绕着天然黏土颗粒形成的雪花中落下的降水。因此,对人工降雨计划感兴趣的人在试图评估人工降雨效果时不可避免地会检查降水记录。然而,他们很快遇到了困难,这些困难正是本章的主题。

　　评估的主要困难来自天气现象的多变,尤其是降水。典型的人工播云计划产生的效果比自然背景变化要小。在数据处理术语中,对播云效果的探寻就是在存在随机噪声的情况下对弱信号进行的探寻,并且其效果只能被估计。

　　对人工播云计划的评估不可避免地需要采用统计学的方法。统计学的定义是"为推断一般真理而系统地汇编实例"。通过对比被播种过的云和未被播种过的云,试验者和作业人员试图证明经过播云作业的云的变化明显超出了云的自然变化的范围。

　　Langmuir(1953)给出了统计数据和物理论据,声称 1949 年 7 月 21 日在新墨西哥州进行的播云试验在一天内产生了超过 10^9 m^3 的降雨。1949 年 12 月 6 日,他开始了一项试验,每周二、三、四在新墨西哥州运行 AgI 发生器,并在整个美国东部的降雨中寻找周期性影响。很快,俄亥俄山谷出现了为期 7 天的降雨周期,Langmuir(1950)将其归因于人工增雨作业。尽管大多数气象学家对此表示怀疑,但新墨西哥州的播云作业在 1950 年 1 月底被削减,以免造成偏远地区的强降雨(Langmuir,1953)。

6.2　作业项目的评估

虽然关于新墨西哥州的人工增雨作业影响 1000 km 以外的天气可能性的辩论仍在持续,但其他科学家追求的是比较温和的目标,即评估在大约 1 万 km² 的典型目标区域的播云效果。一些评估仅根据气候正常值来说明目标区域的降雨量,但是很快就发现还需要更敏感的方法。

6.2.1　目标与控制的比率

评估人工增雨作业计划使用最广泛的方法是将目标区域的事件与假定不受播云影响的一个或多个控制区域的事件进行比较。

该评估方法的本质在此表述为旨在增加指定目标区域内平均降雨量的计划,且假定用雨量计对该指定区域的降雨进行了充分采样。显然,同样的推理也可以应用于旨在产生其他效果的计划中。法国和苏联已对雹灾统计数据进行了分析。径流数据被用来评估一些旨在增加积雪和径流的地形计划。

根据多个雨量计的观测结果,计算每个播云事件(简称为风暴)在目标区域的平均降雨量,并与在预先确定的控制区的降雨量进行比较(图 6.1)。

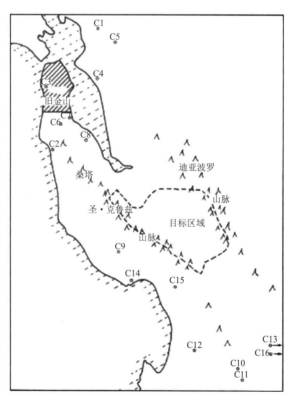

图 6.1　圣克拉拉人工播云项目地图

1955 年,经运营商和赞助商双方同意,选择了目标区域的 25 个雨量计和 18 个控制站进行评估。两个控制站最终被剔除,留下了此图显示的 16 个控制站(C1～C16)(Dennis and Kriege,1966)

对目标区域和控制区域降雨量一个非常简单的比较是按照正常百分比计算每个区域的降雨量,其中"正常"被理解为是指某个选定历史时期内的平均降雨量。某些作业计划的评估中已使用正常百分比来进行比较。假设在给定的作业时段内,目标区域降雨量为正常降雨量的75%,而控制区域只有正常降雨量的70%。在这种情况下,作业人员会估计播云情况下的降雨量比没有播云的降雨量增加了5/70,或者是大约7%。

在评估人工影响天气试验中使用比率,无论是目标与控制的比率还是从单个目标区域提取播云与非播云的比率,都有特殊的误差风险。目标与控制的比率不能小于零,但没有上限。假设目标区域和控制区域有相似的降雨类型,那么目标与控制的比率的期望值通常大于1。它的准确值取决于目标区域和控制区域降雨事件的潜在分布。

雨量观测,比如某一点的小时或日降雨量,往往是高度倾斜的,大多数观测值都聚在零附近,并呈现一个长尾翼延伸至较大值(图 6.2)。水文学家等其他研究人员将降雨观测样本与各种参数分布进行了拟合,包括伽马(γ)、贝塔(β)和对数正态分布(Mielke,1979a)。

从图 6.2 伽玛分布拟合的数据样本中随机抽取的两个数字,其比值的期望值在 1.10~1.25。因此,在未进一步分析潜在降雨分布的情况下,单次风暴的目标与控制的比率大于1,或一组目标与控制风暴的比率平均值超过1,不应当作为证明播云增加降雨的证据。

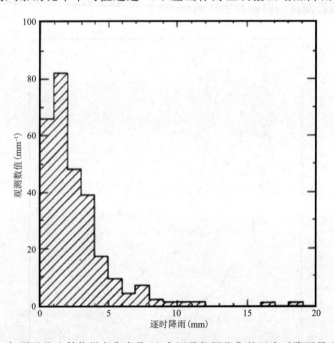

图 6.2　1972 年夏天北达科他州麦肯齐县 22 个记录仪网收集的逐小时降雨量观测值的分布

6.2.2　历史回归方法

与比率对比方法相比,比较目标区雨量和控制区雨量的历史回归方法要复杂得多。采用历史回归方法,我们可以了解目标区和控制区降水之间的各种关系,并且还可以估计播云期间偶然观察到的目标与控制关系变化的概率(Thom,1957a)。

历史回归方法包括以下步骤。在目标区和控制区选择雨量计(图 6.1),并获得了播云开始前几年内的可靠降水记录,然后计算出多个(最好超过 30 个)历史降水事件中目标区和控制区的平均降雨量。为了方便起见,我们继续称这些事件为风暴,尽管在一些项目中,日、月或年降雨量已作为单独的观测值进行记录。数据显示在散点图上,控制区降雨通常沿横坐标绘制,目标区降雨沿纵坐标绘制,如图 6.3 所示。

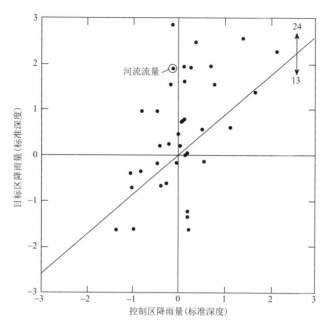

图 6.3　美国西部播云项目的目标区和控制区标准化月降雨量的散点图,以及河流流量分析结果。此个例中,历史回归线以上方有 24 条记录,下方有 13 条记录,这表明播云对相关项目(主要是地形项目)的净效应是增加降水(Thom,1957b)

控制区降雨量值由目标区降雨量和控制区降雨量之间的相关系数 $r(X,Y)$ 给出。常用的基本计算公式如下(Draper and Smith,1966):

$$r(X,Y) = (\overline{XY} - \overline{X}\,\overline{Y})/s(X)s(Y) \tag{6.1}$$

式中,字母上方的短横线表示平均值,s 表示标准差。最小二乘法拟合的回归线为:

$$Y_E = a + bX \tag{6.2}$$

式中

$$b = [s(Y)/s(X)]r(X,Y) \tag{6.3}$$

与

$$a = \overline{Y} - b\overline{X} \tag{6.4}$$

回归线建立后,就可以通过计算特定风暴的 $(Y - Y_E)$ 来估计播云是否成功。通常用实际降雨量超出自然降雨量的百分比作为播云成功的证据。历史回归方法估算的增加百分比为:

$$[(Y - Y_E)/Y_E] \times 10^2 \tag{6.5}$$

除了获得播云对降水影响的估值,还可以通过历史回归方法获得播种风暴的预测值出现偶然偏离的概率估值。如果回归方程式是基于足够多的非播云风暴样本,例如 30 个或更多,则可以假设偏离回归线的偏差呈正态分布,其估计标准差 s_E 由下式给出:

$$s_E = s(Y)(1 - r^2)^{0.5} \tag{6.6}$$

式中，$s(Y)$ 是目标区降雨样本的标准差。如果使用较少的样本点来建立回归线，则必须假设观测样本的偏差遵循具有 $(N-2)$ 自由度的 t 分布，其中 N 是用于建立回归线的样本点数。

历史回归方法可以涉及多个控制区域。我们还可以引入除降水以外的气象变量做控制因子。在这样的尝试中，目的通常是找到一个高于任何单个控制区域相关系数的多元相关系数 R。我们可以用标准统计技术和计算机程序进行多元线性回归（multiple linear regression，MLR）分析。由于控制因子之间的相互关联，添加新的控制因子通常会很快达到收益递减点。

6.2.3　控制区的选择

任何目标与控制评估的成功与否，无论是通过计算比率还是通过历史回归方法，都关键取决于对控制区的正确选择。通常，选择靠近目标区的控制区有利于使相关系数最大化。因此，应将控制区放置在尽可能靠近目标区的位置，而又不存在污染风险。可以将控制区置于目标区的逆风或横风位置来避免物理污染，但是仍然存在动力相互作用的可能性（4.4 节）。最终的分析需要主观判断，因为没有足够强大的数值模型来预测在给定的情况下动力相互作用是否重要。

在海拔高度和盛行风方面，选择与目标区相似的控制区也很重要。否则，将导致相关系数非常低且分析不灵敏。

Decker 等（1957）在俄勒冈州使用多个控制站点评估了一个项目，高耸的喀斯喀特山脉将这些控制区与目标区隔开。多元目标与控制相关系数 R 为 0.59。将其代入式（6.6），发现 s_E 与 $s(Y)$ 相差约 20%，预测能力的提高几乎可以忽略不计。不足为奇的是，Decker 等报告说，没有明显证据表明目标地区降雨量发生了变化。另一方面，Thom（1957b）根据只涉及目标区逆风方 30～60 km 控制区的分析，将同一项目列入了他报告的由于播种冬季风暴使降雨量增加 9%～17% 的证据。

这里引用上述结果，并不是要说明在特定情况下播云的有效性或无效性[1]，而是要强调，文献中发表的某些评估是如此不敏感，几乎毫无用处。即使自然增加的 25%～50% 的降雨量，也无法被这样的粗略测量检测到。相比之下，仔细选择控制站点导致多元相关系数 R 达到0.8 或更高的情况，可以更好地估计可能影响的范围。在一些山区流域，径流分析特别有价值，计算出的 R 值高达 0.97（Henderson，1966）。

6.2.4　通过变换进行数据归一化

尽管历史回归分析中涉及的基本思想在直观上很吸引人，但它仍然存在许多问题。除非基础数据集符合正态分布（高斯分布），否则结果并不完全可靠。

短期观测的降雨数据是偏差很大，大多数观测结果都集中在零附近，并呈现一个长尾翼延伸至较大，且罕见的强降雨事件附近（图 6.2）。基础数据的非正态性引起了对偏离回归线遵循正态分布（或小数据集的 t 分布）的假设推导出的概率的质疑。

降雨量分布可以通过数据变换达到归一化。经常发现，通过数据变换，相关系数得到改善，并且随 X 函数变化的散点相对回归线的离散程度得到抑制。

Thom（1957a）在他对天气控制咨询委员会的评估中使用了 γ 变换对降雨量数据进行归一

---

[1] Thom（1957b）并没有将统计上的显著性归因于任何单个项目结果，而是归因于从几个地形播云项目的 195 次风暴和美国西海岸项目的 299 次风暴的结果，总体上，这些项目包括了 195 次地形风暴。

化(图 6.3)。其他作者使用了更简单的变换方式,例如平方根和对数变换。通常,短时间的或几个雨量计的平均降雨量观测值比许多雨量计或长时间的平均降雨量数据偏差更大,并且需要进行更大的变换。通过平方根变换可以很好地使一个观测站的月平均降雨量或一个县的风暴平均降雨量归一化(Neyman et al.,1960)。一小时内数百平方千米的平均降雨量采用立方根变换方式进行归一化(Dennis et al.,1975a)。来自单个对流云的降雨可能需要进行四次方根变换,然后再进行 γ 变换达到归一化(Simpson,1972)。γ 转换足够灵活,可以考虑到这些变化。

在解释借助数据变换分析的试验结果时,必须谨慎。如果播云使降雨量的平方根均值增加了 10%,并不意味着实际降雨量增加了 10%。

通常,如果将目标区降雨量设为 Y,$Z(Y)$ 是变换后的值,而 $Y(Z)$ 则是逆变换后的变量,则:

$$E(Y) \neq Y[E(Z)] \tag{6.7}$$

式中,$E(Y)$ 是目标区降雨量的期望值,$E(Z)$ 是转换变量的期望值。

式(6.7)始终适用,即使在均匀的播云效果下也是如此。如许多作者所假设的那样,如果播云的效果是可变的,那么情况将变得更加严重。一般来说,这些变换往往会以牺牲较大的事件为代价,来夸大最小事件和最多事件的重要性。考虑这样一个例子,播云的效果是使所有风暴的降雨量增加高达 80%(从最小的风暴中测量),而显著减少其余 20%(最潮湿的风暴)的降雨量。使用变换后的数据进行评估很有可能表明为总降雨量增加,但是实际的净效应却相反,除非分析人员意识到变换的缺陷。

6.2.5　进一步的统计阐述

许多研究者已对历史回归方法进行了进一步改进。

应该注意的是,在给定情况下,我们算出的 $s(Y)$、$s(X)$、r、a 和 b 的值只是基于有限数据样本的估计值。[2]式(6.6)忽略了 b 估计值中的误差,并假设所有风暴的 s_E 相同。Thom(1957a)注意到这样一个事实:即使在归一化之后,不确定性在 X 值范围的中间附近被最小化,而在 X 的极值处被最大化。他提出了公式

$$s_E = \frac{s(Y)(1-r^2)^{0.5}}{(N-2)^{0.5}} \left[1 + \frac{1}{N} + \frac{(X-\overline{X})^2}{\sum(X-\overline{X})^2} \right]^{0.5} \tag{6.8}$$

但是,我们不再研究这些统计程序的技术细节,而是转向研究与历史回归方法相关的一些更基本的难题。

6.2.6　偏差来源和不可控的方差

历史回归方法已经确定了一些偏差和不可控方差可能的来源。一些统计学家(Brownlee,1960;Neyman,1967;Neyman and Scott,1961)强烈认为残留的不确定性如此普遍,以至于对人工影响天气计划的所有分析都变得无用。还有一些人(Thom,1957a;Court,1960;Panel,1966)指出了可以消除偏差并至少抑制部分不可控方差的方法,这样就可以从作业项目

---

[2]　应该注意的是,在给定情况下计算出的相关系数 r 不仅反映出缺乏完美的目标与控制相关,而且还反映出因缺乏完善的采样网格而引起的随机性。澳大利亚的经验表明,只要在目标区域和控制区域安装更多的雨量计,r 值就可以提高到一定程度(Smith,1967)。实际上,无论雨量计的大小如何,通常,每个区域的雨量计不超过 40 或 50 个。冰雹数据的可变性更大,需要分布较为密集的采样装置。

中收集有用的信息。

　　许多可能出现的偏差都被相当简单地处理了。例如,在项目开始之前,就计算目标区和控制区降雨量应采用哪些雨量计达成协议,不仅有助于消除无意识的偏差,而且有助于消除刻意选择数据以验证预期结果的任何诱惑(Court,1960)。提前商定好评估期的开始和结束时间,也可以大大减少开始时间和停止时间的偏差。

　　历史回归方法最大的困难在于目标与控制关系的时间稳定性。这个困难在评估播云项目的早期就出现了。MacCready(1952)使用历史回归方法对亚利桑那州中部的冬季播云项目进行了评估,并报告了降雨量显著增加的迹象。Brier 和 Enger(1952)用不同的控制因子和不同历史时期对同一项目进行了几次测试,以建立目标与控制回归线。他们的结果表明,人工播云可引起降雨量的显著增加。

　　Neyman 和 Scott(1961)等人曾假设,目标与控制关系缺乏稳定性与特定类型风暴的发生有关,其中一些风暴类型有利于目标区,一些风暴类型有利于控制区。降雨模拟试验的明显成功或失败可能取决于两种风暴类型在播云期的相对丰度相对于历史时期的相对丰度。Brownlee(1960)不仅赞同风暴类型变化的概念,而且建议人工影响天气作业人员可以利用其预报能力,只选择那些有望对目标区有利的情况进行播云。Thom(1957b)报告说没有任何证据表明播云作业人员是足够熟练的预报员以确保作业成功,但 Brownlee(1960)则反驳说,他们通常不会对穿过目标区的所有风暴进行播云。Court(1960)指出了造成这种偏差的来源,无论是有意的还是无意的,都可以通过对播云期和历史时期的风暴进行客观分类来克服,或者通过在评估时将作业期间的所有风暴都计算在内来克服。后一种安排是最简单、最客观的方法,但是由于纳入了不适合在目标区域播云的条件而导致作业效果在某种程度上被弱化了。1955年赞助商和加利福尼亚州圣克拉拉县播云作业人员之间制定的协议中就采用了这种做法,并沿用了十多年 (Dennis and Kriege, 1966)。

　　即使实行了上述安排,也不能完全保证长期的气候趋势不会改变目标与控制关系。最好的办法似乎是遵循上文提到的选择控制区所用的标准,并警惕可能引起目标与控制关系发生偏差的天气形势发生明显变化。在这方面,不能采取极端的措施。显然,如果我们从足够长的时间序列来看,总会发现历史时期和作业时期之间的差异(Gabriel, 1979)。例如,阿尔伯塔研究理事会的科学家们假设,夏季月份阿尔伯塔省上空急流平均位置的纬度变化可能是造成该省防雹区域内或周围的冰雹特征变化的原因。他们的建议很有趣,但不意味着先前的分析无效。

6.3　随机化试验的设计与评估

　　与播云作业计划评估相关的剩余不确定性,尤其是目标与控制回归随时间变化的不确定性,使许多气象工作者和统计工作者在 20 世纪 50 年代得出结论,只有通过随机试验才能获得可靠的结果。他们的理由是,19 世纪发展起来的用于测试新药、肥料、工业流程等效果的随机试验方法将为与播云效果相关的巨大不确定性提供解决方案。通过使用复制和关于从中抽取样本的潜在群体的某些假设,这些方法使人们能够确定一个给定假设真伪的概率。本节回顾了所涉及的原则。更完整的讨论请参见 Neyman 和 Scott(1967a)、Brier(1974)以及人工影响天气咨询委员会的报告(1978)。

6.3.1　基本假设和定义

在人工影响天气试验中,观测了许多经过或未经过特定播云作业的测试案例或试验单元。如果通过随机选择来决定是否进行播云作业,则可以假定其他条件相同(从长期来看),并且可以将观测到的播云和非播云样本之间的差异归因于播云作业。从本质上讲,人们把这个试验看作是从两个无穷大的数字集中随机抽取样本:

$$U1,U2,U3,U4,\cdots$$
$$V1,V2,V3,V4,\cdots$$

其中,U 代表未播种风暴的一些观测值,V 代表播种风暴的相同观测值,风暴被编号为 1、2、3 等。

不幸的是,对于同一场风暴,我们无法同时观测到 U 和 V。相反,人们可以观测 U 和 V 的样本值,以便估计两个总体的参数。通过比较两组参数来计算播云效果。

例如,假设人们希望知道播云对目标区平均降雨量的影响。我们将 U(或 V)定义为在每个试验单元中由雨量计网观测到的平均降雨量,为简单起见,我们将这种试验单元称为风暴。标准的统计方法是检验零假设,即无播云效应且 $\overline{V} = \overline{U}$ 的假设,其中的字母上方的短横线表示多个风暴的平均值。在试验完成时,计算出 $\overline{V} \neq \overline{U}$ 的概率并得出适当的结论。

试验人员常常会犯两种错误。第一种称为第一类统计误差,是错误地拒绝了零假设,也就是说,播云无效果的情况下得出了播云有效果的结论。另外,当零假设为假时,试验人员可能无法拒绝零假设,即播云确实有效果的情况下得出没有播云效果的结论。这是第二类统计误差。显然,这两种类型的误差在历史回归分析中也都会发生。

第一类误差出现的概率为显著性水平检验,用 α 表示。我们可以通过计算 p 值,即指示的播云效果是由于偶然因素的概率,并将其与 α 进行比较,可以确定试验结果是否具有"统计显著性"。如果 p 值小于 α,则表明播云效果真实存在。

在分析人工影响天气的试验时,许多作者使用 0.05 的显著性水平作为拒绝零假设并接受播云效果具有统计显著性的标准。其他作者则注意到降水数据的极端可变性,认为显著性水平 0.10 是拒绝零假设的标准。[3]

建立的显著性水平越严格,发生第二类误差的可能性就越大。检验的功效被定义为检验得出正确结论的概率,即 $(\overline{V} - \overline{U})$ 不为零而实际上并非为零的概率。检验的功效 β 取决于 α、所作业的风暴总体的特征、播云效应的大小以及试验持续的时间。

提前研究提出的随机试验以确定其功效是可能的,也是非常可取的。否则,资源就会被浪费在几乎不可能取得最终结果的试验上。

Neyman 和 Scott(1967a)定义了一个重要的"非中心性参数" τ,该参数结合了播云效果(假定为恒定的乘法效应 θ)、试验中试验单元数 N 和未播种风暴的比例 P。得到的公式是:

$$\tau = \Delta \left[NP(1-P) \right]^{0.5} \ln\theta \tag{6.9}$$

α、β 和 τ 之间的关系如图 6.4 所示。

式(6.9)表明,将恰好一半的样本保留为非播云样本,可以最大程度地提高在随机化试验中检测到播云效果的可能性。但是,P 稍微偏离 0.5 不会严重影响功效。要注意的另一点

---

[3]　此处出现混乱。一些作者已经针对减少或增加的选择对零假设进行了检验(双尾检验)。其他人则针对预先指定方向的变化对零假设进行了检验(单尾检验)。除非另有说明,本书中引用的显著性水平和 p 值是均用于单尾检验。

是,非中心性参数随 $N^{0.5}$(样本数的平方根)而变化,而不随 N 本身而变化。这两点通常都适用于参数检验和许多非参数检验。

因子 Δ 反映了试验的所有其他特征,包括局地条件、预期设计和使用的统计检验。Neyman 和 Scott 发现,如果采用没有预测变量的最佳检验,并且目标降水遵循形状因子为 γ' 的伽玛分布,则:

$$\Delta = (\gamma')^{1/2} \tag{6.10}$$

降雨数据集的典型形状因子为 $0.5\sim1.5$。

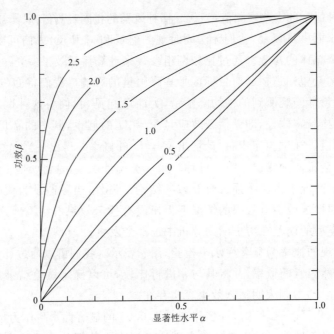

图 6.4   不同非中心性参数 τ 值的功效 β 与显著性水平 α 之间的关系(Neyman and Scott,1967a)

表 6.1 给出了使用 Neyman 和 Scott 的数据在不同气候状况下进行试验的示例。列出的前三个是实际的试验,但是"东伊利诺伊州中部试验"仅存在于计算机中。应该注意的是,这些计算假设了一个随机的单区域设计,并且使用了一个特殊的检验,即 $C(\alpha)$ 检验,这是一个最佳检验,用于检测通过播云增加的降水的恒定比例因子,即自然降水的恒定百分比增长。此外,还假设各个试验单元在统计上是相互独立的。

表 6.1   在随机单区域设计下检测出 40% 降雨量增加所需的试验单元数量和季节[a]

试验	单元数	每个季节的单元数	季节
SCUD 试验(美国东部)	178	19	9
Grossversuch ⅢA(瑞士冰雹试验)	390	15	26
亚利桑那州试验 Ⅰ	460	22	21
伊利诺伊州中东部试验(夏季阵雨)	770	38	20

[a] 基于 Neyman 和 Scott(1967a)的数据。

假设播云的效果是使降雨量保持 40% 的均匀增加,将 β 设置为 0.9,α 设置为 0.1,从而得出表 6.1 中的结果。简而言之,如果伊利诺伊州中东部关于对流云的随机试验持续进行 20

年,每次播云都会增加 40% 的降雨量,试验人员仍然可能有 10% 的概率未发现降雨增加的事实。该结果以及 Schickedanz 和 Huff 等(1971)的结果清楚地表明,控制对比在播云试验中与在作业计划的评估中一样必要。对控制对比的要求导致了需要设计和采用各种试验设计,现在将对其进行简要讨论。

6.3.2　固定区域设计

在播云实验中,控制因子具有减少式(6.9)中的 Δ 和减少播云试验所需的试验单元数量的作用。在播云期间,可以从地面和高空图或从目标区上空气团的垂直结构中获得控制因子。Spar(1957)为 SCUD 项目从北美东部的高空天气图中选取三个控制变量作为风暴发展的预报因子。Neyman 和 Scott 发现,Spar 的预报因子能将 SCUD 所需的试验单元数量(表 6.1)从 178 个减少到只有 42 个。

与对作业项目的评估一样,目标区中响应变量的最佳控制因子之一是附近某个控制区中相同变量的观测值。目标与控制设计和随机交叉设计利用了这一事实。在目标与控制设计中,控制区从不播云,在试验单元中目标区是否播云是随机决定的。假设控制区不受目标区播云的影响。如果对这种情况有任何疑问,则整个试验的结果将受到质疑。因此,尽管这样可以明显提高效率,但在随机试验中认定控制区时必须非常谨慎。

显然,随机交叉设计起源于澳大利亚的 Moran(1959),澳大利亚的几个项目均使用了这种设计(图 6.5)。建立两个相似的目标区,根据随机决策对其中一个或另一个目标区进行播云作业。

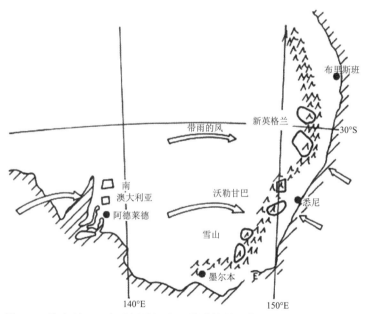

图 6.5　澳大利亚四个采用随机交叉设计的增雨作业试验的成对目标区
阴影区是大分水岭(Smith,1967)

从理论上讲,随机交叉设计比单区域或目标与控制区设计更有效。根据 Gabriel(1967)的研究,这三种设计的相对效率如表 6.2 所示。这些数据表明,随机交叉试验的相对优势随着两个目标区之间的相关性增加而增加。

近年来,出于多种原因,人们对随机交叉设计的热情有所下降。尽管交叉目标区污染总是有可能的,但正如 Gabriel 指出的那样,交叉目标区污染绝不会导致人们错误地否认零假设。Gabriel 认为,如果没有效果,就不会有污染。然而,还有其他严重的不足。该设计没有提供完全未播云的情况来检查试验期间目标区及其周围的状况是否与往年相似。此外,在下风向一定的距离(例如 250 km)处,目标 A 和目标 B(可能仅相距 20 km)的播云之间的区别并不重要,因此,研究指定目标区之外的额外区域效应实际上是不可能的。

表 6.2　目标-控制、随机交叉与单区域设计的有效性对比[a]

项目类型	所需的试验单元的相对数量
单区域	1
目标-控制	$1-r^2$
交叉	$(1-r)/2$

[a]引自 Gabriel(1967)。

6.3.3　其他类型的试验

随机播云试验没有必要涉及固定目标区发生的事件。一些试验涉及浮动目标区域,允许记录被选为试验单元中的云中降水或其他变量,同时排除附近云中发生的事件。雷达装置,特别是配备数字数据处理器的雷达装置,已经被证明在记录移动目标区域的事件方面非常有用(Dennis et al.,1975a)。最早的随机试验之一是芝加哥大学在加勒比海地区进行的吸湿剂播云试验,试验中使用了机载雷达装置进行评估(Braham et al.,1957)。在此类试验中,至关重要的是客观地判断哪些事件与测试云(试验单元)相关,哪些事件不相关。

浮动目标、雷达装置和飞机传感器的使用大大增加了可能的试验范围。美国内政部目前正在进行一项计划(高原合作试验,Hight Plains Cooperative Experment,HIPLEX),其中飞机采集的云物理数据将是主要的响应变量之一(Silverman and Eddy,1979)。

在随机试验中监测的一些响应变量甚至比降雨数据更难处理。在大多数观测期,落在地面上某一点的冰雹质量往往为零。云物理变量(例如云中的霰浓度)没有明确定义的统计分布。对这些难处理的变量可能采用的统计方法将在下面的小节中提到。

不幸的是,径流在通过历史回归方法评估作业项目时非常有用,但在随机试验中却不起作用(Yevdjevich,1967)。通常,一年只能观测一次,因此试验单元必须是整个季节。暴雨降雨量的增加和减少可能会被合并分析,从而使播云效果变得模糊不清。

6.3.4　使用非参数检验

我们已经提到,降雨数据有时需要进行变换以获得归一化的分布。对变换数据进行统计分析解读,此过程中遇到的困难既适用于随机情况,也适用于非随机情况。在处理偏斜度很大的数据(例如来自单片云的降雨或不遵循常用分布函数的数据)时,这些困难变得尤为严重。

幸运的是,我们可以进行一系列统计检验,即非参数检验,它们不需要对被检验数据的分布函数进行任何假设。最常见的是秩检验,其中最简单的是威尔科克森秩和检验。

在威尔科克森秩和检验中,试验中所有 N 次风暴的秩次从最干燥(1)向最湿润(N)排列。试想这个问题:"播云风暴的秩次是否与偶然发生(自然中)的秩次之间存在显著差异?",要回答这个问题,我们需要考虑检验统计量 T,该 T 表示播云风暴的秩和。

T 的期望值,忽略相持秩,由下式给出:

$$E(T) = \frac{1}{2}m(m+n+1) = \frac{1}{2}m(N+1) \qquad (6.11)$$

式中，m 是播云个例数，n 是未播云个例数，$N = (m+n)$ 是个例总数（试验单元）。T 的方差，同样忽略相持秩，由下式给出：

$$\mathrm{Var}(T) = \frac{1}{12}mn(N+1) \qquad (6.12)$$

标准统计的文献提供了将相持秩和随机分组处理为两个以上类别的详细说明。

　　威尔科克森秩和检验对样本中的较大风暴不是特别敏感。小风暴增加 1 mm 的降水，可能会改变其秩次，对总结果的影响与大风暴降水增加 10～20 mm 的影响一样大。确实，如果样本中最大的风暴碰巧归类于播云类别（偶然），那么该风暴带来的任何降雨增加都不会影响结果。

　　对于播云效果，我们可能会假设播云可增加某些类型风暴造成的降水，而减少其他风暴造成的降水。如果这两种常见类型对应于小风暴和大风暴，则不妨使用强调这种可能性的统计检验。我们可以提升秩和幂次大于 1 来强调样本中较大的风暴（Taha，1964），也可以通过使用秩和幂次小于 1 的风暴来强调样本中较小的风暴。Duran 和 Mielke（1968）给出了此类检验的示例。此外，Mielke（1972）对秩次的非整数指数进行了试验，揭示大风暴样本对播云效果的各个方面的影响。

　　Mielke（1974）提出了一种评估随机交叉试验的特殊秩检验。目标区和控制区的降雨差异的秩次以零为中心，并扩展为正数和负数。然后，将数字的绝对值平方并求和，并保留原始符号（＋/－）。该检验的特点是强调这两个区域的降雨量有显著差异的事件，而不管哪个区域的降雨量更多。

6.3.5　参数检验与非参数检验的比较

　　非参数检验不如参数检验有效，因为对于给定的数据集，非参数检验普遍产生较大（较弱）的 p 值。其原因可以被认为是因为没有利用先前已获悉的降雨量分布。从理论上说，统计人员利用降雨量往往会遵循伽玛分布这一事实，相比孤立看待数据集，从给定的数据集中可得出基础总体参数更精确的估计值。

　　Duran 和 Mielke（1968）研究了非参数检验的功效，并得出结论，例如，相较用于检测伽玛分布尺度变换的最佳参数检验，威尔科克森秩和检验的功效仅低约 10%，对于一个典型的降雨量总体，这个结果对应于降雨量的恒定增长百分比。此外，如果降雨量实际上不符合假定的分布，则参数检验计算出的 p 值将是错误的，从而产生了对试验结果的不合理置信度。

　　非参数检验的优点是稳健。也就是说，它们检测变化的能力不取决于抽样基础总体特征的细微变化，对播云效果与某些预想形势的偏差也不敏感，例如，风暴本身恒定增加的百分比。

6.3.6　置换检验和蒙特卡洛检验

　　自 20 世纪 30 年代以来，人们就了解并使用了置换检验方法，但直到计算机的出现，置换检验方法才逐渐普及。

　　该方法的本质是将实际试验生成的检验统计数据与使用相同数据的假设试验生成的检验统计数据进行比较，但要在"播云"和"非播云"类别之间重新分配全部试验单元，这个分配过程有时被称为再随机化。

　　置换检验设置 p 值，该值不受任何有关基础统计分布的假设的影响。或许更重要的是，自动产生的 p 值考虑到试验单元中缺乏统计独立性的情况（Thom，1957b）被迫对奇数和偶数风暴进行单独分析,以解决他所研究的风暴中的序列相关问题。否则,他计算出的 p 值就会被怀疑)。

有时尝试对播云和非播云决策进行所有可能的置换(Neyman et al. ,1960)。通常,仅使用随机样本来避免过多使用计算机。在这种情况下,计算机中的模拟试验统称为蒙特卡洛检验。

Dennis 等(1975b)对蒙特卡洛检验进行了详细描述,他们重复模拟运行了 500 次可能有 448 个可能结果的随机化试验,将 p 值确定为约±0.02。尽管一些统计工作者私下质疑了他们的方法,但是人工影响天气咨询委员会(1978)的统计工作小组得出的结论是,该方法确实提供了合适的 p 值估计值。

人工影响天气咨询委员会的统计工作小组建议,可以通过以下置换方法确定准确的显著性水平:在试验之前设置一定数量(例如 1000 个)的播云-非播云序列。每个序列必须在避免长时间的播云或非播云决策、在可识别的试验单元子集中公平分配处理等方面完全令人满意。这被称为建立一个"样本空间"。建立样本空间时不必进行随机抽签。然后,随机选择其中一个序列,在实际试验中遵循该序列。将实际结果与其他 999 个"幻像"试验(通过相同的总数据集进行检验)的结果进行比较,可以准确确定偶然获得相同或更好结果的可能性,从而设置 p 值(Gabriel,1979)。

6.3.7 使用分区或分层

对于这一点,我们已经含蓄地假设了一个试验的所有试验单元都进入每个统计检验。如果增加和减少是均匀地分布在整个播云样本中,则评估很可能显示没有播云效果。我们已经注意到尝试选择有利于检测出增加或减少的统计检验,要么集中在小风暴,要么集中在大风暴。但是,我们可以想象这样一种情况,增加和减少在小风暴和大风暴之间分布得相当均匀,因此这种检验的选择是无关紧要的。

如果还有其他标准可以分离对播云做出响应的风暴,情况将会大大改善。许多分析人员使用了被认为与播云响应相关的变量,作为统计检验的辅助手段。

Gabriel(1967)等人将这些附加变量称为协变量。在 MLR 分析中,可以将它们作为额外的预测因子引入问题中,但是许多研究人员发现,将它们用作数据样本的分区或分层的依据更有用和直接。

在分析科罗拉多州的 Climax 试验时,Grant 和 Mielke(1967)发现根据 500 hPa 的温度对数据进行分层是有利的,这被认为是科罗拉多州洛矶山脉中部冬季风暴的云顶温度。Simpson 和 Woodley(1975)将佛罗里达的试验日分为"行进"日或"静止"日,具体取决于阵雨的雷达回波是否显示出系统的运动。

在各种项目中建议或使用的其他分层方案包括:上层风向分层(Mooney and Lunn, 1969)、附近作业项目中是否存在播云(Neyman et al. ,1960)以及云模式的预测(6.4 节)。

6.3.8 探索性试验与验证性试验

目前可用的响应变量、分层方案和统计检验多种多样,使得任何播云试验越来越有可能至少得到一些具有统计意义的结果。这就是多重性陷阱。人工影响天气咨询委员会(1978)统计工作小组建议区分探索性试验和验证性试验。在探索性试验中,将利用所有可用的工具对可能的效果进行广泛的搜索。但是,只有在一个验证性试验中使用一个响应变量和一个预先指定的统计检验来检验极少数的假设(理想情况下是一个假设),结果才会被认为已经过证明。

6.3.9　不受控制的背景变化

一些作者研究产生显著结果的随机播云试验,以探讨这些结果是否源于天气形势的自然或背景变化。Gelhaus 等(1974)在南达科他州的一个计划中发现了一种可能的第 I 类错误,即在播云开始前的清晨数小时内存在播云日降雨不足的情况。

对 1960—1964 年在密苏里州开展的白顶项目的分析人员来说,背景变化的问题尤其麻烦。围绕该项目的最新交流(Braham,1979)表明,仍然存在不同的观点,一些作者认为是播云效果,而另一些作者认为是降雨量的自然变化。

寻找背景变化来解释随机试验的显著结果,类似于寻找风暴类型的变化以解释进行播云项目期间目标与控制回归的变化。在这两种情况下,如果搜寻的时间足够长,通常还可以找到除播云之外的一些假设性解释。正如 Gabriel(1979)指出的,仅仅因为 p 值超过了预先指定的 α 而呈现的 p 值并不是有效的概率检验。采用这种方法的研究人员将肯定会陷入多重性陷阱,就像他们的同行一样,他们分析实验数据,无休无止地寻找有利播云"效果"的证据。

6.4　云模式在试验中的作用

云以特定方式响应播云、以其他方式响应播云或根本不响应播云,区分这些云响应特征是非常微妙的。根据刚才提到的简单分层系统,可能无法识别这些云的响应特征。有时根本不是根据云中的条件,而是根据环境条件来识别其差异。递减率、风切变和云下层辐合程度都会影响到播云响应。第 4 章已经从概念上探讨了这些差异。正如我们看到的那样,数值云模式是目前评估存在的各种可能性的最佳工具。然而,对于给定的播云作业是否会产生预期的效果,我们不能仅仅根据云模式研究得出的结论来断定。因为这些模型不完整,需要实地验证。因此,我们必须同时进行云模拟研究和外场试验。已有一些纯粹为验证云模式的外场试验,目前多数外场试验在某种程度上都用到了云模式。

在人工影响天气试验中,云模式至少有以下三种用途:(1)选择能够达到理想播云响应的试验单元;(2)作为试验单元分层的依据;(3)提供可以与观测值进行比较的响应变量的预测值。下面将简要地对这三种用途进行分别讨论。第 7 章将进一步举例说明模式是如何在特定应用中起作用的。

6.4.1　试验单元的选择

当试验涉及对流云催化产生的动力效应时,云模式对选择试验单元最有用。实际上,以可预测的方式改变对流云动力过程的想法,为宾夕法尼亚州立大学等机构开发实体云模式提供了很大的动力。

在大多数对流云试验中,模式预测是选择试验单元时要考虑的因素之一。日常天气预报对确定试验期间对流云是否发展很有用。人们只需分析探测数据,就可以预测云是否会达到 $-10\ ℃$ 层。但是,云模式具有更加客观的优势,通过消除主观性,可使试验结果对统计分析更加有用。

使用云模式选择试验单元最突出的例子是在加勒比海(Simpson et al.,1967)、佛罗里达州(Simpson and Woodley,1971)和亚利桑那州(Weinstein and MacCready,1969)进行动力播云试验时,选择预测云高增加($\Delta H > 0$)的天数。使用云模式选择试验单元的另一个例子是艾伯特冰雹研究项目。在该项目中运行云模式以预测最大上升气流速度,然后用上升气流速度结合列线图预测冰雹大小。试验仅限于预报有强上升气流出现，并会导致强冰雹产生的时候（English,1975）。

6.4.2　数据分区

有一些随机试验在选择试验单元时没有使用云模式，但是在分析阶段引入了云模式，因为云模式对数据分层很有用。

例如，在美国北达科他州试点项目中，为期四年的项目中途增加了一个无线电探空测风站，允许根据动力可播性（即由于 AgI 播云引起云层高度增加）的模式预测，对过去两年的数据进行分层（Dennis et al.，1975b）。过去两年（1971—1972 年）的数据显示，每个播云日的降水量超过每个非播云日的降水量，但结果并不明显（单尾 p 值为 0.12）。根据是否存在动力可播性进行划分，结果显示，在没有动力可播性的时候每个播云日的降雨量与每个非播云日的降雨量几乎相同。实际上，所有明显降雨增加的时间都与模式预测的动力可播性的天数有关。在那些日子里，降雨明显增加了。p 值从整个两年的样本的 0.12 降低到动力可播性分层后的 0.07。

6.4.3　播云结果预测

在某些情况下，我们可以以更精细的方式使用云模式，而不是简单地用其在事前或事后挑选有利的播云实例。如果云模式的输出足够精确，并且观测数据可用于比较，则可以将云模式预测用作单个试验单元的控制因子。

众所周知的一个应用云模式的例子是"雷霆风暴"积云试验项目。响应变量是云塔达到的高度。在每种情况下都进行了云模式预测，而不是将播云后云的高度整体与非播云的高度进行比较。图 6.6 中的一组实际试验数据说明了这一分析，图中横坐标显示了播云和非播云情

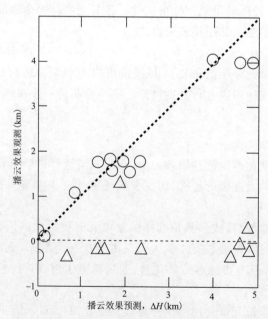

图 6.6　1965 年在加勒比海上空进行的一项随机试验中，播云对云层高度影响的观测值与预测值
粗虚线表示对作业云的完全可预测性，而虚线表示对控制云的完全可预测性，即零播云效果与可播性无关。空心圆：播云；空三角形：非播云（Simpson el al.，1967）

况下与播云相关的云高度的预测增加,纵坐标显示了观测到的云高度变化。在非播云情况下,除了随机变化之外,我们不希望云层高度会发生变化,因此云层高度应该沿着 x 轴散开。另一方面,如果模式预测是完美的并且没有测量误差,则播云情况下云高将沿着 1∶1 这条线分布。实际结果表明,云的高度增加了,并且该模式显示了选择播云后降雨增加的云的技巧(Simpsonet et al. ,1967)。

我们已经描述了能够根据风速、云顶温度等对地形云播云情况下的降雪进行预测的运动学模式。这些运动学模式也可以用来生成控制因子,但其置信度不足以证明它们可以用作地面给定地点降水量的定量预测因子。

但是,它们可作为预期增加或减少降水量的大致参考,并可表明在不同情况下可能发生的降雪重新分布的类型。

6.5　总结

人工影响天气试验的评估是一个难题。针对该难题已形成两种主要方案:一是在随机试验中直接使用统计数据;二是发展预测播云响应的物理和数值模式。即使统计分析已表明播云效果,但在缺乏能够合理解释如何产生这些效果的物理模型的情况下,大多数科学工作者也不愿接受这些效果。另外,根据云滴分布等初始假设,数值模式可以预测非常广泛的结果,因此人们必须利用外场试验的结果得出有关人工影响天气技术有效性的结论。

最新的试验设计倾向于强调使用几个响应变量,而不是一个,所以物理评估和统计评估之间的界限变得越来越模糊。Mielke(1979b)开发了一种多响应置换程序(MRPP)来计算适用于多组响应变量的 p 值。人们希望用这种方法来检查各种物理假设中把播云与降水变化联系起来的步骤。

截至 1979 年,将数值模拟研究与外场试验相结合似乎是最好的答案。数值模式应该在试验的所有阶段使用,包括试验单元的设计、选择和分层,并提供各个试验单元的预期结果。云模式的这种密集使用不应排除使用从天气图、探空、气象卫星和其他来源获得的适用数据。

第 7 章　人工影响雾、雪、雨

7.1　引言

在本章和第 8 章中,我们讨论人工影响天气的作业目的。对许多人来说,能通过播云技术在人工影响雾、降水、闪电等方面取得成功,这便是对播云技术价值的最终考验。

一次成功的人工影响天气项目必须多条件相互配合完成,需要选择适合当前云系的播云概念或物理假设,采用符合播云概念的可靠技术,利用大量的传感器记录播云效果并制定尽细致的评估计划。关于这一点,我们已经逐一讨论分析过一个成功项目所需的各个组成部分。通过人工影响天气试验,人们将这些组成部分结合起来,以期实现作业目标。现在让我们来看看他们所取得的现场试验结果。

鉴于评估播云效果确有难度,对于当前通过播云进行人工影响天气的方法,科学家和工程师们对其有效性存在一定的分歧,这不足为奇。但是,令人吃惊的,同样也令人鼓舞的是,许多科学家们通过在此领域的深入学习,逐渐形成了某种共识。这一新的共识在美国国家科学院历届审查小组的报告(Panel,1966,1973)和人工影响天气咨询委员会的报告(1978)中均被提及。

本章和第 8 章介绍的只是作者本人的观点,而非上文提到的共识。但是,二者之间的分歧并不大。

正如我们在下文将要看到的,多年来,出现在机场的过冷雾可通过常规性、业务化手段消除,一些播云项目可实现降水增加,一些播云项目则可改变降水分布,这些都是毋庸置疑的。这些成功案例虽然数量有限,但是具有重要的经济价值,激发着人们的希望:未来更加复杂的天气系统(例如热带飓风)也将最终被证明是可以进行人工影响和干预的。

7.2　人工影响雾[1]

人工影响雾的首要经济驱动力便是机场雾对飞机起飞和降落的阻碍。人工消雾已在若干国家多个机场开展,以减少雾对飞机运行的影响,其中包括美国西部和中北部的约 12 个机场以及苏联的约 15 个机场。

雾的控制变量是能见度。典型消雾作业的目的是提高仪表着陆系统最终进场通道和着陆点附近的能见度。假设人工消雾达到最佳目标,则受影响的空气量须为 $10^5 \sim 10^6 \, \mathrm{m}^3$。

雾的能见度与单位体积雾滴的光学散射截面之和成反比,而散射截面与雾滴的几何截面成正比。因此,若雾浓度相同,那么雾滴大(通常是平流雾),则能见度更高;雾滴小(通常是新形成的辐射雾),能见度更低。

---

[1]　有关人工影响雾的一般参考,参见文献 Silverman 和 Weinstein (1974)。

通过去除雾滴、在保持雾滴数量不变的情况下降低其直径或在保持雾含水量不变的情况下促进雾滴并合,可改善雾的能见度。

下文列出一些主要的人工影响雾的方法,段落安排顺序依照的是雾的物理状态。

7.2.1　消散过冷雾

消散过冷雾最常用的方法是基于贝吉龙过程。引入人工冰晶后,过冷液滴蒸发,水蒸气凝华附着在冰晶上。一旦冰晶变得足够大,它们还会通过撞冻而生长。在某些情况下,冰粒变得足够大成为雪花掉落到地面上,空中雾气被完全清除。即便没有降雪,引入人工冰晶可减少小液滴的数量,降低水凝物浓度,使其成为数量相对较少的大粒子,即可提高能见度。

可以用 AgI 或其他人工成冰核,或通过用干冰、液态丙烷或液态空气将空气暂时冷却至 $-40\ ℃$ 以下来引入人工冰晶。由于过冷雾通常在略低于 $0\ ℃$ 的温度下发生,而 AgI 和其他人工冰核在此温度条件下相对无效,因此大多数操作都会用到制冷剂。

冰晶胚胎的理想浓度取决于雾的特性和消雾所需的时间。如需彻底消雾,应使用浓度相对较低的冰胚,其浓度约为 $10\sim50\ L^{-1}$,其目的在于促使生成的冰晶或小雪花落到地面上,从而达到局地部分消雾甚至完全消雾的效果。该过程通常需要 30 min 或更长时间。如果要在短时间内(例如 5 min 内)消除大部分过冷水,则必须使用浓度约为 $1000\ L^{-1}$ 的冰粒(Jiusto and Weickmann,1973)。在这种情况下,可能生成的是大粒子的冰雾,能见度亦能得以改善,可能满足飞机运行的条件,但并不能完全消散雾气。

对于任何给定的播撒系统,都可以给出清除过冷雾的工程性解决方案。例如,考虑采用一架轻型飞机从地面 200 m 处洒落 $1\ kg\cdot km^{-1}$ 的干冰粒子,而这些粒子的大小恰好使其可以到达地面。假设落下的每千克干冰产生约 10^{14} 个冰晶(Holroyd et al.,1978),则冰晶幕的垂直截面每平方米包含 5×10^{8} 个冰晶,图 7.1 是播云的初步效果。

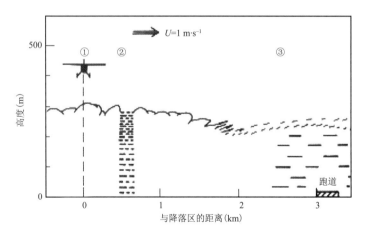

图 7.1　通过干冰播云清除过冷雾。① $t=0$,飞机以 $1\ kg\cdot km^{-1}$ 的速度播撒干冰;冰晶幕每平方米含 5×10^{8} 个冰晶。② $t=500\ s$,由于湍流,冰晶向下风方向扩散。由于湍流扩散,冰晶浓度已降低至每升数千个。③ $t=3000\ s$,已实现部分消雾的云区面积宽度超过 1 km,云区越过跑道上空,跑道能见度提升。由于湍流扩散、聚合和沉降,冰晶的浓度降至约 $100\ L^{-1}$。跑道或逆风处附近有小雪。④干冰掉落约 $50\sim100\ min$ 后,与未经作业的空气发生湍流混合,填满清除区。

上述生成的冰晶随湍流扩散而分散开来,也会随风流动。上文提到的情况仅需考虑一维扩散。使用式(5.6),并选择适用于层状云条件的能量耗散率 ε,经计算可知,冰晶幕将在约 10 min 后达到 200 m 的厚度,并随后以 $1\sim2$ m·s^{-1} 的速度继续扩散(包括向两侧扩散)。局部加热与过冷雾冻结相关,在某种程度上增强了湍流扩散。

10 min 后,冰晶的平均浓度将接近 2000 L^{-1},中心附近的浓度更高。模式计算表明:若浓度范围在此范围内,仅需 10 min 或更短的时间,几乎所有的过冷水都将经蒸发和撞冻而被去除(图 7.1)。上述预测已经实地作业验证,其中许多作业的干冰播云速度与上述示例相当。在 $10\sim20$ min 内,少量雪花开始落下。较小的冰晶继续从狭窄的初始清除区中分散开来,逐渐增大,并最终落至地面。

在典型的机场消除过冷雾作业中,飞机在平行于待清除跑道的雾层上方撒下 2 kg·km^{-1} 或 3 kg·km^{-1} 的干冰。干冰在跑道上风方向 $45\sim60$ min 处撒落,这种播撒过程反复进行,使所产生的冰晶幕之间的距离为约 1 km。

已证明有效的另一种消雾方法是将装有干冰粒子的袋子固定在气球上,可将气球升高或降低,使干冰在所需的高度和温度下与过冷雾接触。在一些作业中,将气球和干冰袋拴在卡车或吉普车上,并驾车来回穿行,以模拟飞机的动作,使播云通道非常接近地面。

前文(图 3.8)有实验室证据表明,在饱和状态下,在 $-6\sim-4$ ℃的温度范围内,空气中冰粒的生成速度比在更高或更低的温度下要快得多。人工影响雾相关工作实践表明,在 -5 ℃附近,消散过冷雾尤其有效,消散速度也快。如果过冷雾的温度为 $-2\sim-1$ ℃,冰粒的生长速度放缓。但是,从事除雾作业的人员通常认为,即使在这种情况下作业,也能提高能见度。

7.2.2　消散过冷层云

显然,用于消散过冷雾的飞机播云技术可用于消散过冷层状云。数位作者曾指出,这样的作业可增加地面的日照时间,并且有报道称苏联为了达到此目的进行了播云作业。确实,现代人工影响天气的第一个外场试验就涉及了部分过冷云盖的消散。

20 世纪 50 年代初,美国陆军通信兵团研究了过冷层云的消散。研究人员发现,以 0.3 kg·km^{-1} 的干冰播云速率或以每千米几克的速率在云中播撒 AgI 可以除雾,被清除路径的边界将以约 1 m·s^{-1} 的速度扩展(Aufm Kampe et al., 1957; Panel, 1966)。随后,Weickmann(1974)记录了用飞机播撒干冰后北美五大湖附近降雪的产生以及过冷层积云被消除的案例。

7.2.3　通过吸湿剂播云人工影响暖雾

暖雾比过冷云发生地更频繁,但不幸的是,暖雾更难进行人工影响。播撒吸湿催化剂是唯一呈现出成功迹象的人工影响暖雾播云方法,通过凝结使空气干燥,并清除雾滴。许多数值试验和外场试验均对此种方法进行了探索。迄今为止,数值实验表明,雾滴撞冻的重要性和价值仅在具有一定厚度的雾中才有所体现,例如几百米的厚度。只有在这种条件下,吸湿液滴在下落过程中才有显著增长的时间。

任何吸湿性粒子经由一定体积的雾降落下来,其过程可分为以下三个不同的阶段:(1)凝结和沉降,(2)清除和(3)重新填充(Silverman and Weinstein, 1974)。在凝结和沉降阶段,由于吸湿性粒子吸收了水汽,相对湿度降低到 95%～98%。吸湿性粒子穿过一定体积的雾后,雾滴部分蒸发,使相对湿度回升至 100%,能见度得到改善(清除阶段)。新鲜、有雾的空气通过湍流作用侵入已处理过的云块,则该云块被重新填充。同时,作业后的云块会随风平流,并且可能会因风切变而严重变形。这三个阶段以及风切变和湍流作用如图 7.2 所示。

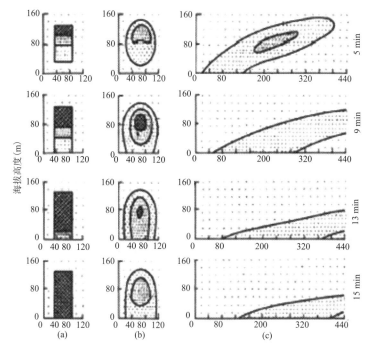

图 7.2　风切变和湍流使已被清除的云块变形，并被重新填充(a)$D_x = D_z = 0$ m^2 · s^{-1}，
切变 = 0，(b)$D_x = D_z = 1$ m^2 · s^{-1}，切变=0 和(c)$D_x = D_z = 1$ m^2 · s^{-1}，切变=0.01 s^{-1}

(Weinsein and Silverman，1973)

　　如人工降雨一样，人工影响暖雾作业需要选择催化剂和播撒系统。已经使用的催化剂包括吸湿性粉末，主要是氯化钠(NaCl)和尿素，以及吸湿性溶液的喷雾剂。尿素和硝酸铵(NH$_4$ NO$_3$)混合物的水溶液已被用于一些除雾试验。在数值试验的基础上，Silverman 和 Kunkel (1970)指出，喷雾几乎没有优势，而干燥的粒子只要长得足够大，那么即使在云雾中仅下落数米，就可达到可观的下落速度。

　　播云粒子的最佳尺寸取决于催化剂的化学性质和雾气特性(包括湍流和风切变)。Silverman 和 Kunkel(1970)用粉状 NaCl(忽略湍流)进行播云模拟，结果表明，使用 20 μm 的颗粒可获得最佳结果。用更小的粒子播云会造成过度播云，其中 NaCl 溶液的液滴永远不会增长到足以在合理的时间内掉落的程度。另外，从理论上来说，如果雾足够浓，那么大粒子可吸收雾中的大量水分。但是如果用大粒子(例如直径为 50 μm 颗粒)播云，所产生的粒子会在尚未吸收大量水分之前便已掉落。

　　Silverman 和 Kunke 的计算表明，即使在理想条件下，每平方米的表面积也需要多达 1～2 g 的 NaCl 粉末，才能显著提高能见度。因此，清除跑道和进场区的雾，需要线状播撒数百千克的粉末。

　　如图 7.2 所示，已清除的雾区还没有时间充分发展并沉降到跑道，但是风切变和湍流可对其进行破坏。克服这种影响需要以较大的初始下落速度播撒较大的播云粒子。在某些情况下，将粒子直径提升至 40 μm 即可获得所需的消雾结果。为了获得与理想条件下释放 20 μm 粒子相同的效果，有必要释放几乎相同数量的粒子，因此所需的催化剂质量将增加约 10 倍。

实地试验的经验很快证明,由于定位困难,再加上切变和湍流效应,在大多数情况下直线播撒并不可行。人们意识到,必须在机场播撒大量的 NaCl 粉末,才能对飞机运行产生显著消雾影响,因此,人们需寻找更有效,腐蚀性更小的催化剂。

Kunkel 和 Silverman(1970)用列表给出了各种吸湿性化学品对于 NaCl 的相对有效性。不幸的是,从生态学角度来看,许多最强大的吸湿材料,例如氢氧化钾(KOH),其可接受度甚至不如氯化钠(NaCl)高。Kunkel 和 Silverman 研究表明最有效的无毒、无腐蚀化学品是尿素,他们计算出,尿素每单位质量的效力为 NaCl 的 93%。尿素粒子的最佳尺寸估计在 60 μm左右(Weinstein and Silverman,1973)。但是,尿素易于碎裂成直径小于 20 μm 的细颗粒,因此必须以微胶囊化的形式制备和播撒。

Weinstein 和 Silverman(1973)借助二维数值模式研究了微胶囊化尿素对各类型雾的影响。假定侧风风速为 $1.5\ \mathrm{m \cdot s^{-1}}$,使能见度达到 800 m(0.5 英里)所需的播云速率为 $1.5 \sim 5\ \mathrm{g \cdot m^{-2}}$。

在加利福尼亚开展了通过吸湿剂播云清除平流雾的一些试验,取得了一定的成功(St. -Amand et al.,1971f;Silverman et al.,1972)。St. -Amand 等(1971f)描述的试验包括喷洒尿素和 NH_4NO_3 的水溶液、播撒粉末及生成烟火状吸湿性粉末。另外,类似的作业有时无法使能见度得以显著改善,这显然是由于强烈的湍流,或是因为预测作业后的雾团如何平流通过进场区并移动到跑道上方是有难度的(Silverman et al.,1972)。

7.2.4　替代方法

近年来,除特殊(例如军事)作业外,将吸湿催化剂用于人工影响暖雾的方法已被打入冷宫。除播云外,许多其他用于人工影响暖雾的方法应运而生。这些方法包括:(1)用化学制品处理暖雾附近的暖水表面以抑制蒸发并减少雾的形成;(2)直升飞机下冲气流带来的暖干空气与下方雾层混合;(3)通过强声波促使雾滴并合;(4)通过激光束加热蒸发雾滴;(5)引入带电粒子收集雾滴;(6)通过播撒化学物质(例如表面活性剂)改变凝结过程(一种抑制凝结核的活化);以及(7)通过抽吸装置收集大量充满雾气的空气,通过筛分或离心除去雾滴,并将不含雾滴的空气重新排放到大气。Weinstein 和 Kunkel(1976)列举了这些想法及其他未经证实的概念,并在参考文献中列出了原始论文。

直升机旋翼下降气流已成功用于应对浅层辐射雾,但对浓雾无效。

最近,起电过程数值模拟表明,尽管多年来经常提到起电过程,但它并不是一种实用的方法(Tag,1977)。没有通过静电效应成功消雾的记录。

当前最流行的人工影响暖雾方法是通过加热环境空气来蒸发雾气。第二次世界大战期间,这种方法首先在英国进行尝试,使用的是 FIDO(消雾分散作业)系统。1970 年,巴黎的奥利机场在沿跑道上风方向一侧的地下室中安装了 8 台喷气发动机,这是一种更先进的系统,被称为涡轮消雾机。奥利系统在 1972 年得到扩展,而涡轮消雾机现在也用于其他机场。FIDO系统的一个严重缺点是,暖空气从地面迅速上升,被新的雾气所取代。而涡轮消雾机使用导流板系统将喷射出的废气与周围空气混合,并抑制对流,直到稀释后的废气到达跑道为止(Sauvalle,1976)。

尽管涡轮消雾机系统在法国已作为一种作业工具为人们所接受,但一位航空公司官员在1976 年春季的人工影响天气协会会议上提到,已经停止了为洛杉矶国际机场开发这种系统的工作。这可能是因为洛杉矶经常有从海洋向内陆漂移的平流雾,而奥利机场的雾却是在几乎静稳条件下形成的辐射雾。

7.2.5　人工影响冰雾

冰雾有时是自然现象,但更多是无意间由人工影响天气而造成的。但是在非常寒冷的条件下(例如接近−40 ℃),来自飞机和/或汽车尾气中的水汽经湍流扩散可能超过冰面或水面饱和。例如,在费尔班克斯机场,温度通常低于−40 ℃,风力很小,雾很常见。此外,尾气中通常包含许多铅化合物或其他杂质,使生成的雾滴冻结,从而产生冰雾。

冰雾一旦形成,便没有任何很好的处理方法。直接加热的作用微乎其微,因为需考虑在低于 0 ℃ 的温度下,环境空气要加热到什么程度才能容纳额外 0.1 g • m^{-3} 的水汽(图 3.1)。

在某些情况下,通过控制局部水汽的排放,可以减轻冰雾的问题(Silverman and Weinstein, 1974)。

7.3　人工降水:有可能净增加吗?

在人工影响天气技术的所有可能应用中,增加降水具有最大的潜在经济效应。回顾 1977 年美国的外场试验,94 个作业项目中有 76 个是为了增加降水或以改善增雨技术为目的(Charak,1978)。实际上,通过播云进行人工影响天气的技术在广义上经常被称为"人工造雨"。

在第 4 章中,我们研究了许多播云概念,这些概念可能会大大提高单个云团或云系的降水效率,并且还可能引发动力效应,并对地球表面的降水产生更明显的影响。在考虑各种概念的应用结果之前,最好考虑一个更基本的问题:从理论上讲,播云是否可能实现降水净增加而不仅仅只是降水的重新分布。

一个经常被提及的论点是,大气中的总水量是固定的,因此,我们不可能在不降低某地降水的情况下增加另一个地方的降水。这种过于简化的论点将水物质的质量与质量传输速率(降雨量)相混淆,但是降水增加对大气水收支的影响需要进行一些分析才能确定。

McDonald(1958)研究了人工影响天气(降水增加)对大气中水含量的潜在影响(表 7.1)。与海洋相比,大气中的水含量很少,并且在任何特定时刻,只有一小部分大气水以可见云的形式存在。将大气中的水汽与地球上的年降雨量进行比较,结果表明,大气必须每 10 d 更新一次其水汽含量。当然,10 d 只是平均数;如果单个水分子处于围绕相对晴朗的副热带高压区域的弱循环中,则可能以水汽状态存在数周。而另一水分子从堪萨斯州的一块玉米田蒸发,可能仅 1 h 后,便以雷阵雨的形式凝结、再次降落。

表 7.1　全球播云效果的量级估计[a]

在任意时刻,估计大气 H_2O 总量中凝结成云中液态水的占比(基于平均云量 0.5 km 和平均云深 2 km)	0.04
同等情况下仅适用于大陆地区的占比	0.01
估计的可用于人工增雨的所有大陆云量占比上限	0.1
公认(1958 年)的通过人工影响云增加降水幅度的上限	0.1
估算在任意时刻大陆地区大气 H_2O 总量中可能经过人工影响降水处理的 H_2O 占比上限	0.0001

[a] 引自 McDonald(1958)。

将大气中降水云的水分含量与全球正常降水量进行比较,我们发现,降水云的生命周期较短,单个云要素形成、降落和消散这一过程不到 1 h。降水过程并非总是高效的,很多云中总水凝物的降水占比不到百分之几,而云已经消散了。剩余的水凝物则通过蒸发,以水蒸气的形式重新进入大气中。大气中的水蒸气是一直存在的。

　　减小水汽更新周期可以增加世界范围内的降水量。这一目标可以通过提高单个云团的降水效率或助力生成更大云团来实现,因为较大的云团可以在给定的 1 d 里处理更多的水汽。以上两种过程均可通过提升大气蒸发速率进行补偿。蒸发速率的提高将在以蒸发过程为主的区域(尤其是热带海洋)引起轻微的降温,而在以凝结和降水为主的区域则引起轻微增温。一个非常复杂的计算机模型可用于分析以上所有的问题,但是即便没有复杂的计算机计算分析,我们仍然可以确定的是,只要稍作调整,大气就可以适应更快的节奏。

　　增加地球上的总降雨量是没有实际意义的。因为地球上的大部分降雨都落入海洋中,而海洋约占地球表面积的 70%。陆地上的大部分降雨都落在热带雨林和其他潮湿地区,但这些地区没有进行增雨的经济动力和需求。即便竭尽全力为了增加世界粮食供应而进行增雨,其针对的降水量也仅为目前降水总量的 5%。假设作业后的地区降水量可增长 10%,那么地球年降雨量的总增长约为 0.5%,而 McDonald 估算的平均 10 d 的更新周期将减少 1 h。当然,局部水平衡可能会受到更明显的影响,因此水平衡研究是当前人工影响天气研究的重要组成部分。

　　针对不同类型云进行的增雨试验和作业,其效果差异较大。因此,我们应在地形云、对流云和天气尺度云系的背景下考虑增雨结果。

7.4　地形云系增加降水

7.4.1　作业项目的结果

　　第 4 章已经提到并讨论了过冷的地形云系为增雨提供的有利机会。1950 年左右至今,美国西部和世界其他地区一直开展有增雨潜力的地形云播云计划。大多数项目都是通过地面发生器播云,每小时消耗 530 g 的 AgI,但是在某些情况下,也使用飞机播撒干冰和机载发生器生成的 AgI 冰晶,或是投放焰弹装置。这些项目的主要目的是增加径流,用于灌溉和水力发电。事实上,播云多在山区多雪的冬季进行,其目的是获得未来数月之后的供水。这恰恰避开了一个经常被提及的播云技术弱点:当增雨需求最大时,播云条件却不足。有少量的项目是为了达到立竿见影的效果,例如在滑雪胜地增加积雪深度。

　　美国西部地形风暴播云增雨项目的评估结果表明,目标区域的降水量比自然降水量增加了 10%～15%。咨询委员会的报告(1957)和美国国家科学院支持下的专家小组报告中(Panel,1966,1973),均提到了这一预估的增加量。利用转换后的降水数据和径流资料,采用基于历史区域回归的目标-控制方法进行分析,得到了降水增加量(图 6.3)。Panel (1966) 报告了径流流量明显增加,范围从加利福尼亚州国王河十年项目的 6% 增加到了俄勒冈州罗格河八年项目的 18%。Elliott 和 Lang(1967)将目标与控制回归分析($R=0.97$)应用于加利福尼亚州圣华金河的播云项目,他们发现流域径流在 15 年内增长了 8.5%。Elliott 和 Walser(1963)在俄勒冈州和大盐湖附近的项目中采用了敏感度略低的双质量方法,并在地形项目开始时发现了有利于目标区域的突变。不同项目的结果具有一致性,这是令人鼓舞的。

7.4.2　早期随机化试验的结果

　　研究人员早已注意到 Brownlee(1960)、Neyman 和 Scott(1961)等人反对将作业项目中的数据用于评估。正如 Brownlee(1960)谈到咨询委员会时所说的,"很明显,国会正在交给委员会一项任务,即'针对公共和私人试验进行全面的研究和评估',但这是一个徒劳无功的任务,实际上,当时就没有可供评估的试验。"

1956 年,在加利福尼亚州圣巴巴拉开始了一系列地形云随机化试验,随后试验范围扩展到美国西部的其他地方(图 7.3)。此类试验研究了成冰剂催化地形云的物理机制,并开始确定最有可能通过播云增加降水的风暴类型。

圣巴巴拉的首个试验进行了三年。试验设计不是很有效果,整个试验还被邻近的文图拉县发起的非随机项目所干扰。显然,评估者们没有发现具有统计学意义的降雨量增加的证据(Neyman et al.,1960)。

图 7.3　美国西部和墨西哥北部的地图,图中显示了文中提到的随机播云试验的位置:(1)亚利桑那州,(2)布瑞哲(Bridger),(3)塞拉山脉中部(CENSARE),(4)克莱马克斯(Climax),(5)追云者(Cloud Catcher),(6)科罗拉多河流域试点项目(CRBPP),(7)弗拉格斯塔夫(8-1、8-2、8-3)高平原(HIPLEX),(9)杰梅斯(Jemez),(10)国家冰雹研究试验(NHRE),(11)拿加沙(Necaxa),(12)美国北达科他州试点项目(NDPP),(13)金字塔湖,(14)拉皮德城(Rapid),(15)圣巴巴拉,(16)塞拉山脉合作试点项目,(17)塞拉山脉积云,(18)气象局人工云核化(ACN)项目,(19)白顶

在科罗拉多州的克莱马克斯(Climax)附近开展了两个最著名的随机化试验项目(图7.3)。项目包括两个试验 Climax Ⅰ 和 Climax Ⅱ,每个试验大约持续五个冬天。一段时间以来,世界各地的大气科学家(Warner,1974)对这些试验做出了很高的评价,因为试验提供了可信赖的、可复制的证据来证明 AgI 播云造成的降雪变化。

许多出版物已经介绍了 Climax 试验(Grantand and Kahan,1974)。AgI 发生器被放置于

落基山脉的西坡,播云区域则是美国大陆落基山脉分水岭附近。对 Climax Ⅰ 数据进行探索性
分析,结果表明,500 hPa 的温度(大致等同于科罗拉多州落基山脉中部冬季风暴云顶温度)作
为分层分析的基准来说非常有用(Grant and Mielke,1967)。当 500 hPa 的温度大于等于
−20 ℃时,地面 AgI 发生器播云可能会增加降雪,而当 500 hPa 的温度小于等于−27 ℃时,播
云会导致降雪量减少。Climax Ⅱ 在同一地理区域内做了一些其他工作,其试验结果也支持
ClimaxⅠ的初步结论(Grant et al.,1971)。

在过去的两三年中,Climax 试验的结果面临两个挑战。Neyman(1977)提出了第一个挑
战,即分析中选择的日期,对此 Mielke(1978)似乎找到了好的解决方法。但另一个挑战更
严重。

在对 Climax 试验下风方大面积影响效果的研究中发现,科罗拉多州的大部分地区在 Cli-
max 试验播云日都显示出正降水异常,这便增加了一种可能性:以往乐观的评估实际上却是
巨大的一类统计误差。因此,Mielke(1979b)尝试使用上风方控制区进行更精细的分析。他
在西北风盛行的数日发现了播云成功的迹象,尽管比之前估计的要小,但是这段时间仍然存在
反映播云正效果的证据。由于缺乏合适的控制区,无法在西南风时进行类似的精细化分析。
在 Climax 试验的目标区域内,播云机会在西南气流占主导地位的日期显著多于西北气流主导
的日期,因此目前无法准确评估播云对季节性降水的总体影响。

还必须注意的是,位于科罗拉多州西南部的科罗拉多河流域试点项目(Colorado River
Basin Pilot Project,CRBPP)使用了 Climax 试验的播云标准,但基于其初始设计,却未能提供
任何降雪增加的证据(Elliott et al.,1978b)。Elliott 等(1978b)暂时将上述证据的缺失归因
于预报错误,以及在按初始设计完成试验的过程中所面临的困难。

最近人们对 Climax 试验的看法发生了变化,强调希望基于现有全部的证据得出播云有效
性的结论,而不是基于某一特定年份受到大气物理学家青睐的随机项目。但是,在尝试对地形
云播云效果做出结论之前,应该扩大我们对地形风暴系统的认识:地形风暴系统是什么,该系
统如何受到播云冰晶效应的影响。

7.4.3 嵌入对流的地形云

到目前为止的讨论(以及所描述的试验)均隐含地假定地形云处于相当稳定的状态,例如
层积云或高积云-高层云盖,此时 AgI 播云就可通过贝吉龙过程增加积雪。有时这种情况确实
属实,但如果地形风暴湿度较高,也会出现对流不稳定的情况。对流云带很容易在雷达上被识
别出来,也可以通过对气压变化和降雨率进行中尺度分析来识别。在从太平洋进入美国西部
的风暴中,此类对流云带非常明显。对流云带中典型的降水形式是霰和小冰雹,而不是由蒸汽
形成的雪晶。

Elliott(1962)分析了加利福尼亚州圣巴巴拉的第一个随机化试验项目的结果,发现有证
据表明,在对流云带播云可大大增加降雨,可增加 50%~100%。Dennis 和 Kriege(1966)分析
了加利福尼亚中部海岸附近的圣克拉拉地区为期十年的播云项目(图 6.1)。他们认为,对流
不稳定的情况为增加降雨提供了非常有利的条件。

美国西海岸附近地形风暴中的对流云带可构成有利的播云条件,这是合情合理的。一方
面,对流将 AgI 从地面发生器迅速传送到−5 ℃层。沿海山脉高度不够,不足以仅通过地形抬
升将 AgI 传送到−5 ℃层,因为在许多情况下,−5 ℃层都在山顶高度之上。另一方面,对流
云带含有大量新冷凝的过冷水,可被转化为霰或雪,在播云时亦可获得显著的动力效应。

1966—1968 年在圣巴巴拉进行了一项随机化试验,用以检验这些可能性。该试验用地面发生器和飞机开展播云作业。作业效果与效果范围模式结果进行比对,其结果表明,播云可以使对流云带增加 50%～100% 的降水,从而使整个风暴总降水量增加 25%～50%(Brown et al.,1976)。已发现在对流云带中有效播云率高达每小时几百克 AgI,略高于适用于层状地形云的播云率。

有一些作者认为,前面提及的有关云顶温度影响播云的规则也适用于对流云带,但本文作者认为,即便云顶温度低至 $-30\sim-40$ ℃,对流云带仍具备播云条件。对流云带的上升气流(高达 10 m·s^{-1})保护凝结的水滴免受冰晶的影响,否则水滴从更高层下落,形成自然降水。

在过去的两三年中,大家普遍认为,云中的对流胞为地形云系播云提供了最佳机会。用飞机来收集科罗拉多西南部 CRBPP 项目的云物理数据,并对其进行分析研究。其结果说明,对流云带在科罗拉多西南部也非常重要。目前来自 CRBPP 的数据被重新进行分析,以确定对流不稳定性可能并非是影响播云效果的控制因子这一观点。

7.4.4　可能增加的幅度

只有将许多项目的结果结合起来,人们才能对播云效果建立信心,并认可用于解释播云效果的物理模式的有效性。如 4.3 节中的讨论所示,依据地形条件播云的预期效果取决于风速、云顶温度、山峰高度等。

Vardiman 等(1976)、Vardiman 和 Moore(1977,1978)比较了几个地形云系统随机化试验的结果,以寻找统一的概念(图 7.4)。他们的研究结果(表 7.2)表明,在这些实际试验中,山峰处的降水变化范围从减少 60% 到增加 60%。他们研究了可用云水、降水形成时间、冰核供给量以及大气混合程度,以确定“播云窗口期”(即可增加山区降雪的气象条件的组合)。Vardiman 和 Moore(1978)的结果支持了如下观点,即降水的变化大部分可以用微物理作用来解释,也就是雪花在人工冰核周围形成、发展并下落(Grant and Kahan,1974)。

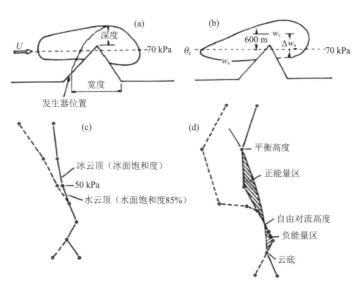

图 7.4　山脉垂直切面上标注出一些影响地形云播云效果的因素

θ_e 表示 700 hPa 的等效位势温度,w_S 表示饱和混合比(Vardiman et al.,1976)

表 7.2　随机地形云项目中播云/非播云比率与位置和风暴类型的关系[a]

	位置		
	上风	山顶	下风
稳定风暴			
样本数	140	132	129
播云/非播云比	0.97	1.22	1.12
显著性水平	0.11	0.02	0.10
不稳定风暴			
样本数	194	190	187
播云/非播云比	1.38	1.57	1.58
显著性水平	0.06	0.01	0.10
不稳定"消散"风暴			
样本数	45	45	45
播云/非播云比	0.60	0.38	0.32
显著性水平	0.002	0.001	0.002

[a] 引自 Vardiman 和 Moore(1977)。项目包括 Bridger、科罗拉多河流域(San Juan Mts.)、Sierra 中部、Jemez 和金字塔湖项目。

Vardiman 和 Moore(1978)的三个重要结论如下所述:

1. 如果稳定地形云经过山顶,含水量中等,云顶温度在 $-30 \sim -10$ ℃,那么播云后山顶降水量增加了 18%。

2. 如果地形云具有一定的不稳定性,经过山顶,含水量中等偏高,云顶温度在 $-30 \sim -10$ ℃,那么播云后山顶降水量增加了 52%。

3. 如果地形云不稳定,呈现出消散轨迹,含水量低,云顶温度低于 -30 ℃,那么播云后山顶降水量减少了 54%。

正如 Vardiman 和 Moore(1978)所指出的那样,这些研究结果使人相信,决定冬季地形云播云可行性的气象条件相当宽泛。

冬季通过地形云播云的微物理效应可实现的降雪净增长取决于各种气象条件发生的频率及对全年积雪的贡献量。Elliott 等(1978b)基于 CRBPP 的事后分析进行了研究,结果表明,一个完美的播云计划可以使科罗拉多河上游流域部分地区的冬季降水增加 10%~12%。

但是,动力效应对地形云系可产生影响,这一可能性不能被排除,美国犹他州立大学等正在对此进行研究。到目前为止,大多数地形云播云增雪量上限为 15%,而动力效应可能是一种使增雪量超过这一上限的方法。

7.4.5　降雪的重新分布

Vardiman 和 Moore 多样化的研究结果说明,对任何被提出的目标区域都需要进行详细研究,尤其是针对目标问题。在预定的目标区域降雪是第 4 章中提到的重新分布问题的特例。

毫无疑问,在某些项目中确实存在降水的重新分布,当然也存在降水的绝对增加或降低(请注意表 7.2 中的"消散"情况)。在 CRBPP 试验中有证据表明,在地形云不稳定,出现消散情况的天数里,目标区域山顶降雪量减少,而在约 50 km 以外的下风谷处则有更多的降雪(Elliott et al.，1978b）。这个结果可以很好地体现出降雪的中尺度再分布。

华盛顿大学的研究人员已经探索了将积雪从西北太平洋地区山脉的上风向（西）斜坡向东坡转移的可能性（Hobbs，1975a，1975b；Hobbs and Radke，1975）。他们所进行的物理研究记录了晶体形状和冰晶凇附程度的变化（Hobbs and Radke，1975），但他们尚未尝试对该概念进行全面研究。

美国国家海洋和大气管理局（NOAA）的北美五大湖项目考虑使用类似的技术缓解暴风雪对布法罗、纽约以及北美五大湖背风岸其他城市的破坏作用（Weickmann，1974）。初步检验表明，该技术可降低凇附程度和雪花大小，从而减小雪花下落的速度。因此，在原则上，播云技术可将沿湖背风岸的暴风雪向内陆迁移至少 20～30 km，进而扩散开去。但这些试验并没有进行全面的演示就戛然而止了。

7.4.6　在澳大利亚进行的试验

30 年来，澳大利亚科学家一直在积极探索通过播云增加地形降水的可能性。这些试验的结果一度令人感到困惑。

20 世纪 50 年代和 60 年代初，一系列随机交叉试验的结果令人鼓舞，两年后的试验结果近乎具备显著性。然而，一旦试验时间延长到四至五年，播云与未播云降雨的比率却不断下降，且 p 值恶化（Smith，1967，1974）。

就此令人困惑的试验结果所给出的唯一假设是由 Bowen（1966）提出的。他假设存在一种后续效应，使播云和非播云天数之间的区别在一年或两年后变得模糊。此假设至少揭露了交叉设计中可能存在另一种缺陷。只要有存在任何后续效应的可能性，便需要增加未曾进行过播云的控制区。

Gabriel 等（1967）分析了来自以色列试验的数据，该试验也使用了随机交叉设计，但并未发现后续效应的证据。该结果并没有反驳因澳大利亚的试验条件不同而存在后续效应，但有助于保持在以色列和其他地方进行的随机化试验中所获取结果的可信度。

从 1964—1970 年的偶数年中，塔斯马尼亚州进行了一项新试验，其中使用了从未播云的控制区（Smith et al.，1971；Smith，1974）。在每个播云年份，试验结果相对一致。有证据表明，在可接受的 p 值下，该试验中秋季和冬季的降雨量增加了 15%～20%，这与早期澳大利亚试验的结果一致。夏季没有检测到明显的降雨量增加，这也与之前澳大利亚的结果一致。

7.4.7　地形增雨的有效技术摘要

各种模拟结果均体现了地形播云中成冰剂的重要性，这些成冰剂在尽可能接近 0 ℃ 的温度下有效，并且在 −20 ℃ 或更低的温度下不会生成大量的冰晶。在许多情况下，使用每小时排放 10～20 g AgI 的地面发生器进行播云是一种有效的方式。如前所述，通常应将发生器放置在目标区域上风 20～50 km 处的裸露地点，横穿盛行风的距离不超过 10～15 km，并且必须注意山脉本身的风扰动。

在一些情况下，使用飞机播撒催化剂是在迎风坡下部产生降水的唯一准确方法。通常选择与目标区域的上风边缘平行的飞行路线，并在飞机上开启低输出播云装置，从而在飞行高度留下圆柱状烟羽。人们自然而然地会选择在上风方足够远的地方进行播云，这样便能为 AgI 粒子或其他成冰剂扩散到所需浓度提供时间，并为生成的雪花在目标区发展、下落提供时间。因此需要仔细研究以判断最佳播云高度，同时要记住的是，初期阶段的冰核会随着上升气流上升,但是其生成的雪花在不断发展的同时下落速度会越来越快。数值模式将这些因素都考虑了进去,可为选择合适的播云位置进行估算。在风暴期间,山体上方或接近山体位置的飞行条件是很危险的,因此通常使用配备了导航辅助设备和除冰设备的双发动机飞机执行飞行。

如果播云位置在高山山顶附近或有严重结冰和湍流的情况出现,那么可能会避免在-15～-5 ℃这一常规位置附近进行云内飞行。在这种情况下,可从更高处投放焰弹或干冰。这一方法成本较高,因为针对层状云进行地形云播云惯用的方案是长时间连续播云。

在对流云带的条件下,在无遮挡地点使用发生器非常有效。此时的发生器放置位置不必像层状云条件下那样必须处在上风方尽可能远的地方。使用干冰或下投焰弹也是一种合理的方法,因为在特定位置,对流云带播云产生的影响通常最多持续 2 h。与使用的焰弹数量少但其 AgI 含量高相比,更可取的方法是使用 AgI 含量低的焰弹(5～10 克/个)。催化剂在对流泡中快速垂直扩散,生成的霰粒子具有较大末速度,这都与一些项目的观测结果相一致,即播云效果在飞机播云路径下风方仅 10 min 处对应的地面位置就开始显现。

7.5　对流云系增加降水[2]

第 4 章探讨了通过对流云播云来增加降水的物理概念,常用的方法是通过喷水、吸湿剂或制冰剂等来生成液态或固态的人工降水胚,以及对积云动力进行影响,主要是通过对过冷水进行人工冻结成冰而实现。

对流云降水的时空变化极大,因此很难评估对流云播云的试验和作业情况(表 6.1)。目标-控制的相关性通常较低,比如 0.4～0.6,因此对流云作业项目通常无法提供明显的证据来证明传统雨量计联网系统中的降雨增加了(Thom,1957b)。也正因如此,我们主要依靠随机化试验的结果来讨论促进对流云降水的可能性。

7.5.1　选择用于分析和研究的试验

对流云的试验产生了广泛的结果。一些科学家倾向于认为,表现结果的差异是随机变化引起的,并认为整体试验具有不确定性。

作者回顾了对流云随机化试验的相关文献,密切关注了用于播云的云的类型、播云方法以及观测计划的局限性。作者认为,表观结果的某些差异是真实存在的。一些项目提供了对流云播云增加降水的证据,而其他一些项目则提供了播云减少降水的证据。还有一些试验由于统计性设计欠佳、播云方法差、观测网不足或过早终止等原因,尚无确定的结论。

表 7.3 和表 7.4 分别展示了被挑选出的 8 个孤立云或云团播云项目的结果以及某一区域内所有 12 个对流云播云项目的结果。请注意,结果中排除了如下 7 种情况:

(1)非随机或部分随机的播云试验,其结果通常引用各种条件下的"成功百分比"(Orr et al.,1950)。

(2)随机化受到严重影响的项目。例如,1970—1971 年在罗德西亚州进行了一次区域播云试验,该试验事先设定工作周为播云期或非播云期,并且根据云的大小和外观仅分析适合进行播云的日期分析(McNaughton,1973b)(表 7.4 未列出该项目)。一些项目在随机化方面存在一些问题,如弗拉格斯塔夫项目所匹配的云、亚利桑那项目所匹配的日期。在这两种情况下,

---

2　第 7.5 节主要借鉴了一位美国国家海洋和大气管理局临时雇员汇编的材料(Dennis and Gagin,1977)。

表 7.3　孤立积云或云团随机化试验结果汇总

项目	年份	主要催化剂和输送技术	结果	p 值	参考文献
美国中部	1954	干冰，5 或 15 kg/km，在 0 ℃以上穿行	出现雷达回波的概率大	0.39	Braham 等(1957)
加勒比海	1954	向云中喷水(1 m³/km)	(a)出现雷达回波的频率更高	0.02	Braham 等(1957)
			(b)第一个回波出现的时间减少	0.01	Braham 等(1957)
澳大利亚	1962—1965	AgI-NaI-丙酮，每块云 0.2 或 20 g，上升气流中	若云顶温度低于 −10 ℃，应用 20 g，则云底降雨增多	0.02	Bethwaite 等(1966)；Smith(1967)
Sierra 积云(成对播云)	1966—1968	干冰，AgI 焰剂，上升气流中	增大降水到达地面的可能性	0.001	Panel(1973)
弗拉格斯塔夫，亚利桑那州	1967	AgI-NaI(?)-丙酮，每块云 120 或 240 g，上升气流中	(a)雷达顶高度增加	0.04	Weinstein 和 MacCready(1969)
			(b)阵雨持续时间增加了 10 min	0.08	
			(c)雷达估算的降雨增加	0.19	
罗德西亚	1968—1969	AgI-NaI 溶液，0.5 kg·h⁻¹，海平面以上 4 km(大约 −6 ℃高)的云中上升气流区	(a)云底降雨增加	<0.01	McNaughton(1973a)
			(b)阵雨持续时间增加	<0.01	
佛罗里达州	1968,1970	AgI 焰剂，大约每块云 20～50 g，云顶	(a)云高增加	0.01	Panel(1973)
			(b)雷达估算的降雨增加	0.005	
Cloud Catcher	1969—1970	盐，约 50 kg，或者 AgI 焰剂 1～6120 g，云底下方上升气流中(随机选择，1/3 情况未播云)	(a)雷达回波更接近云底	0.01	Dennis 和 Koscielski(1972)
			(b)AgI 播云中回波顶增加	0.10	
			(c)雷达估算的降雨增加	0.06(盐粉) 0.01(AgI)	Dennis 等(1975a)
罗德西亚	1973—1975	AgI 焰剂，云顶下方约 250 m 处上升气流中	(a)若云顶温度大于 −10 ℃，则没有产生效应 (b)若云顶温度小于 −10 ℃，则降雨增加	—　0.07[a]	McNaughton(1977)
乌克兰	1973—	丙酮中混 AgI-NH$_4$I,500 g·h⁻¹，上升气流中	1975 年的雷达数据表明，降雨量的增加高于回归方程式的预测值	0.05	Buikov 等(1976)

[a] 最佳结果指的是测量播云 50 min 后开始的降水。

表 7.4　从随机化试验得出的固定区域对流云 AgI 播云对降雨的影响

项目	年份	主要催化剂和输送技术	表观净结果	p 值	参考文献
墨西哥拿加沙	1956—1968	地面发生器播撒。电弧和串发生器，每个约 5 g·h⁻¹	重新分布降雨（目标区更多，控制区更少）	0.001	Perez Siliceo(1970)；Panel (1973)
亚利桑那 I	1957—1960	上风方云-6 ℃附近播撒，AgI-NaI-丙酮发生器，约 1 kg·h⁻¹	减少 30%	0.30	Battan 和 Kassander (1967)
亚利桑那 II	1961,1962,1964	上风方云底附近播撒，AgI-NaI-丙酮发生器，约 1 kg·h⁻¹	减少 30%	0.16	
白顶	1960—1964	上风方云底附近播撒，AgI-NaI-丙酮发生器，约 2700 g·h⁻¹	大量减少	<0.01	Decker 和 Schickedanz (1967) (Missouri plume, seed versus no-seed)
以色列 I	1961—1967	上风方云底稍微以下播撒，丙酮发生器	季降水增加 15%	0.02	Gagin 和 Neuman(1974)
以色列 II	1969—1975	上风方云底稍微以下播撒，丙酮发生器	季降水增加 13%	0.02	Gagin 和 Neuman(1976)
Climax III	1966—1969	地面播撒，四个 AgIK-NaI-丙酮发生器，每个 15 g·h⁻¹	可能降低	0.26	Grant 等 (1974)
Climax IV	1970,1972			0.32	
Rapid	1966—1968	上升气流播云，AgI-NaI-丙酮发生器，0.5~1 kg·h⁻¹	$R_s > R_{ns}$ 天数超过预计的随机天数	西南气流　西北气流 降雨天数　0.01　0.09 风暴天数　0.35　0.61 所有天数　0.02　0.17	Chang(1976)
NDPP I	1969—1970	上升气流播云，AgI-NaI-丙酮发生器，300~600 g·h⁻¹	增加 2%	0.67	Dennis 等 (1975b)
NDPP II	1971—1972	上升气流播云，AgI-NH₄I-丙酮发生器，300~600 g·h⁻¹	增加约 70%	0.12	Dennis 等 (1975b)
FACE I	1970—1975 (间歇性)	向云塔中注入焰剂，每块云约 1 kg	减少 6%	0.40	Woodley 等 (1976)

当选择检验个例时,需预先了解它们是播云个例还是非播云个例。将这两个项目纳入研究范围是因为试验人员显然已经在试图避免出现偏差,并且在美国西南干旱地区,也没有其他数据可用于对流云随机播云的研究。

(3)项目随机化运行设备,但是其操作方式与通常的播云方式大不相同,并且没有对统计学分析的表观结果进行物理解释。该类型试验包括一个著名的印度试验,在该试验中用地面鼓风机释放出少量粉尘盐,在大面积范围内,播云日的降雨量超过了非播云日的降雨量(Biswas et al.,1976;Panel,1973)。

(4)项目的主要目标是检验有关抑制冰雹或闪电的假设,而不是促进降雨。

(5)在嵌有对流云的地形云或与大风暴相关的大范围层状云中进行的试验。

(6)即便在随机化的情况下,仍然存在有力证据表明,播云样本和非播云样本之间有着不可控的巨大自然差异。例如,Gelhaus 等(1974)在南达科他州的一个随机试验项目中,发现了自然差异的证据,这显然生成了第一类统计误差。密苏里州著名的白顶项目中也存在可能出现第一类误差的证据(Lovasich et al.,1971),但主要研究人员对此观点提出了质疑。表 7.4 中也包含了白顶项目。

(7)就可能产生的第一类误差未经充分分析的试验。对于仅根据地面降雨和使用单一区域设计进行评估的短期试验而言,这一点尤其重要。例如,20 世纪 50 年代在东非进行的一些试验(Davies,1954)。

表 7.3 和表 7.4 中所引用的 p 值是根据初始设计最具代表性的试验结果。表中列出的结果并不能完全涵盖有关项目的数据,但是在下面的讨论中考虑到了用于信息提取的完整报告。

7.5.2　孤立云的播云效果

人们普遍认为,喷水或吸湿剂播云有时会因并合作用而加速降雨的形成,播撒冰核可将过冷水变成冰晶,随后,冰晶可能发展为霰或雪花。霰和雪花通常在掉落到地面的过程中融化。这些变化是否会导致云降雨的净增加,取决于该云团是否会产生自然降水以及产生自然降水的效率(也许在不久之后)。

表 7.3 表明,仅通过微物理作用增加降水的最有利条件存在于最大的对流云中,这些对流云无法通过碰并或贝吉龙过程有效地降水,但对播云有响应。最佳选择似乎是云底温度较低(<10 ℃)且云顶温度为 $-30 \sim -10$ ℃的对流云。试验人员获得了最明确的试验结果,他们精心选择了目标云,并分别用干冰或 AgI 进行播云。AgI 的数量并不是关键因素,只要超过每块云 5 或 10 g 的阈值即可。澳大利亚的试验表明,每块云的 AgI 消耗量为 20 g 时可检测到播云效果,而每块云的消耗量为 0.2 g 时则检测不到播云效果(表 7.3)。

对流云播云,尤其是引入冰晶播云,总是会涉及动力和微物理效果,这表明降雨量大幅增加的可能性。最常见的动力效应是提升云顶高度。我们已经提供了一个随机化试验的例子(图 6.6),其证据表明,AgI 播云确实可以使一些积云的高度高于未经播云时的高度(Simpson et al.,1967)。在亚利桑那州的弗拉格斯塔夫、佛罗里达州和南达科他州,云高增长量的发现及初步确定是在随机化实验云模式的协助下完成的(表 7.3)。

人们普遍认为,要产生动力效应就需要"大规模播云"(Panel,1973;WMO Statement,1976),但就此观点存在大量反证。一方面,应该再次指出的是,在"雷霆风暴"项目的动力播云试验中使用的 Alecto 装置效率极低。如果播云装置合适,那么仅用上述试验中占比极少的 AgI 即可达到相同的效果。在弗拉格斯塔夫,每块云播撒低至 120 g AgI 就产生了明显的动力效应(Weinstein and MacCready，1969)。后来，Dennis 等(1975a)提出，有初步证据表明，由于在云底下方的上升气流中燃烧了 120～720 g AgI 焰剂，对流云复合体雷达回波的最大高度平均增加了 600 m。Kraus 和 Squires(1947)在澳大利亚进行的非随机试验中，以及 1963 年在宾夕法尼亚州(Davis and Hosler，1967)进行的项目中，均观察到干冰播云后的"爆发性"生长。

最近，St.-Amand 和 Elliott(1972)、Dennis 等(1976)指出，需将上升气流速度的增加作为 AgI 播云的另一个可预测的并具有潜在重要性的动力结果。其他作者也谈到了由人工降水引起的下沉气流，这可能便是播云与云动力学之间的关联。也许是因为在一维云模式中无法很好地处理这种可能性，因此尚未对此进行广泛研究。

云高的增加或上升/下沉气流速度的增加和降水的增加并不是一件事。增加降水量的重要问题是，上述云高/上升气流速度/下沉气流速度的增加能否进一步增加穿过云底的水体通量。除非水体通量增加，否则净降水增加的可能性很小。

尽管有报告说飞机进行冰晶播云后，云塔从主要的云团中升起并与之剥离，但报告的总体观点是，播云导致现有的云和阵雨碰并和组织化。这可能会影响云下层，并且还可以维持阵雨的内部结构，使其不与干燥的环境空气混合。表 7.3 中的数据表明，通过对孤立云播云以获得动力效应，使阵雨持续时间、雷达回波水平范围以及云底总降雨量均得以增加，一些试验的 p 值也是令人满意的。毫无疑问，人工引晶播云对对流云是有效的，其体现便是对流云尺度的增加以及降水量的增加。

7.5.3　对区域降雨的影响

由于单个对流云的播云而导致的降雨增加不一定代表净降雨增加。一块云的降雨增加有可能是由另一块云的降雨减少作为补偿。因此，必须考虑试验期间固定目标区域的总降雨量，以评估净效果。

尝试通过吸湿剂播云来改变区域降水量的做法，在东非至少可以追溯到 1952 年(Alusa，1974)，在巴基斯坦至少可追溯到 1954 年(Fournier d'Albe，1957)。从 1972 年左右开始，泰国就开始在较为广泛的范围内开展作业项目。尽管如此，大多数科学家对结果仍持怀疑态度，部分原因是极大的后勤保障问题，包括需要运送足够多的吸湿性粒子(如每次 10^{-9} g)来影响大面积的降雨形成过程。

Biswas 等(1967)从印度的随机项目中得出的显著统计结果没有被普遍接受，原因在于缺乏可靠的物理模型将盐的释放量与明显的降雨增加量关联起来(Panel，1973；Warner，1974)。印度后来进行的项目不符合统计学意义(Kapoor et al.，1976)，因此也没有很好地解释这些不确定性。

大多数文献记载的关于区域对流云试验都涉及冰晶播云。尽管干冰是一种很有前景的成冰剂，但迄今为止，大多数进行区域试验的试验人员都选择使用 AgI 发生器。表 7.4 中显示的所有 12 个项目都是 AgI 播云。由于播云方法各异，并且结果各不相同，因此在进行总结之前，我们将以个体试验为基础，分别简要讨论一些试验。

墨西哥。世界上持续时间最长的随机播云项目是墨西哥光与电力公司(Mexican Light and Power Company)于 1956 年在拿加沙流域启动的项目，此前在同一地区进行了数年的非随机播云。在项目中使用了 AgI 消耗量为 5 g·h^{-1} 的地面发生器，并且直到 1968 年，在同一区域内一直都保留着地面发生器网络(Perez Siliceo，1967，1970；Panel，1973)。一些发生器通过电弧蒸发 AgI 粉末,很可能生成纯 AgI 粒子。

　　Perez Siliceo(1970)对随机踪迹的分析表明,播云日控制区内出现了降雨抑制作用,非播云日目标区内出现了持续效应。分析结果随天气条件不同而变化。Perez Siliceo 提到,在 13 年的随机化试验中,降雨重新分布的显著性水平为 0.001。拿加沙项目的结论是,从地面播撒的 AgI 有时会影响山脉上空的对流云降雨,这种影响也可扩散到控制区,即便控制区位于目标区上风方向。

　　瑞士。有一个有趣的试验结果并未被写入表 7.4,该试验是在南阿尔卑斯山附近开展的防雹试验(Grossversuch Ⅲ)。在目标区域内部及其周围,发生器每小时消耗 20 g AgI。有证据表明,低层逆温捕获地面附近的 AgI 粒子,直到对流活动爆发,对流活动很可能将 AgI 粒子带到过冷云区,于是降雨增加(Neyman and Scott,1967b)。

　　以色列。在表 7.4 中列出的所有试验中,只有以色列和墨西哥的试验提供了明确且具有统计学意义的证据,表明在预先指定的目标区域内,净降雨的增加持续数年(图 7.5)。在以色列的试验中,从飞机上播撒 AgI 冰晶,该飞机在海拔 1500 m 的目标区域上风约 50 km 处飞行。云底通常在＋10 ℃附近,也会在 2 km 附近。AgI 播云的正面响应体现在季节性降水平均增加 13%～15%,其原因在于经播云催化的云团(中等大小的冬季积云,液滴浓度较高)通过贝吉龙过程形成降水,但该云团本身缺乏天然冰核(Gagin and Neuman,1974;1976)。云的形成和加强发生在地形屏障之上,这一事实可能有助于降水在统计学意义上的稳定性,因此有助于确立试验结果的统计学意义。以色列的方案现已成为人工影响天气的作业基础。

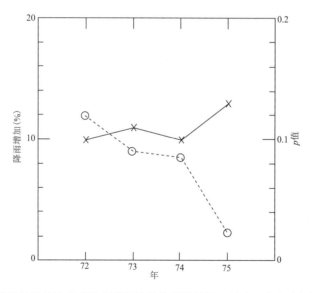

图 7.5　最后四年每年结束时以色列 Ⅱ 试验的累积结果。通过双比率法与控制区比较,
确定了北部试验区的降雨增加量(－－×－－)。p 值(－－－)来自蒙特卡洛(重新随机化)检验

　　亚利桑那。亚利桑那大学(亚利桑那 Ⅰ 和 Ⅱ)的试验源自以下观察结果:美国西南部许多过冷对流云未能产生降水(Battan and Braham,1956)。该观察结果提示了人工冰核的作用,可用飞机在上风方向播撒人工冰核。但是,在 1300 和 1800 MST(山区标准时间)之间,播云日的日降雨量少于非播云日的日降雨量。Battan(1966)、Battan 和 Kassander(1967)均认为此结果尚不确定。

Neyman 等(1972)的分析提供了其他证据,证明在亚利桑那州进行的试验中,播云对降雨有净负影响,本文作者认为这个证据是令人信服的。对于亚利桑那Ⅰ和Ⅱ试验,播云日降雨量与非播云日降雨量之比始终小于 1。根据 850 hPa 的温度-露点分布估计,从低云底到中云底再到高云底,比率数据从 0.81 降低到 0.55,再到 0.45。该比率的下降与某种过量播云的假设相吻合,即播云产生了较小的雨滴,并加剧了云底以下的蒸发损失。

密苏里州(白顶试验)。白顶试验也涉及到了在目标区域上风方向用飞机上的丙酮发生器播撒 AgI(表 7.4)。

白顶试验可能是美国有史以来分析最为广泛的播云项目。但是,许多关于此项目的已发表论文只是重申了之前的观点。最新的一篇论文是 Braham(1979),其后多个权威人士都对此发表了相关评论。这篇论文及其评论可作为白顶试验相关文献的指南,也可作为有关白顶试验结果(令人失望的)主要论点的指南。

可能我们的表述过于简化,我们所注意到的是,主要研究人员及其统计顾问提供了某些天降雨增加的证据和其他天数降雨大量减少的证据。特别是,通过对烟羽播云区与非烟羽区域的内部条件进行比较,结果表明,在西风和云顶低于 13 km 的天气条件里,播云可能会增加降雨量,而在南风和/或云顶高于 13 km 的天气条件里,播云可能会导致降雨量大大减少。有证据表明,雷达回波在播云线的下风处更多(Panel,1966),但是在播云数小时之后,总的回波面积在播云日要比在非播云日少得多(Braham et al.,1971)。

Neyman 及其同事代表了关于白顶试验的另一主要思想流派。曾经,他们认为白顶试验提供的证据表明,在各个方向延伸 200 km 左右的区域,降雨都在减少。后来,他们对这一表观结果的有效性提出了严重的保留意见,并考虑了第一类错误的可能性(Lovasich et al.,1971)。到目前为止,他们的保留意见仍未消除(Neyman,1979)。

显然,亚利桑那州试验和白顶试验都没有产生明显的降雨增加,也可能没有产生净减少。为何亚利桑那Ⅰ、亚利桑那Ⅱ以及白顶试验未能实现降雨增加? 解释起来可以从完全缺乏播云效果讲到过量播云。但是雷达回波的明显变化及播云日和非播云日降雨迹象的观测差异排除了完全缺乏播云效果的可能性(Battan,1967)。

白顶试验收集的云物理数据显示,在 −10 ℃ 附近含有大液滴的云团通过并合及相当多的自然冻结过程而形成降雨(Braham,1964)。有时将这种情况作为缺乏正效果的原因而列出,但随后人们很难解释佛罗里达孤立云试验中所取得的成功(表 7.3)。

本文作者认为,播云发生器和播云方法是亚利桑那Ⅰ和亚利桑那Ⅱ以及白顶试验降雨明显减少的可能原因。AgI 的消耗率非常大(表 7.4)。发生器中的 AgI-NaI 溶液必然生成带有吸湿成分的大粒子。据推测,这些大粒子在从云底升起的过程中被润湿,在高于 −12 ℃ 的温度下作为冰核是无效的,但在 −25～−20 ℃ 的温度下却非常有效(第 5 章)。就此论点,Battan(1967)的观测很重要,即如果云顶温度在 −42～−18 ℃,则在亚利桑那州播云比非播云更有可能产生雷达回波。如果云顶温度达不到此条件,则上述雷达回波情况不会出现。我们猜测,在云顶存在过量播云的情况,那么在温度稍低于 0 ℃ 时便不存在任何对微物理或动力效应进行补偿的机会。

亚利桑那州和白顶试验的大多数 AgI 必然被带入最大的成熟风暴之中,它们是随着播种气块被卷入其中的。这与孤立云试验的结果相反,因为孤立云试验的结果表明,中等大小云的播云效果最好。当所有云均为中等规模或较小规模时,白顶试验中某些天的降雨量增加。这一发现真是令人好奇。

科罗拉多州。1966 年,在科罗拉多州的 Climax 附近开始了另一项结果不确定的播云试验(Grant et al.,1972;1974)。播云未能对降雨产生任何重大影响的可能原因(表 7.4)包括在发生器中使用 AgI-NaI 溶液、使用的数量过少以及项目的统计设计薄弱。

南达科他州。南达科他州西部的拉皮德项目于 1966 年开始,经过前几年在同一地区的初步试验后,该项目采用了随机交叉设计。针对发生阵雨事件的主要方向设置了两对目标区域。该项目将 AgI 作为主要催化剂,AgI 通过机载丙酮发生器输送到云底以下的上升气流中。给发生器充以 AgI-NaI 溶液,AgI 消耗速率为 300 g · h^{-1}。同时还通过在云层顶部播撒干冰和在地面上用异丙胺发生器播撒 AgI 对上述方法加以补充。该项目综述见专家小组报告(Panel,1973)。

通过飞机对拉皮德项目的云物理进行研究,其结果表明,极少有被 AgI 污染的交叉目标区,对于未经播云作业的积云,其上升气流在 $-10 \sim -5$ ℃时几乎无冰;而对于播云后的积云,其上升气流在 -10 ℃附近会有更多的冰晶和雪花(Dennis and Miller,1977)。这是美国第一个随机项目,通过在预定的天数内播撒对流云来实现固定目标区域的降雨增加。在工作计划中客观定义的降雨日里,北部目标区域的降雨量在北部播云日比南部播云日大,而南部目标区域的降雨量在南部播云日比北部播云日大。在风暴天,结果有好有坏(Dennis and Koscielski,1969;Simpson and Dennis,1974)。

Chang(1976)随后分别计算了播云目标区和非播云目标区的平均日降雨量($\overline{R_s}$ 和 $\overline{R_{ns}}$),并使用置换法检验了以下假设:$\overline{R_s} > \overline{R_{ns}}$ 的天数不受播云作业随机分配的影响。与 Dennis 和 Koscielski(1969)的分析相比,Chang 的分析实际上更符合播云假说的原始说法,因此表 7.4 中包含了 Chang 的分析结果,而不是 Dennis 和 Koscielski(1969)的分析结果。两组结果之间没有冲突。Chang 发现,在降雨日,播云目标区比非播云目标区更易于降雨,而且在所有西南气流日(表 7.4)取得很好的效果(p 值 = 0.02)。

美国北达科他州。有两个项目专门用来测试播云对区域降雨的动力效应,分别是佛罗里达地区积云试验(FACE)和美国北达科他州试点项目(North Dakota Pilot Projett,NDPP)及二期项目(NDPP Ⅱ)。

NDPP 完全依赖飞机从云底下方播云,以试图增加降水并抑制冰雹。1969—1970 年,在发展的云层下的新上升气流区进行了播云,并使用了装有 AgI-NaI 溶液的发生器。没有证据表明播云对平均降雨量有影响。该项目的第二阶段为 1971—1972 年(NDPP Ⅱ),项目中使用装有 AgI-NH$_4$I 溶液的丙酮发生器进行播云。该项目提供了降雨大量增加的初步证据,但试验结果在 10% 的水平上没有统计学意义(表 7.4)。

用云模式分析现场无线电探空测风仪数据,可知在一些日子里播云促使云高增加,此事后分析具有统计学意义。在这些日子里,播云日的日降水量比非播云日的日降水量多三倍或更多,降水的显著增加部分归因于各个雨量器降雨频率的增加(p 值 = 0.04),也部分归因于降雨强度的增加(p 值 = 0.02)(Dennis et al.,1975b)。迄今为止,对播云和非播云日降水差异可能的自然原因开展了许多研究(图 7.6),但都未能提供除播云以外的任何解释。

人工影响天气咨询委员会(1978)的统计工作小组指出,NDPP 分析中使用相对较多的分层和统计测试涉及多重性陷阱(第 6 章),因此在得出最终结果之前应进行进一步的试验。

佛罗里达州。佛罗里达地区积云试验(FACE)是基于 1968 年和 1970 年同一地区孤立云试验的成功。FACE 试验始于 1971 年,断断续续持续到 1976 年。作业天数仅限于不受干扰的天数,即当一维云模式预测出 AgI 播云的动力响应时。通过下投 50 g 焰弹,AgI 被送到 -10 ℃附近正在发展的云中,通常每块云多达 20 个焰弹。

FACE 试验的播云者有意识地激发云动力效应,以促进云底之下气流的流入以及云的合并(第 4 章)。

根据许多雨量计记录校准的雷达数据,估算了目标区域的降雨。每年用于分析结果的统计方法有所不同,因此,FACE I 应该被视为探索性的试验,而不是验证性的试验。无论如何,到 1975 年,总目标区域的净结果尚无定论(Woodley et al. , 1976;Biondinier et al. , 1977)。目标区域在回波移动的日子里(行进日)可能会有降水增加的情况,但没有证据表明回波定常的日子里产生了净效果。

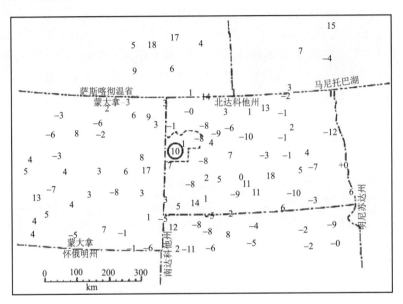

图 7.6　"大面积"分析的结果,旨在寻找美国北达科他州试点项目降雨不受控制的背景变化
图中的数字是各雨量计的威尔科克森测试统计数据(按十分位绘制),比较了"动力可播性"分层中播云日和非播云日的日降雨量。区域平均值为 0.16,标准偏差为 0.70。目标区域(虚线边界)中的粗体数字 10 是在该区域 67 个雨量计的测试统计平均值。在目标区域内及其上风方向播云日的降雨正异常似乎并不属于任何大尺度模式(Dennis et al. ,1975b)

1975 年 8 月,FACE 播云者转而使用美国海军武器中心开发的仿照 TB-1 的焰剂,此前进行的风洞试验表明,以前使用的焰剂在 -5 ℃附近几乎没有活化的冰核(Sax et al. , 1977a)。Sax(1976)指出,监测因播云引起的冰浓度变化是比较困难的,但是 Sax 等 (1977b)提出的证据表明,1976 年播云冻结成冰比前几年更为明显。1975 年末和 1976 年的雷达数据还显示,播云日的日降雨量多于非播云日的日降雨量(Woodley et al. , 1977)。不幸的是,有充分的证据表明,这种情况覆盖了佛罗里达州南部大部分区域,而不仅是目标区域,因此必须保留对 FACE 第二阶段的判断(Nickerson and Brier,1979)。

7.5.4　对展现出明显效果的技术进行总结

关于播云对对流云降水影响的一些问题,可通过进一步的研究加以解决。为了方便读者,

此处总结了最新技术水平,虽然未来几年可能需要对此进行修改。该总结主要基于上面提到的随机化试验的结果,也包括对作业方案的评估(Pellett et al.,1977)、模拟结果以及与多个国家的气象学家和播云飞行员进行的讨论。

为增加降水而对非常深厚的对流云进行播云,但尚未显示出成功的迹象,因此不再普遍采用此方法。最有利的播云对象是云顶温度为−30~−10 ℃的云。此时可以采用的最佳方式是,在正在生长的云层中播云(图 7.7),包括在已发生降雨的周围生成新云塔,在云顶处于此温度范围内时使用成冰剂进行播云,并且远离成熟的云。通过微物理和动力效应的组合(尽管对此还没有明确说明),该方法在某些临界情况下使浓积云转变为积雨云,从而产生大量降雨。

内卡萨项目和 Grossversuch Ⅲ 都表明,地面发生器会影响山脉上方和附近的对流性降雨。毫无疑问,平坦地形上的发生器有时也可以用来有效地播云,但是位置选择问题很重要。

图 7.7　经验丰富的播云者认为过冷、正在发展的积云塔适合于冰晶播云。这些云塔在右侧不可见的旧云的侧面生长

与以色列的冬季情况一样,从飞机上播撒催化剂的做法适合处理大量中等大小的积云或带状积云,但尚未证明此种方法对大的对流云有效。要优化强对流播云效果,就需要针对较小但正处于发展中的云塔进行更具体的定位,并需要做出相当快的播云响应。上升气流播云在许多情况下都是有效的,可能需要地面控制器使用天气雷达观测进行引导,以克服不可见的局限性。

从作业的角度来看,使用干冰或 AgI 焰弹从上方播云可能是更可取的方法,但表 7.3 和表 7.4 的数据没有显示出云顶播云优于上升气流播云。在直接喷射的情况下,迫切需要分散的冰晶源。如第 5 章所述,用 10 个焰弹播云适合于中等大小的积云塔,但是对不断增长的雷暴进行播云时,最多可以使用 50 个焰弹。

避免云顶可能出现过量播撒,这似乎是谨慎的做法。在第 5 章中,我们已经提到过对 AgI 发生器的需求,这些发生器可在−5 ℃附近产生有效的粒子,但不会在−20 ℃或更低温度下产生许多有效的小粒子。

　　所列出的建议应为可证明的成功项目提供最大的机会。但是,做出决定,继续实施增加对流云降水的作业计划是具有一定风险的。这些计划不像那些利用地形云系进行人工降水的计划那样可靠。每一项计划都必须根据当地的云气候学进行开发,并且应在开始阶段就被视为是一项试验。正如以色列的案例那样,可以期待有更多成功的试验转化为作业计划,这些计划对指定目标区域的降水可产生重大影响。

7.6　大范围效应

　　在第 4 章中,我们注意到了许多微物理和动力机制,利用这些机制进行播云,可引发距催化剂释放位置很远处的云和降水发生变化。

　　在距人工影响天气项目地点很远的地方,存在人工影响天气的概念模型,这导致许多研究人员就人工影响天气项目目标区域以外的降雨模式进行研究,以寻找远距离效应。这些研究曾经集中在目标区的下风区域,人们称其为下风效应。但是人们逐渐认识到,在输送催化剂或播云生成的冰晶这个功能上,动力效应与微物理效应同样重要,因此,效应研究也朝其他方向进行了扩展。今天,人们通常谈论的是大范围效应而不是下风效应。

　　1948 年,Langmuir 提出假设,使用 AgI 发生器播云可能会影响数千千米外的大气条件。随后,他进行了试验,在美国新墨西哥州每 7 天使用一次 AgI 发生器进行播云,并在整个美国东部搜寻该试验对降雨模式的影响(Langmuir,1950,1953)。尽管在一段时间内俄亥俄山谷的降雨模式出现了 7 天的周期性,但是大多数气象学家拒绝接受 Langmuir 的假设,即俄亥俄山谷降雨模式的周期性是由美国新墨西哥州发生器运行的 7 天周期所引发的。

　　许多学者发表了论文,指出在主要目标区域 100～200 km 以外有播云影响的证据(Adderley,1968;Neyman et al.,1973)。这些分析中的大多数(如果不是全部)都存在以下缺陷:事先没有任何假说可用于预测将在何处观测到播云影响。如果我们在足够大的范围内寻找,几乎可以肯定的是,我们总会找到一些降雨或冰雹数据,这些数据便能体现出播云项目(恰恰是正在研究中的项目)的影响。这正是多重性陷阱的另一个例子。因此,本文作者不愿接受已提出的上述统计证据,仅将此视为具有提示性的数据材料以及为未来试验提出特定假说的指导性材料。

　　我们注意到在加利福尼亚州进行的一项随机化试验,这可能是上述规则的一个例外情况。该试验旨在研究相对较长距离的播云影响(Brown et al.,1976)。试验数据表明,降雨不仅出现在目标区域,而且出现在下风区以及穿过目标区域的平均风矢量右侧。

　　Brown 等将降雨增加归因于冬季风暴中对流云带的动力刺激,并认为对流云带可以在播云后几个小时内保持这一经人工刺激后的强度。Brown 等提出的降雨影响与普遍认知相反,即目标区域的降水必然伴随着对下风区的降水抑制效应。

　　在牢记上述注意事项的同时,我们将已有的大范围效应证据汇集成表格,这仍然是一件有趣的工作。我们所完成的表格即表 7.5,其中的证据来自许多不同的参考资料。表 7.5 说明,播云的影响有时的确会在很远的地方出现,此外,播云的影响既包括降雨增加,也包括降雨减少。

表 7.5　从外场试验收集的大范围效应证据

项目	对降雨的影响		参考文献
	目标区内部	目标区外部	
Grossversuch Ⅲ	增加	增加	Neyman 和 Scott(1974)
澳大利亚维多利亚州	增加	增加	Adderley(1968)
亚利桑那 Ⅰ 和亚利桑那 Ⅱ	减少	减少	Neyman 和 Osborn(1971)
以色列	增加	增加	Brier 等(1974)

　　一些播云项目在目标区域内已显示出降水增加的证据,那么在目标区域外也显示出了降水的增加。这一总体趋势已经被注意到了。类似的,对于在目标区域内降水减少的播云项目,在目标区域外也会出现降水的减少(表 7.5)。例如,Brier 等(1974)指出,在以色列播云项目目标区的下风方出现了降雨的增加,Neyman 和 Osborn(1971)提及的是在亚利桑那 Ⅰ 和亚利桑那 Ⅱ 试验中,在下风方和下风方右侧出现了降雨抑制效应。

7.7　天气尺度云系增加降水

　　尽管到目前为止已经积累了一些播云大面积效应的证据,但播云是否可以增加大范围风暴系统的总降水量,比如美国东部地区锋面气旋的总降水量,这一点还尚无定论。

　　计算与此类风暴相关的大范围云盖的降水效率,可知其降水效率较高。如果确实如此,增加总降水量的唯一途径就是通过动力效应。

　　在 20 世纪 50 年代对天气尺度系统进行了两次雄心勃勃的随机化试验。试验之一就是 SCUD 项目,该试验旨在确定播云是否会对美国东海岸附近正处于发展之中的锋面气旋的加深速率产生影响(Spar,1957;Wells and Wells,1967)。另一次试验在西北太平洋地区进行,称为气象局人工云核化(ACN)项目(Hall,1957;Neyman and Scott,1967c)。

　　SCUD 项目没有提供任何因播云引发动力效应或降水变化的证据。该项目仅运行了两年,这大概就是 Neyman 和 Scott 估算出的所需时长,他们认为通过该项目的各项预测值而检测到 40% 的降水增加需要两年的时间(表 6.1)。

　　ACN 项目中,作业人员将干冰投入到大范围过冷云系中。建立了三组可变但客观定义的目标区域,分别称为目标区域 Ⅰ、目标区域 Ⅱ 和目标区域 Ⅲ(Hall,1957)。美国气象局的分析将 ACN 项目认定为结果不确定,Hall 的报告则强调指出,想要获得确定性的结果需要进行长期的试验(该项目仅运行了两个冬天)。但是,Neyman 和 Scott(1967b)计算出目标区域 Ⅲ 结果的双尾显著性水平为 0.079(表明降雨增加了 109%),并将 ACN 项目列为截止到 1965 年美国唯一能就播云引发降水增加提供显著性证据的随机项目。

　　SCUD 项目和 ACN 项目都没有任何关于播云方法如何影响假定结果的数值模型。关于人工影响天气尺度系统的最新理论研究已经讨论了动力效应的可能性,但是到目前为止,还没有人提出令人信服的概念模型来解释大尺度变化是如何生成的。因此,我们得出的结论是,现有技术没有提供任何方法来通过人工影响锋面波动性气旋或其他天气尺度系统增加总降水量。

　　刚刚得出的结论并不意味着无法通过人工影响与此类天气系统相关的云来增加局部降水。实际上,前两个小节中讨论过许多的地形云和对流云都是通过天气尺度系统而形成的,正如我们所看到的那样,其中一些系统易受播云的影响,可增加几千平方千米目标区域的降水。

7.8　无意识人工影响降水

在讨论现有技术时,谈到无意识人工影响天气,这可能很奇怪,因为几乎不会存在可造成无意的或并不想要的影响技术。但是,在这里我们还是可以对现有的有关无意识人工影响天气的知识进行总结。

在预期目标区域之外产生的作业影响(7.5 节)显然就是一种无意识人工影响天气,当然还有很多其他种类的无意识人工影响天气。任何改变大气状况的物理过程都可造成无意识人工影响天气。第 4 章中描述的通过有意手段进行人工影响天气的所有概念,例如影响云凝结核(CCN)或冰核(IN)谱,都适用于无意识人工影响天气。关于无意识人工影响天气的完整讨论涵盖如下可能性:因高空飞行的超音速飞机而对臭氧层产生人工影响,以及因使用喷雾剂而释放碳氟化合物。Barrett(1975)的一篇关于无意识人工影响天气的文献综述列出了 375 篇参考文献。但是,我们在本章节中仅关注无意识人工影响天气中云和降水过程的变化。

Dessens(1960)指出,非洲大面积的森林和草原火灾可能与附近积雨云的发展相关。Warner(1968)试图将澳大利亚昆士兰州局部降雨的减少与焚烧甘蔗地残根联系起来。Dessens 考虑的是补偿加热效应,Warner 则认为最重要的因素是大气中额外增加的颗粒物质。Warner 后来对降雨量进行统计分析,认为无法确定甘蔗地的焚烧是否对降雨有影响(Warner,1971)。

一个世纪甚至更长时间以来,大城市可以改变当地天气条件这一认知在欧洲已为人们所接受,但是在北美却没有。北美的反转出现在发生了若干有趣的异常情况之后,这些异常均与工业园区和其他城市地区相关(Changnon,1968)。随后,以圣路易斯及其周围地区为研究区域,美国于 20 世纪 60 年代开始了城市对气候影响的综合研究。这项名为 METROMEX(大城市气象试验)的项目历时数年,通过雷达、装备了仪器的飞机和其他手段研究圣路易斯地区的云、降水和其他天气要素。在许多技术报告和科学会议的论文中都谈及了该项目的结果。其中非常有价值的评论来自 Braham(1976)。

目前,METROMEX 中所记录的城市对天气的影响已为大气科学家普遍接受,包括城市下风降雨增加(Huff and Vogel,1977)、城市上空和下风方雷暴和冰雹发生频率的增加以及城市内及附近夜间温度的增加。

对于观测到的云和降水变化,科学家们需要探究其原因。他们认为,烟雾和其他人造气溶胶粒子发挥了人工云凝结核(CCN)或冰核(IN)的作用(Fitzgerald and Spyers-Duran,1973)。他们还考虑到了城市和乡村蒸散量的差异、城市与其建筑物较高的表面粗糙度所引起的行星边界层混合特性的变化(Kropfli and Kohn,1977),以及与树木或草原相比,城市路面和建筑物辐射特性的差异。Changnon 等(1976)提出假设,认为观测到的变化是由这些因素组合起来而引发的。

显然,每个城市都有自己独有的条件,并且在一个特定地理区域中发现的结果可能没有普遍适用性。城市对云和降水的影响也随季节、气团类型和一天中的时间而变化。

在圣路易斯,详细研究的一个问题是城市对对流云的形成以及由此产生的下午和傍晚的阵雨和雷暴的影响。用一架装备了仪器的飞机进行探测,结果显示,与周围空旷的野外相比,该城市上空部分区域温度高于异常。圣路易斯上空的云底往往比周围乡村的云底高,这显然是由于城市上空的整体蒸发率相对而言小于森林和耕地的蒸散量,并且城市的降雨要少些(如果有什么区别的话)。

对云滴谱的检查表明,城市上空的云具有较高的云滴浓度,因此比"正常"气团中的云滴更小。这一变化可经并合效应阻碍降雨的形成,但似乎并不是城市本身降水量略低的原因。城市降水量不足是由于城市上空蒸散量减少以及云底略高的缘故。城市对云滴数量的影响可归因于由城市及其工业活动引入空气中的微粒,但城市对云滴数量的影响并未向下风方向延伸很远。然而,夏季午后在城市的下风处可观察到阵雨,且雨势不断增强。这显然是由辐合增强引起的,而辐合增强是由表面粗糙度及额外加热(与大都市区域相关)造成的。

圣路易斯对降雨的影响,特别是对对流性降雨、冰雹和雷暴的影响,向下风方向延伸了100～150 km。显然,辐合风场引发的雷暴和大都市地区的补偿加热往往会自我蔓延,并且在大都市地区的下风处可出现长达 2～3 h 的平均空气流动。

7.9 结论与未来展望

外场试验和作业的结果证实,第 4 章所提出的概念中至少有一部分可以应用于真实的大气。

现在人工影响雾已经是一项作业技术。尽管应用研究可能会带来一些技术上的改进,但如今的作业大概率仍将沿着早已开发好了的路径继续下去。

人工增雨导致降水真实增加还是将其重新分布,这一点仍存在不确定性。但毫无疑问的是,对于地形云降水而言,播云可产生巨大的经济效应,且效果持续。

一些州(尤其是加利福尼亚州和犹他州)仍在继续开展作业计划,利用美国西部山区冬季风暴来进行人工增雪。美国内政部垦务局正在制订一项名为"山脉合作试点项目"的大规模随机播云试验计划,该项目将在加利福尼亚州东北部的亚美利加河流域部分地区进行播云,亚美利加河流经内华达山脉西南侧的部分地区(Silverman,1976)。该项目将监测亚美利加河流域下风向 200～300 km 处的天气情况以评估播云的大面积影响。该项目还将探索中尺度动力影响的可能性。

针对地形情况下的层状云和对流云开展的另一个重要试验是世界气象组织(World Meteorological Organization,WMO)的降雨增加计划(Precipitation Enhancement Project,PEP)。List(1976)谈及 1976 年针对 PEP 的规划工作。计划中最初的任务是选择一个约 5 万 km² 适合开展随机化试验的地区,其中 1 万 km² 将作为合适的目标区域。1975 年,有 16 个国家自愿将其部分领土用作 PEP 的场地。因为该项目使用成冰剂增加过冷云降水,考虑到场地现有设施以及云的类型,六个地方成为了场地的备选项,即阿尔及利亚、澳大利亚、印度、西班牙、突尼斯和土耳其。通过进一步研究,包括使用现有历史雨量计数据进行计算模拟,最终将西班牙定为试验地点。位于西班牙的试验场地占据了巴利亚多利德市上方杜罗盆地的上部。

PEP 将在试验区域中进行一到两年以上的观测,观测由雷达和装备了仪器的飞机进行。然后进行五年的随机化播云试验,再进行一两年的评估和分析。1979 年初,试验人员收集了一些初步的云物理观测结果。

在非地形情况下人工影响大的对流云仍然是一个重要挑战。这些云不仅具备增加降雨的潜力,还为通过动力效应人工影响中尺度甚至天气尺度系统提供了一种手段和方法。

在对流云的随机作业中,还有一种尚未允分探索的方法,即注入干冰(第 5 章)。美国内政部垦务局(Silverman,1976)的高原合作试验(HIPLEX)计划进行干冰试验。

由于不同的气团状况和局部地形,地球上的对流云变化很大。在特定区域,会有独特的因素控制对流的发展。佛罗里达半岛夏季午后东西海岸海风锋的复杂相互作用就是一个例子。现在试验人员正在开发适用于这种情况的数值模式。

正确理解对流活动在当地条件下的日循环情况,可以使我们有能力对由此而生的降雨模式进行实质性的干预。正如 Howell(1960)所指出的那样,在特定日期特定区域中形成降水的第一片云的位置对于随后数千平方千米的天气发展可能会产生很重要的影响。毫无疑问,世界上有很多地方,即使对控制对流发展的因素仅有部分了解,也可以通过播云成功地完成局部或中尺度增雨计划。

第 8 章　抑制天气灾害

与非专业人士探讨人工影响天气的问题,一般都是讨论如何减轻因洪水、冰雹和龙卷风等灾害性天气带来的灾害。

本章概述了过去和现在人工抑制冰雹、闪电和飓风方面的一些尝试,还简要提到了雷雨风等其他灾害。本章没有讨论如何抑制龙卷风,因为我们还没有一个抑制龙卷风的概念模型。

8.1　防雹

8.1.1　选择播云方法

第 4 章阐述了两种通过使用成冰剂播云来防雹的概念模型。表 8.1 中列出了这两个概念模型以及提议的一些其他概念。

表 8.1　播云防雹概念模型

(1)云水完全冻结成冰

(2)引入竞争性雹胚

(3)降低冰雹轨迹

(4)促进并合

(5)动力效应播云,例如,提早减弱上升气流

降低冰雹轨迹模型的理论依据在于冰雹的大小取决于其穿过上部冷云层的轨迹。与此密切相关的并合模式则是基于如下理论:在 0 ℃ 层以下激发降水,可减少被抬升至 0 ℃ 层以上用以"供给"冰雹生长的水量。表 8.1 中提出的概念并非都实用。数值模式计算(Young,1977)清楚地表明,将云水滴完全转化为云冰粒(完全冻结成冰的假设)需要大量冰晶催化剂,每分钟约 1 kg AgI,这完全不切实际。降低轨迹和促进并合这两种假说联系紧密,都需要大量的吸湿催化剂。Young(1977)根据模拟结果判断,认为通过播撒吸湿性催化剂来降低轨迹是有可能的。通过动力效应播云来抑制冰雹的假设存在多种变化,但尚未能以足够精确的形式来表述此类变化,以验证其有效性。

几乎所有的防雹计划都使用了冰晶催化剂,旨在增加冰雹胚胎之间的竞争。苏联南部高加索山脉的一个项目在防雹计划中结合使用了吸湿剂与冰核(Lominadze et al. , 1974),但是所有其他主要的防雹计划都完全依靠人工冰核来生成额外的冻结中心。

人造冰核可通过广泛播撒、上升气流播云和直接喷射这三种通用的方法传输至雹暴。第 5 章已对三种方法的相对优点进行了一般性讨论。表 8.2 给出了每种方法应用于防雹的示例。

因为雹胚利益竞争假说认为,可以通过提供足够高浓度的冻结中心来抑制冰雹,所以在给定的项目中,催化剂的数量有逐年递增的趋势。尽管 Sulakvelidze 等(1967)满怀希望的提出了:"1963 年的试验表明,未来有可能减少催化剂的剂量",但是苏联每次风暴的催化剂消耗量却逐步增加,从 1963 年一次试验中的最大 900 g 增加到 20 世纪 70 年代一次大型风暴中(虽

然项目区域不同)的 75 kg。

需要注意的是,由于发生器效率的巨大差异,表 8.2 中关于催化剂消耗量的数字不能准确地预测引入风暴的冰核数量。

表 8.2　防雹项目 AgI 消耗量示例[a]

地点	区域 (km²)	年	每个季节消耗量 (kg)	每日平均消耗量 (kg)
	广泛播撒			
加拿大阿尔伯塔	6000	1968	266	17
法国	70000	1971	4500	55
	上升气流			
	5000	1966	30	1.2
美国北达科他州 (Bowman-Slope)	5900	1967	55	2.9
	8200	1968	96	3.1
美国南达科他州	120000	1974	230	3.2
科罗拉多(NHRE)	1500	1973	16	8.0
		1974	128	9.8
	直接注入			
	300	1962	6.3	0.9
高加索山脉[b]	500	1963	9.0	0.6
	—	1973	—	9.0
加拿大阿尔伯塔	14000	1972	137	5.7
	19000	1973	69	4.3

[a] 引自 Dennis(1977),经美国气象学会许可。

[b] 认为这些试验中的催化剂是 PbI₂。云室测量显示,在 -10 ℃时,每克 PbI_2 的冰核为 1.7×10^{12},而每克 AgI 的冰核为 3.2×10^{12}(Sulakvelidze et al. ,1967)。

8.1.2　防雹试验和作业的效果

由于冰雹的极端可变性,很难对不同防雹方法进行比较,这使得人们无法对任何单个项目进行准确评估。计算机模拟试验表明,对于使用随机单区域设计(Long et al. ,1976)的试验项目,要检测出其 50% 的抑制效果,可能需要 10 年以上的时间,并且目标-控制相关系数非常低。尽管如此,迄今为止所有试验和作业的经验积累也可为这三种播云方法的相对有效性提供线索。

广泛播撒。通过地面发生器播撒 AgI 这一方法已应用于瑞士和阿根廷的随机防雹试验中,也被用于许多作业项目。瑞士的试验(Grossversuch Ⅲ)未能给出有防雹效果的任何证据(Schmid, 1967),但在某些情况下显著增加了降雨(Neyman et al. ,1967b)。在阿根廷的试验中,冰雹在冷锋时期可能得到抑制,但在其他情况下则没有得到抑制(Iribarne et al. ,1965)。

多年来,在阿尔伯塔省间断地开展了一些使用 AgI 地面发生器抑制冰雹的商业项目。作业人员和支持者(Krick and Stone,1975)对项目的结果持乐观态度,但 Petersen(1975)认为结果尚无定论。

20 世纪 50 年代,Dessens 在法国西南部开始了一项非常广泛的播云计划,用地面上的 AgI 发生器抑制冰雹,此后每年都在图卢兹 A. N. L. F. A. 集团(Association Nationale de Lutte contre les Fleaux Atmospheriques)的支持下继续实施该计划。之所以使用地面播云的方法,是因为山地地形和薄雾笼罩下的能见度较差,飞机作业很危险。现在每个季节的 AgI 消费量为几千千克(表 8.2)。1978 年的年度报告表明,人们尝试对何时运行发生器采取更严格的规定,以减少 AgI 消耗量。关于该项目最新的英语报告是 Dessens(1979)的报告。

试验人员已经根据目标-控制比较,报告了一些试验成功的证据(Dessens and Lacaux, 1972),但是 Boutin(1970)发现结果是不确定的,因为测试变量不稳定,即支付的冰雹保险索赔与总保险责任之比不稳定。

试验人员在德国进行了一项为期八年的非随机项目,通过低空火箭播撒 AgI。Mueller (1967)指出,该项目没有证明防雹效果的证据。

上升气流播云。法国一直进行一个作业项目,采用的是直接注入和飞机上升气流播云相结合的方式进行播云(Picca,1971)。该项目由 Climatologi-que de la Moyenne Garonne 协会 (A. C. M. G.)承担作业任务。以粉末形式的碘化银-微粉硅胶混合物为主要的催化剂,也使用了一些焰剂。Boutin 等(1970)研究了 Picca 的结果,但认为 A. C. M. G. 项目没有确定的结果。

自 1948 年以来,北美有许多飞机上使用 AgI 发生器进行上升气流播云的防雹作业项目 (Frank,1957)。这些项目大多数都从未进行科学评估。但是,Schleusener 收集了 1959 年科罗拉多州东北部项目的冰雹数据。他的评估结果(Schleusener,1962)和 Butchbaker(1973)涵盖了北达科他州 Bowman-Slope 项目三年的观测结果,对可能的播云效果持乐观态度。与周围地区相比,播云既抑制了雹暴,又促进了降雨。

将肯尼亚播云和非播云雷暴单体对茶树造成的雹灾进行比较,结果表明播云存在抑制作用(Henderson,1970),但非播云情况并非随机选择,并且在播云结束后超过 15 min,雷暴单体产生的冰雹被认为属于非播云情况。随后在肯尼亚进行过一个短暂的随机试验,但未能提供新的重要证据。

冰雹研究始于科罗拉多州东北部,与 1959 年的一项作业计划相关,并持续了将近 20 年,参与者包括数个大学团队、美国国家大气研究中心(Noctional Center for Atmospheric Research,NCAR)和美国政府的相关机构。1964 年对 11 次雷暴过程进行的一项随机试验表明,没有证据证明在强上升气流中播云会抑制冰雹的发生(Schleusener and Sand,1964)。

经过国家指导小组的进一步研究,制定了国家冰雹研究试验计划(National Hail Research Experiment,NHRE),以进行雹暴的基础研究并检验通过直接注入 AgI 来防雹的概念。在科罗拉多州东北部建立了一个 1600 km^2 的“保护区”(图 8.1)。实际试验从 1972 年进行到 1974 年(含)。[1] 注入 AgI 的方法是从云底下方的飞机向上发射火箭。但是不幸的是发生了技术问题。该项目始于 1972 年,使用 AgI 焰弹进行上升气流播云,直到 1974 年才完全用火箭弹取代了焰弹。因此,我们将 NHRE 试验归类于上升气流播云。

NHRE 的研究结果在很多地方被提到,特别是在 Foote 和 Knight(1977)主编的《冰雹:冰

---

[1] NHRE 是一个为期五年的项目,但三年后发现,即使再进行两年播云也无法获取确定性的结果,于是该项目便提前两年结束。

雹科学与人工防雹回顾》专著中。对数据的初步分析没有给出防雹效果的证据(Atlas,1977)。
在过去的几年中,继续对此进行分析,但仍然没有产生确定性的结果,这对于使用随机单区域
设计的三年计划来说并不奇怪(Crow et al. , 1977)。

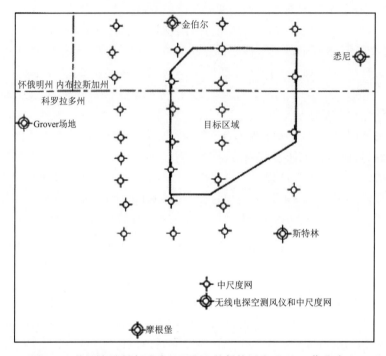

图 8.1　美国冰雹研究试验(NHRE)的保护区和 Grover 作业中心

北达科他州和南达科他州的上升气流播云试验计划中收集的冰雹数据表明,播云风暴产
生的冰雹一般不如非播云风暴产生的冰雹严重(Schleusener et al. , 1972)。来自 1969—1972
年北达科他州随机试点项目(NDPP)区域的冰雹保险数据显示,播云日日均农作物雹灾小于
非播云日日均农作物雹灾,结果具有边际统计学显著性(Miller et al. , 1975)。对来自同一项
目的测雹板数据的分析表明,冰雹能量减少了 50% 左右,但在统计学意义上不符合标准测试。

迄今为止,使用上升气流播云技术进行的最大作业项目是 1972—1975 年在南达科他州进
行的项目。该项目具有增加降雨和防雹的双重目标。该项目范围从 1972 年开始的 67 个县中
的 26 个扩展到了随后三年中的约 45 个县(图 8.2)。反对人士担心该计划会同时抑制降雨和
冰雹,因此在 1976 年,该计划在很大程度上被放弃了。Miller 等(1976)分析了农作物冰雹保
险数据,发现该计划参与地的冰雹严重程度低于未参与该计划的地方。有人指出,这可能体现
的是不同地区的气候差异。因此,在计算机上进行模拟实验时,将播云和非播云县的实际组合
后退到 1948 年,以便于对 1972—1975 年所观察到的差异进行概率分布研究。结果表明,
1972—1975 年,播云和未播云县在冰雹方面的差异并非完全由气候影响所致。显然,每年播
云面积超过 10 万 km², 如此大的面积往往会消除冰雹的自然变化,并为试验结果提供稳定性,
这在 NHRE 的小试验区域是不可能的(图 8.2)。

Henderson 和 Changnon(1972)以及 Changnon(1975)对得克萨斯州作业项目进行了目标
与控制分析,其结果也很好。

尽管没有任何项目的防雹效果能达到常用统计学的显著性标准,但上升气流播云似乎比

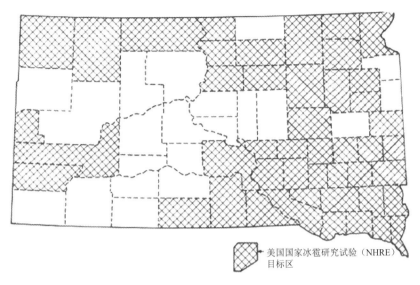

美国国家冰雹研究试验（NHRE）
目标区

图 8.2　1974 年促进南达科他州降雨并抑制冰雹的播云计划覆盖的区域。为了更好地进行比较，
按比例重现了图 8.1 的 NHRE 保护区

广泛播撒更有前景。Changnon(1977)回顾了截至 1976 年底的数据，他的结论是多数证据支持以下假设，即上升气流播云对雹灾有一定的影响，可产生 20%或 30%的抑制效果。

　　直接注入。如第 5 章所述，在 20 世纪 50 年代和 60 年代，前苏联的科学家们就率先开发了直接喷射技术来抑制冰雹。这是因为他们坚信，成功防雹的关键在于对不利的天气条件进行快速响应，他们还认为，在云底引入的催化剂在 0 ℃附近是无效的。如果其催化剂包含大量可溶性杂质，例如氧化铅(PbO)，那么第二种情况便是适用的。我们已经提到了苏联科学家为防雹而开发的各种火箭弹和炮弹。

　　防雹项目始于苏联的高加索山脉，现已从中亚的哈萨克斯坦延伸至苏联西部的摩尔达维亚，覆盖了数百万公顷的土地。但是，这些地方使用的防雹方法却不尽相同。一些苏联的方法和设备已基于作业项目被引入东欧的其他国家，包括匈牙利和保加利亚。此外，瑞士的一个随机项目正在对一种火箭及其对应的使用方法进行测试(Federer，1977)。

　　苏联科学家对其防雹项目的评估实质上是利用农作物受损数据进行的目标-控制分析。他们最近几年的研究报告不如 Sulakvelidze 等(1967)的早期报告那么乐观。Sulakvelidze 等(1967,1974)认为冰雹抑制效果可达到 90%～100%。Burtsev(1976)在第二届 WMO 人工影响天气国际会议上提供的列表数据涵盖了近 50 个作业季节，其结果显示各个项目的抑制效果普遍在 50%～90%的范围之内。尽管外国科学家提出了一些质疑，他们认为这些试验缺乏随机性，其评估可能存在偏差，但苏联科学家仍然坚信他们的方法是正确的。正如 Chernikov 博士在 1977 年 WMO 冰雹专家会议上所说的那样，结果不会改变。

　　艾伯塔省的防雹试验中也使用了直接注入技术。艾伯塔省冰雹研究小组为此开发了可下投式焰弹(Summers et al.，1971,1972)。当然，播云时需使用足够多的焰弹，这样才能使催化剂分布广泛。尽管在某些早期的单体试验中，冰雹尺寸明显减小，但是艾伯塔省冰雹试验并未产生任何有关总体抑制作用的证据。艾伯塔省冰雹研究小组正在通过在云底下方播撒 AgI 来补充直接注入的播云效果，并且由于农场组织施压(要求进行播云作业)小组在很大程度上放弃了作业的随机化,在这样的情况下,很难想象他们该如何获得有关焰剂直接注入的任何结论性结果。

美国一家私营公司在南非的内尔斯普雷特项目中引入了直接注入方法。内尔斯普雷特项目的作业人员声称取得了良好的结果（Mather et al.，1976）,有关该项目的独立评估正在进行中。

8.1.3　可能的工程缺陷

应该再次强调,冰雹的变化很大。某些项目的结果实际上可能与评估结果相反。本文作者认为,上升气流播云和直接注入播云的结果均体现出了净抑制作用。但唯一可确定的是,没有人能实现100%防雹的目标。

基于雹胚利益竞争假说,防雹项目的失败可能是由于存在工程方面的缺陷,以至于无法完全抑制冰雹。例如,未能在冰雹形成区域中产生足够高浓度的冰核,或者在产生冰雹的风暴单体中催化剂扩散不足。

关于第一个可能的问题（浓度不够高）,可以注意到几乎没有数据表明冰雹严重程度与天然冰核浓度之间存在任何相关性。这说明,想要获得可被检出的抑制效果,必须使冰核浓度远高于自然背景下所需的浓度。在几个项目中已经测量了这一浓度。对于浓度更高则抑制效果更好这一想法我们只能说,虽然各个项目的AgI消耗量逐年增加（表8.2）,但是并没有产生一致的证据来证明防雹效果的提高。

如在第5章中所讨论的,用飞机在云底以下强烈的上升气流中进行播云,会导致播种空气以各种扭曲的圆柱体形态向上移动进入雹云单体。如前所述,一架飞机可以很好地对中等强度对流单体播云,但不能对快速上升气流播云,这是由于在上升气流中催化剂通过0℃线之前的可用时间太短,无法将其扩散到整个上升气流中。Linkletter和Warburton（1977）进一步证实了这一观点,他们通过原子吸收技术分析了NHRE中18次据称是雹暴播云降水中的银含量。他们估计,不到10%的分析样本中含有足以体现出明显播云效果的银。

多年以来,一些上升气流播云的从业者已经意识到扩散不充分的问题。他们在上升气流变强之前或在距最强烈上升气流几千米处的入流区域,将催化剂集中播撒在新生雹单体下。

尚无足够的数据说明,与NHRE相比,这种操作上的差异是否正是某些上升气流播云项目取得成功的原因（显著性水平很低）（Changnon，1977）。然而,有趣的是,在1976年有计划试图恢复NHRE外场试验（该计划从未实现）,该计划也要求采用类似的播云方法。近年来,一些苏联人工消雹专家（Abshaev and Kartsivadze，1974）也对其方法进行了修改,强调在初生的雹云单体以及具有强烈雷达回波的成熟雹云单体中进行播云。

8.1.4　关于雹胚竞争假说的进一步评论

在一些防雹项目中出现了降雨增加的情况,这（将在下面进行讨论）表明,播云并不是完全无效的,而未能大幅度抑制冰雹的原因可能是雹胚竞争假说本身的缺陷,而不是工程缺陷。

Dennis（1977）从技术到基本层面,提出了对雹胚竞争假说的三个反对意见,如下所述:（1）在强烈上升气流中,作用于云滴上的AgI晶体产生竞争性胚胎是不可行的,因为在可用时间内产生的粒子尚未大到可以充当冰雹胚。（2）如果直接引入人工冰雹胚,则必须运送大量物质,这是不切实际的。Young和Atlas（1974）发现,必须以大约10^3 m^{-3}的浓度引入1 mm胚胎,才能使单个冰雹的质量减少5倍。大型雹暴每秒可吸入10^9 m^3的空气,那么按上述分析,每个风暴需要引入成吨的胚胎才能实现防雹效果。（3）从云中落下的冰雹总量是恒定的，并且多余雹胚的唯一作用是减小冰雹直径，这两种假设过于简化，因此可能会带来危害。许多雹暴是降水的低效制造者，而且可以想象，额外的胚胎会增加一场风暴中冰雹的总质量（Browning et al.，1976）。

在分析研究这些问题之后，Dennis（1977）提出了以下假设：

（1）如果雹暴包含大量的过冷雨水滴，则每小时播撒少于 1 kg 的 AgI 就可以很容易地产生足够的竞争性雹胚以抑制冰雹。雨滴的冻结不是通过 AgI 晶体的直接作用而形成的，而是通过与人工冰核产生的冰晶发生碰撞。反过来，产生冰晶最有效的方式是凝结-冻结，而不是云滴的碰撞-冻结（第 5 章）。

从云水中生成冰雹成雨过程参与其间。风暴，有两种可能性。

（2）风暴中有许多单体，单体生长、产生冰雹、随后消散。那么在每个新冰雹单体生命周期的早期播云，就可以产生更多的冰雹胚胎。

（3）在准稳态风暴（超级单体）中，冰雹是通过雹胚与向上吹过的过冷云滴直接碰冻而形成的，例如在弱回波区域上方。在这样的情况下，没有播云方式可以对最大冰雹的生成造成明显的抑制效果。

上述这些想法是基于运动云模式和冰雹生长模式，想要对此进行全面的分析，同时也对其他一些可能的想法进行研究，则必须借助具有微物理相互作用的动力云模式。正如直接注入方法的支持者早已指出的那样，播云作业的时机选择可能是非常关键的。Farley 等（1976）的初步研究结果表明，播云会产生各种可能性的结果，这取决于初始条件（图 8.3）。

可在地面生成的破坏性冰雹的风暴之中可能存在多种物理条件。如果外场试验未能考虑到这些物理条件的差异性，则无法为任何防雹技术的有效性提供令人信服的证据。正如 Atlas（1977）等所建议的那样，区分含冻雨滴胚的风暴和含凇附冰晶（作为胚胎）的风暴很关键。

WMO 于 1977 年召集的一个冰雹专家小组达成了如下共识：尽管国际防雹试验这一概念很有趣，但在启动正式的国际外场试验之前，应进一步了解冰雹的生长机理。然而，他们也支持了一些国际防雹试验，例如瑞士冰雹试验（Grossversuch Ⅳ），并且对于法国和意大利科学家参与其中表示赞成。

8.1.5　防雹播云对降雨的影响

防雹播云对降雨的影响非常重要，其原因不仅仅是从经济的角度来看，还因为透过这一影响，可以窥见播云影响云物理过程。

通过提供更多竞争性胚胎来抑制冰雹的概念与通过过度播云抑制降雨的概念有些相似。一些人工影响天气项目从业者甚至谈到过量播撒防雹。也许正是出于这个原因，许多人担忧防雹项目不可避免地会抑制作业地区的降雨。

更仔细检查表 8.1 中的概念发现，通过完全冻结成冰来消雹这一概念才对应于降雨项目中的过度播云。雹胚竞争假说的目的是产生更多的冻结中心，在这样的条件下，当相同数量的降水到达地面时，只有粒径分布受到影响，进而影响粒子融化为雨水的可能性。

在防雹项目中进行降雨研究，以及围绕防雹项目进行降雨研究，都普遍支持一个概念，即额外冰冻中心倾向于增加播云风暴的降雨量而不是抑制其降雨量。我们已经提到了 Grossversuch Ⅲ 的经验，地面发生器的运行未能对冰雹产生任何重大影响，但是在对流风暴爆发之前的逆温下进行播云时，会导致地面降雨的显著增加。

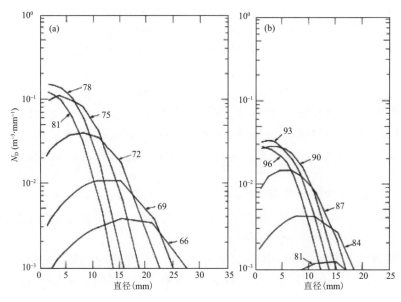

图 8.3　由模型生成的瑞士风暴冰雹谱

从模式初始化开始以分钟为单位标记冰雹谱,(a)非播云情况,(b)播云以提供每升一个冰核在 −5 ℃活化和每升 150 个冰核在−20 ℃活化。对于非播云情况,该模型预测地面总冰雹冲击能量为 1290 J·m⁻²,而实际风暴产生的冰雹冲击能量为 1810 J·m⁻²。模型分析表明,播云本可以将此案例中的总冲击能量降低至约 275 J·m⁻²。这里使用的一维模型反映了单个冰雹单体播云时机的影响(Farley et al.,1976)

　　防雹项目的几位评估人员已使用冰雹/降雨比作为指标来了解是否达到了防雹效果。在第 2 章中提出的关于在评估中使用比率的警告在这里特别有用,因为降雨和冰雹的概率分布完全不同。不过,值得关注的是,能引起本文作者关注的每一次冰雹/降雨比都表明,播云的冰雹/降雨比往往比非播云的冰雹/降雨比要小。Schleusener(1968)在一篇综述论文中涵盖了许多此类研究。就降雨和冰雹而言,这一研究结果显然可以反映出多样化的播云效果。但仍然是令人鼓舞的。这表明,对冰雹灾害的抑制率要远高于减雨率(如果存在)。但是,这方面还需要进行更深入的研究。

　　Schleusener(1962)在目标-控制研究的基础上得出结论:1959 年科罗拉多州东北部的作业项目倾向于增加而不是减少降雨。来自 NHRE 的证据虽然在防雹或增雨方面仍具有不确定性,但指向方向与 Schleusener 的结论相同(Atlas,1977)。1969—1972 年的北达科他州试点项目追求的目标是在同一季节(但不是在相同的云上)和同一区域进行增雨和防雹,并找到了实现这两个目标的初步证据(Dennis et al.,1975b;Miller et al.,1975)。在南达科他州以增雨和防雹为双重目标的大规模作业计划中也发现了相同的结果(Miller et al.,1976;Pellett et al.,1977)。阿尔伯塔省防雹项目的作业者还进行了目标与控制分析,其结果表明,这些作业活动可促进而不是抑制降雨(Krick and Stone,1975)。

　　全球范围内最广泛的防雹作业仍在苏联开展。有关防雹作业对降雨影响全面而细致的分析结果尚未被苏联科学家们发表出来。但是,显然他们已经对该问题进行了一定程度的研究。Sulakvelidze 等(1974)指出,经目标与控制研究发现,与某些防雹项目相关的降雨增加了 10%～15%。

总而言之,我们注意到,具有讽刺意味的是,本来以防雹为目的的计划在增雨方面反而比为促进降雨专门设计的计划更为成功。这可能反映出二者所采用的作业步骤之间存在差异,但本文作者怀疑,这反映出的是所作业云系在特征方面的差异。如第 2 章所述,雹暴产生降水的效率通常较低,与白顶试验某些天的热带积雨云相比,雹暴作为增雨对象的吸引力要大得多。

8.2　人工抑制闪电

人工抑制闪电试验的主要动机是减少由闪电引燃的森林火灾所造成的经济损失。

8.2.1　冰核的使用

1949 年 6 月 16 日,美国在洛基山脉北部首次进行了抑制闪电的播云飞行(Schaefer and Gisborne,1977)。在较早的飞机播云试验之后,加利福尼亚林业局在 1958 年和 1959 年使用 AgI 地面发生器进行了随机化试验(Court,1967)。但是在加利福尼亚州,在降雨或闪电引发的火灾方面未观测到明显变化。20 世纪 50 年代和 60 年代,在落基山脉北部进行的试验一直在美国林业局的支持下进行,代号为"天火项目"。

"天火项目"旨在检验如下假说,即成冰核播云会减少云地闪的次数。基于霰和过冷水共存的雷雨云起电机制可对这一假说提供支持(Mason,1971)。工作假说最终得以被细化,专注于混合闪电。这些混合闪电在一个或多个回击之后,具有持续 40 ms 或更长时间的电流。这种闪电被认为是造成大多数雷击火的元凶(Dawson et al.,1974)。

在 1960—1961 年进行了为期两年的随机试验,随后从 1965—1967 年进行了为期三年的第二次试验。第二次试验使用地面发生器和机载发生器,在丙酮中燃烧 AgI-NaI 溶液。AgI 的平均消耗量约为每小时 2 kg。试验中观测到一些正在生长的积云在 −7 ℃ 的温度条件下冻结成冰(MacCready and Baughman,1968)。

对"天火项目"闪电计数器数据的各种分析结果均已被发布出来。其中最权威的分析结果可能是 Baughman 等(1976)的研究结果。他们指出,在给定的风暴中,地闪频率和闪电活动的持续时间都明显减少了。他们发现长持续电流的持续时间减少了,p 值为 0.04(双尾检验)。然而,Baughman 等的分析与最初的设计不同,最初的设计要求按成对的天数进行分析,所以不能接受严格按表面值来计算的显著性水平。

Gaivoronsky 等(1976)研究了 1973—1975 年在摩尔达维亚进行的随机化试验。他们得出的结论是,用火箭播撒 PbI_2 或硫化铜(CuS)后,短期内云内闪电的频率会增加,然后通过闪电计数器和电场计测量的风暴电活动总量将大大减少。但是,他们的数据中可能存在偏差。作业云的观测适合在播撒前、中、后期进行,而对非作业控制云的观测适合在最大闪电活动的前、中、后期。他们的研究结果中一个令人感到困扰的地方是,有证据表明,从作业云中产生的降雨持续时间为平均 36 min,而对照组中的降雨持续时间为平均 64 min。这可能表明存在降雨抑制作用或选择了(偶然)更猛烈的风暴作为对照组。如果确实选择了(偶然)更猛烈的风暴作为对照组,则任何关于播云抑制闪电的结论都将构成第一类错误。

8.2.2　箔条播云

人工抑制闪电的另一种方法是释放箔条(细碎的金属箔)以产生电晕放电,从而使空气离子化并充分提高其导电率,在不产生闪电的情况下进行云放电。基于此概念的外场试验分别于 1965 年和 1966 年在亚利桑那州的弗拉格斯塔夫进行。Kasemir 提出了箔条释放后垂直电场衰减的证据(Dawson et al.，1974)。

　　Battan(1977)谈到在 1976 年,苏联中央高空现象台正在对含碳物质的箔条播云进行研究,并计划在摩尔达维亚进行外场试验。目前尚未出现关于该试验结果的信息。

　　目前美国的闪电研究是围绕国际雷暴研究计划(TRIP)进行的,该计划着重于观测和开发雷暴的理论和数值模式,而不尝试进行人工影响作业(Pierce,1976)。

8.3　人工影响飓风

8.3.1　"雷霆风暴"项目

　　世界上唯一致力于人工影响热带飓风的大规模研究计划是"雷霆风暴"项目。于 1962 年左右,美国气象局和美国海军共同组织了"雷霆风暴"项目。目前,"雷霆风暴"项目由美国国家海洋和大气管理局(NOAA)实施。

　　"雷霆风暴"项目经历了几次重大变化,包括播云设备和其他设备的变化,甚至该计划概念模型的变化。我们可以查看项目历史记录(Gentry,1974)。在过去的试验中取得成功的证据是零散的,难以令人信服的。如今(1979 年 5 月)该项目处于暂停状态,待国际协议落实后再重新开始。这里仅讨论当前的概念模型及其在更新的试验中待实施的计划。

8.3.2　概念模型

　　飓风吸收的能量主要来自对流云塔构成的眼壁云和向眼壁盘旋的螺旋雨带中释放的潜热。Rosenthal(1974)回顾的许多模拟研究都支持这样的概念,即成熟飓风中的降雨率平衡了地面 1000 m 高度的水汽辐合,而飓风正是被由此释放的潜热所驱动。因此,有理由认为,通过播云而改变云动力,进而影响整个风暴。

　　目前"雷霆风暴"项目的假设所体现的基本播云概念是通过动力播云从雨带云中生成新的眼壁(图 8.4)。播云促使雨带云可发展到对流层上部的辐散区,与此同时,流入海面附近的雨带云的数量增加,使空气偏离现有的眼壁。总能量的调节需要凝结释放额外的潜热,因此总调节量要高出直接调节量好几倍,因为后者仅由过冷水冻结而实现。

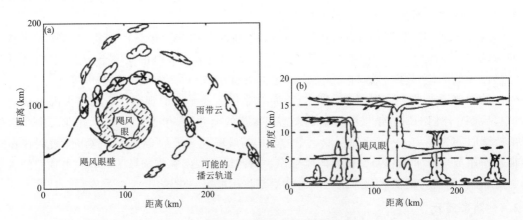

图 8.4　当前"雷霆风暴"项目的播云假说

雨带云焰剂降落区(×)发生潜热释放(见平面图),促使其向对流层顶发展,从而减少了向飓风眼壁云的流入量。最终,之前的飓风眼壁消散,最大风量减少,形成更宽的飓风眼

"雷霆风暴"项目的成功取决于开发用于评估播云效果的数值模式。可能用于测试人工影响飓风假说的模式包括二维模型和三维模型,但三维模型仍在开发中,尚无法用于测试播云假设。各种困难问题仍然有待解决,包括在风暴中如何处理对流云。对流上升气流中释放的潜热被视为是飓风的主要能量来源,因此必须在模式中体现出来。但是,与模型中网格点之间的间距相比,上升气流非常小。研究人员正在进行参数化的探索,试图解决这一难题。

8.3.3 设备

迄今为止,为重新开始"雷霆风暴"试验项目已准备了非常强大的设备。为了进行持续数小时远离地面的空中作业,配备了总共五架携带播云装置或气象传感器或两者都有的远程飞机。

美国海军武器中心已为"雷霆风暴"项目开发了新的播云装置。该装置是长度为 250 mm,直径为 15 mm 的小型下投式焰弹,其配方中含有 17 g AgI,其中按重量计算含有 78％的 $AgIO_3$。每分钟最多可发射 120 个焰弹,预计每架播云机将最多搭载 4000 个焰弹。焰弹在离开发射管时即被点燃,并在随后 3 km 的下落过程中燃烧殆尽。

8.3.4 试验设计

关于试验设计的当前思路是,任意风暴均可被视为播云对象,但是在确定播云时间时会引入随机化方法。需要确定的是,播云任务完成之后的事件发生顺序与播云效果假说之间的匹配程度。研究人员正在设计方法来确定检验无效假设的显著性水平。该无效假设认为,播云后续发生的情况与其他观测期的情况没有区别(Knight and Brier,1978)。

"雷霆风暴"试验项目的一个问题是,北大西洋地区每年可供试验的风暴数量很少。目前,正在与墨西哥和澳大利亚就分别在东部和西南太平洋进行飓风联合试验的可能性进行谈判。

8.4 抑制其他灾害

第 7 章和第 8.1～8.3 节中的讨论总结了迄今为止播云技术主要应用于哪些方面。控制灾害性天气亦有其他一些概念,外场试验已经对其中少数概念进行了检验,但试验规模有限。

8.4.1 降水过多

作者已经提到过 1952 年在华盛顿州用一种秘密化学物质抑制降雨的方法。通常建议通过过量播撒 AgI 来抑制降水过多和局部洪水,这可被视为一种播云应用方式。20 世纪 50 年代在加利福尼亚进行了一些此类尝试,主要针对湿季的雷暴。根据已发表的数据无法对这些尝试进行认真评估。

8.4.2 雷雨大风

早在 1948 年,联合水果公司就在洪都拉斯用干冰催化雷雨云,以减少因雷雨风而被吹倒的香蕉树的数量(Byers,1974)。Lopez 和 Howell(1961)也曾提及哥伦比亚圣玛尔塔附近的抑风作业。Lopez 和 Howell 认为,一天中较早释放对流能量,利用人工卷云对地面进行遮挡,对于防止当天晚些时候强风暴的出现非常重要。对圣玛尔塔的作业很难进行评估,因为缺乏适当的控制对比措施。

8.4.3 对流风暴的动力破坏

Vulfson 等(1976)已经为相关试验提供了理论基础:通过向云顶附近的空气块施加向下的动量而减弱或破坏对流云。引发下沉气流的方法包括爆炸,以及将粉状水泥或其他亲水性材料投入云顶。

美国海军武器中心已在墨西哥湾进行了积云消散试验。Lewis 和 Hawkins(1974)在 1972 年的一些试验中从一架 C-130 飞机上投放水泥。他们得出的结论是,仅凭肉眼观察并不能确定在积云中播撒亲水剂的效果。

8.4.4 防霜冻

在第 4.3 节中提到了通过人工产生卷云来防霜冻的可能性。但是,大多数防霜冻方面的实际应用作业都采取更为平淡无奇的方法。

改变微气候和微气象条件的技术很多,包括通过建造防护墙,种植防风林和树篱,人工生产烟云以减少辐射热损失以及直接对受霜冻威胁的树木上使用辐射加热器等方式来降低霜冻风险。这些方法在一定条件下都是适用的,并且已被广泛使用。但是,由于它们不在通过播云技术进行人工影响天气的主题之内,所以在本专著中未对其进行详细讨论。它们的影响范围很小,因此除了从事防霜冻技术的专业人士以外,其他人通常都不会关心其影响。

8.4.5 干旱

干旱并不是什么新鲜事。干旱的发生总是悄无声息,因此只有最严重的旱灾才能引起人们的广泛关注。然而,干旱却是所有天气灾害中最大的灾害。

Huff 和 Semonin(1975)已探索了在伊利诺伊州中度至重度干旱期间促进降水的可能性。他们认为,在大多数干旱过程中,经常会出现播云的有利条件,因此足以偶尔缓解干旱。不管科学研究如何,在干旱期间减轻人类痛苦的呼声都很高。1973 年和 1974 年许多国家都实施了抗旱计划,例如一些萨赫勒国家。

促进降水并不是干旱的唯一应对措施。正如我们将在第 9 章中看到的那样,人们越来越多地使用作物产量模式来预测人工影响天气计划在特定情况下可能对农业生产产生的影响。模式研究非常清楚地表明,热应力是干旱期间的关键因素。在干旱期间,即使将最高温度仅降低 2 ℃或 3 ℃,都可大大减轻干旱的破坏作用。如果确实能够系统地产生这种变化(即降温),那么所产生的抗旱效果将比得上增雨抗旱效果。

如前所述,通过云凝结核(CCN)来生成云的尝试在任何实际意义上都没有成功的希望,但是冰核(IN)可能会在水汽压介于冰面和水面饱和压力之间的部分大气中产生人造卷云。在许多研讨会和会议上都讨论了这种可能性。它确实值得进一步研究,尤其是要确定在干旱期间实施该计划所需水汽压的出现频率。

产生人造卷云来抑制白天温度的另一种可能性是故意过量催化过冷对流云,将其转变成人造砧状云。通过这种方式可在雷暴砧与附近无云层遮挡区域之间的边界处形成温度差,而这种温度差通常会生成中尺度辐合线,这有利于阵雨和雷暴的进一步发展。一旦人们以提高作物产量而不是影响特定天气变量(例如降水或温度)为目标,就能找到许多可能用于控制云系的方法。

第 9 章　人工影响天气对社会的影响

9.1　引言

前述几章中总结了有关播云影响天气条件的物理机制以及当前公认的实现特定作业目标可达到的结果。

通过人工影响天气可以实现某个作业目标,但这一事实本身并不足以成为启动作业项目的理由。人工影响天气项目的实施可能是一个非常复杂的问题。

人们发起了许多人工影响天气作业项目,以期确保经济和社会效益。例如,在机场实施人工影响雾项目,因为如果航班因天气条件(雾)被打断,那么就会给航空公司及其他相关方造成经济损失,此外,航班中断会对乘客造成不便,这也是大家不希望看到的。由于人工影响雾的效果通常是局部的,所以只要有净经济效益,对此类人工影响天气活动就不会有太多的争论。

旨在影响大范围天气的项目则更为复杂。可能有一些人会在此类作业项目中蒙受损失,也有一些人会从中受益。人们需要调和不同群体的利益冲突,这又产生了新的社会和政治安排。人工影响天气在未来可能会产生更大的影响。

在过去的二十年中,已有大量研究倾注于人工影响天气对人类社会的各种影响(Sewell,1966)。本章总结了一些比较重要的研究成果,按经济学、生态学、社会学以及法学和政治学的顺序进行介绍。

9.2　经济考虑

考虑到通过播云技术进行人工影响天气具有不确定性,人们可能会问,为什么在世界范围内如此广泛地采用人工影响天气技术。答案当然是它提供了巨大的经济效益。尽管很难准确衡量,但是可感知的效益远远超过了进行人工影响天气作业的成本。

在美国,仅抑制冰雹项目这一项每年就可节省约 5 亿美元。消除一个热带飓风即可避免多达 10 亿美元的财产损失,并能挽救数千条生命。谈及此处,只需回顾一下 1970 年秋季东巴基斯坦(今孟加拉国)的热带气旋中死亡人数估计为 10 万~30 万,就足以感受到人工影响天气所带来的巨大效应。

但是,到目前为止所开展的经济研究均毫无疑问地表明,具有最大潜在经济影响的是人工增雨。谈及增雨,人们通常首先想到农业,但是额外增加的水对于水力发电、木材和造纸木材的生产以及许多工业应用都具有巨大的经济价值。

我们将简要考虑两种情况,第一种是将播云产生的额外降水通过可控的方式来蓄积和分配,以备以后使用;第二种是将人工降水直接应用于农作物。

9.2.1　利用人工降雨来增加管理供水

在世界上许多干旱和半干旱地区,都有复杂的工程设施用于收集、储存、运输和分配水,这些水通常都来自山区流域的径流。

灌溉和其他水资源管理计划是应用人工影响天气技术的理想场景。如第 7 章所述,对山区冬季风暴进行播云,产生额外径流,此类增雨的效果预测起来最为准确。实际上,水形成于雨季(通常是冬季),但可用于之后的旱季(可能是几年后)。这就避免了在需求最大时(旱季)没有播云条件的尴尬问题。尽管蒸发会损失一些额外的积雪或降雨,但是一旦径流被收集到水库中,蒸发损失就会大大减少。以圣克拉拉山谷水利保护区为例,自 1951 年以来该保护区一直支持播云项目,水库中收集的水通过渗滤床进入地下蓄水层,在那里几乎不受蒸发损失的影响,但随后可以通过抽水回收。

在水资源管理的情景下,可以很容易地计算出播云增雨的经济价值。通常被管理的水资源的价值等同于在其他地方获得水资源并将其运输到最终使用地区的成本。例如,加利福尼亚南部用于灌溉的水资源的价值通常被认为在每立方米 5～10 美分,这也是从加利福尼亚北部和其他水资源富裕地区取水的大致成本。[1] 这些都是保守的数字。美国西部大型灌溉项目的批评者们曾抱怨说,向水资源用户收取的费用通常不能完全覆盖项目成本。没有补贴的市政用水通常每立方米需花费 1 美元或更多。

多年来,目标与控制回归分析表明,AgI 播云可使内华达山脉西南侧流域和类似地带流域的径流量增加 5%～10%,经济可行的播云项目所需流域面积只要 1000 km² 左右即可。该区域的大多数作业项目仅涉及一条干流及其支流。例如,松平坝上方国王河的流域面积约 4000 km²,年平均流量超过 10^9 m³。统计研究表明,播云后国王河年径流量增加了 $5 \times 10^7 \sim 8 \times 10^7$ m³(Henderson,1966),这表明自 1954 年以来在该流域实施的播云项目平均每年产生了价值数百万美元的额外水资源。

几家电力公司发现仅为增加水电而进行地形增雨项目是可行的。通过增雨项目生成额外水资源,进行水力发电,然后再进行灌溉,这样的项目特别具有吸引力。应该强调的是,降雪的重新分布以及降水的绝对增加都可以产生额外的水力发电。通过播云或轻度过量播云降低雪花下落末速度的做法已被证明是可行的(第 4 章和第 7 章)。例如在迎风坡上播云可能会导致低海拔地区降水减少,但高于水力发电设施的高海拔地区的积雪增加。

第 7 章中提到的降雪重新分布的其他示例也具有潜在的经济影响。将降雪向喀斯喀特山脉以东的方向移动可将水资源转移到华盛顿州和俄勒冈州东部的干燥地区,此种方法消耗的能源成本最少。五大湖项目之所以启动,是因为位于五大湖下游的大城市每年花费数百万美元除雪,更不用说湖区暴风雪带来的居民个人生活不便以及工业生产损失了。

9.2.2　旱作农业中增雨对作物产量的影响

世界上有很多地方无法进行灌溉,其作物产量受制于降雨的多少。北美大平原和非洲、澳大利亚和苏联谷物产区的大部分地区都属于此类情况。在这些地区,播云已被广泛应用,以促进农作物产量。这些地区的夏季大部分是对流云降水,而正如我们所见,对流云播云技术不如地形增雨技术成熟。尽管如此,这些地区农业生产非常重要,因此人们需要对增雨的潜在效益进行广泛研究。

对干旱地区增雨可能促进作物增产的研究通常利用了先前开发的作物产量模型。农业经

---

[1]　灌溉水的英制单位是英亩,1 英亩＝1233 m³。

济学家已经开发出了作物产量模型,以研究诸如农业用地价值随降雨变化的问题,并预测灌溉发展的潜在影响。

最简单的作物产量模型利用一些气象变量的季节值(通常从降雨和温度开始)来预测产量。近年来,已经使用多元线性回归分析和其他统计技术开发了更加复杂的模型,以考虑到气象要素的分布及其相互作用的方式对农作物的影响。一些研究小组现有的作物产量模型可以将土壤水分、温度、太阳辐射等要素的每日观测值作为输入资料。

关于干旱地区农业生产中人工影响天气的经济效益,一些最早的预测研究只是注意到以下事实:播云可能会使农作物生长期的降雨量增加 10％～20％,该降水量被转化为降水深度,最简单的作物产量模式便利用年度数据进行分析研究。哪怕仅仅是迫使人们注意到了人工影响天气的巨大潜在影响,模式分析结果也是有用的。

Ramirez(1974)指出,北达科他州西部生长季节每增加 1 mm 降雨,每公顷干草将增产 9 kg,每公顷小麦将增产 7 kg,依此类推[2]。以此为乘数,根据北达科他州的农业总种植面积,可以估算出北达科他州每年的农业总收入将因生长季节降雨增加 10％而增加 4 亿美元。

诚然,Ramirez(1974)的分析过于简单。Huff 和 Changnon(1972)进行了更详细的研究,试图确定在伊利诺伊州人工影响天气的经济效益每年会如何变化。他们的结论是,在大多数研究情况下(即大多数年份),增加降雨将提高玉米和大豆的产量。

过去几年中观测到的农作物产量与降雨量之间的关系在如今有播云计划的情况下可能不会继续存在。如果自然降雨相当于正常降雨量的 90％,且降雨不足由播云补充,这种年份与自然降雨等于正常降雨 100％的年份并不完全相同。众所周知,农作物的产量受到整个生长季节降雨分布的影响,农作物与其他气象变量的关系也会影响其产量。

可以使用更精确的模型来解决上述困难,在该模型中,可以输入每月甚至每天的降雨量以及其他气象要素来预测农作物的产量。例如,最近的一项研究表明,伊利诺伊州的玉米产量通常不会因 6 月的增雨而增加,但在典型的 7 月或 8 月期间,增雨会提高其产量。这些更复杂的计划还允许人们以更实际的方式对播云响应进行建模。如第 7 章所述,对流云播云并不会增加每个云系的降水量,尽管这些云系对某个指定地点的人工增雨均有所贡献。

因此,计算机模拟应关注的问题类似于:如果在 6 月 1 日至 7 月 31 日随机安排三次增雨(20 mm 阵雨)是否会对艾奥瓦州的玉米产量产生积极影响? 如果播云时间可以控制在一两天内会怎么样?

如此详细地模拟作物对增雨的反应,便能使增雨作业的条件更加明确具体,即仅在增雨确实有益于作物时进行作业。显然,如此精细化的调整将使某些作业暂停进行,这是基于现有土壤湿度条件或降水预报(无播云仍会有充足降水)而做出的决定。即使在今天,这些条件仍能体现出干旱地区播云计划处于良性管理之中。

在尽可能多地考虑到上述因素之后,堪萨斯州立大学农业试验站(1978)预测,基于假定的"降水改变方案",堪萨斯州不同地区多种作物的产量都得以增加。例如,他们估计,堪萨斯州西部的小麦产量将每年每公顷增加 100 kg 以上(每英亩 2 蒲式耳),每年堪萨斯州西部农业总收入因播云可增加近 1 亿美元。

---

[2]　对应英制单位:每增加 1 英寸降水量,每英亩干草将增产 200 磅小麦增产 2.7 莆式耳。

9.2.3　抑雹的经济影响

在世界范围内采用抑雹计划的主要动机是冰雹对农作物造成的破坏。据估计,在美国,雹灾平均每年对作物造成的损失接近 7 亿美元(Borland,1977)。作物的大部分损失都集中在"冰雹带"上,即位于高平原上的一块狭长地带,从得克萨斯州延伸至蒙大拿州和北达科他州,海拔在 1300～2000 m。在该地区的部分区域,农作物冰雹保险费率高达每 100 美元保险价值 25 美元。

世界上很多地方的雹灾与冰雹带的雹灾一样严重,甚至更为严重。阿根廷的安第斯山脉下风地区、意大利北部的阿尔卑斯山脉下风地区以及苏联南部的高加索山脉附近都是存在严重雹灾的地区。其中一些地区的经济损失甚至比冰雹带的经济损失还要严重,因为受影响的农作物价值更高。果园和葡萄园也受到了影响;冰雹对果树和葡萄藤的损害可从单次严重天气灾害蔓延至数个季节之后。

因雹灾而受损的农作物的价值并不能准确反映出冰雹造成的总损失,原因在于农民在选择生产策略时会因为冰雹的威胁而退而求其次。例如,一个农民可能会在理想收割时间尚未到来便提前收割小麦,这仅仅是因为每天农作物长在田地里都会增加被冰雹破坏的机会。此外,雹灾损失使农场收入差异增大,这本身就是不良效果。

冰雹保险项目被大家广泛接受,正是因为保险能分散一部分雹灾带来的损失。尽管从长远来看,冰雹保险计划的费用与该地区的雹灾损失费用一样高,但是加上行政费用和其他杂项费用的一定补贴,雹灾地区的大多数农民仍然愿意购买雹灾保险。但是,在遭受极端雹灾袭击的地区也有例外情况,那里的保费有时达到被保险作物价值的 30%～40%。在这样的地方,一些农民仅对部分农作物投保,只要保证来年他们还有足够的钱继续种植农作物即可,对于剩下未投保的农作物,只能任其暴露于雹灾风险之中。

从以上内容可见,成功的抑雹计划可以产生巨大的经济效益。苏联抑雹项目的作业人员根据目标-控制分析估计,每年的经济效益总计可达数千万卢布(Sulkavelidze et al.,1974)[3]。但是,降雨变化对作物产量的影响非常重要,如果抑雹计划同时导致降雨减少,那么就将很快失去其经济吸引力。除了在农作物收获前或收获期间播云以抑制冰雹之外,其他时间的抑雹计划只有在降雨保持不变或略有增加的情况下才有可能产生经济效益。在美国国家科学基金会进行的抑雹技术评估(TASH)中,已对这一综合效应问题进行了详尽的研究(Changnon et al.,1977;Farhar et al.,1977)。该研究考虑了社会和法律因素以及经济因素。其中经济学研究具有特别的意义,因为研究人员试图对抑雹可能带来的经济价值进行定量研究,同时假设该计划对降雨具有特定的影响。

研究结果表明,在美国可能采用抑雹计划的地区非常有限。图 9.1a 举例说明了位于美国西部的一个估算区域,在该地区如果能同时实现 40% 的抑雹效果和农作物生长季节 8% 的增雨效果,那么到 1985 年就可能开始进行抑雹作业。

在图 9.1b 所显示的地区,如果有 30% 的抑制效果且降雨没有变化,那么到 1995 年可能会进行抑雹计划。对于图 9.1b 这种情况,只有出现严重冰雹问题的地区才有可能采取抑雹计划。

---

[3]　1 卢布=1.5 美元。

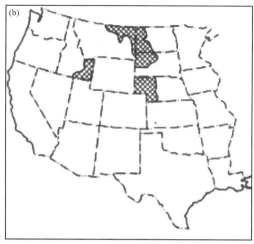

图 9.1　美国西部地区可能在两种不同条件下采用播云抑雹的地区

(a)到 1985 年,假设抑雹效果为 40％,且与之相关的降雨增加 8％,(b)到 1995 年,假设抑雹效果为 30％,并且对降雨没有影响。上述分析考虑了科学、经济、法律和社会因素(Farhar et al.,1977)

9.2.4　总收益与净收益之间的区别

截止到目前,我们的讨论都集中在通过人工影响天气可能获得的总经济效益上。

在计算人工影响天气带来的潜在净收益时,很明显必须扣除播云作业的直接成本。直接成本的扣除不会成为实施增雨或抑制冰雹项目的严重障碍,只要能够获得所需的效果即可。南达科他州和北达科他州这两州的项目覆盖范围广泛,每年可获得约 100 万美元的资助。显然可以以每年不到 200 万美元的费用将项目覆盖到上述两州中任意一州的所有县。这笔费用并不是一个可怕的障碍,因为上述两州每年的项目总收益均超过了 1 亿美元。但是,在某些其他类型的项目中,运行成本是一个重要因素,例如人工影响雾,因为其潜在的经济回报要小得多。

此外,还存在与人工影响天气项目相关的大量间接成本,其中包括增产农作物的加工成本。一个州的小麦产量增加(例如 5 亿 kg)会带来收割、储存和运输的额外费用。在许多季节,农民可能会发现有必要提供更多的肥料才能维持更高的产量。

对于人工影响天气的经济效益而言,最重要的限制因素可能是其对价格的影响。农产品价格是弹性的,甚至是波动的,尽管供应量的变化只有几个百分点,但是农产品的价格随之上涨或下跌的比例会大得多。毫无疑问,由于播云可能造成的影响,可再生资源委员会预计 1976 年美国大豆总产量可能增加 5％,这会导致大豆价格下跌。由于人工影响天气而导致农产品价格下降,会使应用技术的经济效益从农民的口袋中转移到食品加工商或消费者的口袋中(Borland,1977)。

从单个生产商的角度来看,理想的情况是他使用新技术而其他生产商则不使用新技术,这样便不会对价格产生明显影响。虽然单个生产商进行一项人工影响天气项目是不可行的,但是生产商团体可以一道实施人工影响天气项目,因此需要考虑到项目对当地和区域的影响。例如,如果事实证明人工影响天气可以增加美国北部平原的降雨量,但不会增加美国东南部的降雨量,那么北部平原的经济将从人工影响天气项目中获益,而东南部虽同样付出了成本,却没有获得收益。先前提到的堪萨斯州研究(Agricultural Experiment Station,1978)发现,如果在全州范围内成功地实施人工增雨,那么堪萨斯州西部地区可从中获益,而该州东部地区虽同样付出了增雨的成本,但却无法从中获益。

美国农业的区域竞争并不新鲜。大约在20世纪初,西部灌溉农业的发展无疑对东部许多州的农业经济带来负面影响,即使东部城市的消费者因较低的蔬菜价格而受益。当时,没有计算机和经济模型可以事先估算出这些变化的总体影响,但是回想起来,这些变化是巨大的。

用复杂的计量经济学模型研究,人工影响天气对区域乃至整个国家经济的影响研究才刚刚开始。[4]这些模型本身仍处于开发阶段,可能会产生相互矛盾的结果,但与广泛采用的新技术比起来,这些模型更为可取,因为新技术对经济的终极影响没有任何保障。

9.3　生态考虑

在过去的20年中,技术变革对环境的影响在美国受到越来越多的关注。人工影响天气是在相当大的范围内刻意地改变环境,因此需要就其对环境的影响进行分析和研究,这不足为奇。

在考虑人工影响天气对环境的影响时,有必要区分以下两种情况:一是播撒到大气中的催化剂具有副作用,可引发环境的偶然变化;二是因播云实际产生的天气或气候变化。

9.3.1　催化剂的副作用

对催化剂的大多数关注都集中在AgI上,其他催化剂的使用不如AgI广泛。此外,这些催化剂中的大多数是可溶化合物(如NaCl或尿素),或是可生物降解的有机化合物(如1,5-二羟基萘),因此不会长时间停留在大气之中。干冰迅速蒸发成CO_2气体,尽管人们对商用干冰有时会被其他气体污染这一事实表示担忧。碘化铅(PbI_2)在苏联被广泛用于抑雹作业,但在美国却从未使用过。因此,在美国,大家关注人工影响天气对生态和人类健康可能造成的损害,因此开始关注AgI对环境的影响。

对AgI可能副作用的调查涵盖了如下方面:每年释放的总量、从播云风暴下落的雨雪中AgI的浓度、溪流和土壤中AgI的演变以及其毒性程度等。

由"天水"(Skywater)项目资助的环境研究已经总体概述了播云项目中银在大气、水和土壤中的传输(Howell,1977)。根据提交到商务部的报告,在美国,1977年通过播云向大气释放的AgI的总量是1512 kg(Charak,1978)。为了客观地看待这一数字,人们需要注意到,在美国,工业每年向大气中排放的银大约有135~360 Mg(Environmental Protection Agency,1973)。

从播云风暴下落的雨雪中AgI浓度约为10^{-12},即十亿分之一(1 ppb)以下。AgI不溶于水,不易被冲进大海,但会沉积在土壤和河床底部。

AgI毒性的早期研究主要是文献检索。有人指出,AgI在一般意义上没有毒性。

在过去的几年中,许多实验室已经着手研究AgI对生物的影响。这些实验原则上类似于目前加拿大著名的实验,该实验给老鼠喂食糖精,糖精浓度大大高于普通饮食中所含糖精的浓度。AgI类比实验包括充满了AgI饱和溶液的水族馆,这些水族馆充当低等植物生活的场所,并且包括蚱蜢实验,这些蚱蜢被喂食在AgI或其他银化合物饱和土壤中生长的植物。到1977年为止,实验结果总体上令人放心,没有证据表明AgI对生物过程有干扰作用(Klein,1977)。

4　Weisbecker(1972)描述了斯坦福研究所(现为SRI国际)一项早期且值得注意的研究,即为:增加流量对科罗拉多河的影响的研究。

9.3.2　人工影响天气的生态影响

人工影响天气对动植物的影响可能比催化剂的副作用更为严重。

有人认为,由于人工影响天气产生的影响属于自然天气变化的范围之内,因此不会对动植物造成长期影响。这个说法是不正确的。动植物会对天气产生微妙的反应。有时,年平均降雨量是一个控制因子。有时,十年或更长时间里最干旱的一年是限制物种传播的因素;有时,天气因素会共同产生影响。一项正在进行中的人工影响天气项目就可以改变天气的统计数据,从而改变当地的生态(Cooper,1975)。

例如,研究这些问题时,我们可能会注意到在美国内政部资助下进行的有关人工影响天气对落基山脉动植物影响的研究(Howell,1977)。研究结果表明,增雪项目的主要影响是延迟春季积雪的融化。积雪增加 10%,便很容易将春季地面裸露时间(即积雪完全融化)推迟一到两周,这肯定会对植被的出现及依赖该植被生存的动物产生影响。如麋鹿之类的本地物种是否可以通过停留在低海拔地区直到高山草甸变为无雪状态来成功地适应这种变化,这是需要进一步研究的课题。

我们需要强调这些问题的重要性,但与此同时,我们也要注意到,这些问题都涉及一些价值判断。与喜鹊和豪猪相比,我们可能更喜欢鹰和麋鹿,但是没有客观的方法可以确定任何一种物种比另一个物种更加具有内在优越性。因此,伴随着播云可能发生的动植物变化是好是坏,无法就此给出明确的判断。

现在,大多数生态学家都同意,静态生态系统不一定优于动态生态系统,而且许多自然生态系统正在发展演化之中。对此不知情的人有时会谈到自然的平衡,就好像(1)自然平衡早就建立了,但(2)处于不稳定状态,任何干扰都会带来灾难性的后果。实际上,由于气候的自然波动、土壤的侵蚀或沉积以及由于物种之间极其复杂的相互作用而产生的意想不到的变化,一个地区的物种组成通常处于不断变化的状态。过度拥挤或新病毒的出现可引发流行病,闪电可引发山火,火山爆发也有可能发生,正是诸如此类的种种因素才使得变化成为如今的常态,无论是否有人类及其技术的干预。

在考虑生态影响时,一定要有系统的方法。例如,考虑催化地形云以获得发电径流的情况。这具有一定的生态影响,在对此进行评价时,需要注意到其替代方案,包括增加煤炭开采量或修建从另一地区输入电力的电力线,这样便能使我们做出判断时具有洞察力。在农业中,应将因播云而引起的生态扰动与肥料生产和施用、空中施用杀虫剂以及其他可用于增加粮食产量的方法所引起的扰动进行比较。

9.4　社会学考虑

即便人工影响天气可以带来潜在的经济效益,并且没有颠覆性的生态影响,每个人对采用此类新技术的态度也存在很大差异。

大约 5% 或 10% 的人口(创新者)几乎可以接受任何技术变革。相反,有些人则不希望看到任何技术变化。绝大多数人口处于中立位置,既没有积极促进引进新技术,也没有强力反对采用新技术。

社会学家将引入新技术的人称为“变革推动者”。在人工影响天气的情况下,变革推动者可能是播云公司的代表、大学研究人员或负责实施或监管人工影响天气项目的政府官员。人工影响天气项目的接受程度取决于用户组成员和公众对变革推动者的认同程度,也同样取决于接受程度所依据的客观数据(Mewes and Farhar,1977)。

继社会学的早期作者之后,Farhar(1975)指出,许多人对播云的看法是由"影响力者"塑造的,他们也可能被称为"舆论制造者"。舆论制造者往往是非常成功的农民和牧场主、当地商人、县代表等。在他们的邻居眼中,这些人对新技术的发展拥有丰富的知识,因此成为了广大用户与上述变革推动者之间的沟通桥梁。

社会科学家针对大众对人工影响天气项目的态度进行了许多调查研究,并试图将研究结果与受访者的性别、年龄、受教育程度、工作状况和宗教信仰相关联。其中最广泛的调查与科罗拉多州国家冰雹研究实验(Borland,1977)和南达科他州人工影响天气作业项目有关(Farhar,1974,1975)。在南达科他州进行大范围播云作业之前,于 1972 年对约 300 名南达科他州受访者进行了抽样调查,并在接下来的几年中对这些人的意见进行了多次抽样分析(表9.1)。在整个采样期间发生的事件包括该州播云作业项目的启动、1972 年的"拉皮特城"洪水、1973 年和 1974 年的严重干旱以及 1976 年该州停止资助播云作业项目。

表 9.1 南达科他州作业计划初期有关播云功效的观念变迁[a]

		1972 年春季	1972 年秋季	1973 年
您认为播云实际上可以增加降水吗?	不可以	13%	11%	14%
	不知道	39%	15%	17%
	可以	48%	74%	69%
	受访者数量:	435	368	326
您认为播云实际上可以抑制冰雹吗?	不可以	14%	18%	19%
	不知道	67%	43%	29%
	可以	19%	39%	52%
	受访者数量:	435	367	326

[a] 引自 Farhar(1975)。

南达科他州项目最初之所以被接受,是因为该项目得到了科学界的认可,并且将带来明显的经济效益。但是播云项目未能避免 1973 年和 1974 年夏末的干旱。此外,人们逐渐意识到,科学界对此类项目的有效性也存在分歧,于是对该项目的反对之声就越来越多了。尽管民意调查显示南达科他州的大多数人还是会投票赞成在 1976 年继续实施该项目,但强烈反对该项目继续进行的民众对州立法机构施压,击败了项目支持者(Mewes,1977a)。

在 Farhar 等人的研究中发现了一些有趣的观点,例如,在塑造有关人工影响天气的观点时,宗教信仰仅对极少数人口有效。而南达科他州的居民对人工影响天气的态度却并未由于1972 年发生的拉皮特城洪水而发生明显变化,尽管新闻媒体对洪水当天进行的实验性播云飞行进行了广泛宣传(Farhar,1975)。

对于人工影响天气技术在应用上的困难,有一种不可避免的情况是,按照经济效益划分一个地区的人口,这样就可以(正确或错误地)将某些人群确定为人工影响天气项目的受损者(Haas,1973)。例如,"蓝岭人工影响天气项目"于 1957 年由谢南多厄河谷和弗吉尼亚州、西弗吉尼亚州、马里兰州和宾夕法尼亚州邻近地区的果农发起,旨在抑制冰雹对果园的损害。但是,由于该地区的农民担心抑雹作业会减少降雨,该项目于 1964 年左右终止(Howell,1965;Mewes,1977b)。科罗拉多州南部圣路易斯山谷的一个项目因赞助商之间的分歧而失败,这些赞助商是与啤酒厂签订大麦种植合约的农民以及附近的牧场主,该项目的失败也是因为对其科学价值失去了信心(Mewes and Farhar,1977)。

另一个利益分歧的例子是科罗拉多河流域上游的增雪项目,其目的是下游的灌溉。科罗拉多州乌雷附近的居民担心增雪可能引发雪崩,因此引发了对该项目的抗议。随后,该项目规定,在目标区域的积雪如果已超过正常降雪的水平,则暂停增雪;或者在大雪期间预报可能会发生雪崩,也需暂停增雪。如此才平息了抗议者们的怒气。

9.5　法律考虑

像人工影响天气那样影响到这么多人的事物必然会引发法律问题,这些法律问题所涉及的范围从本地跨越到国际。

1976 年由美国律师协会在杜克大学赞助下举办了一次专题研讨会议,主题为人工影响天气的相关法律问题。尽管没有形成连贯性的会议记录集,但此次会议的举办为人工影响天气的相关律法提供了十分有价值的参考(Thomas,1977)。此外,此次研讨会也形成了许多有价值的论文(Davis,1974)。

有关人工影响天气活动的法律行为主要有两种形式:(1)诉讼案件,(2)立法和监管。

9.5.1　诉讼案件

多数诉讼案件都是由人工影响天气项目的反对者提起的,他们试图禁止进一步的活动或要求赔偿损失。针对人工影响天气从业者提起诉讼的依据包括:(1)非法侵入;(2)公众滋扰;(3)过失;(4)土地所有者对雨水(自然可能给予到他的土地之上)具有沿岸权的概念;(5)严格责任(Davis,1974)。

严格责任的概念认为,人工影响天气本质上是一种超危险作业。在法律上通常认为,即使没有关于过失或疏忽的证明,从事超危险作业的从业人员也应对由此作业造成的所有损害承担严格责任。因此,毫无疑问的是,人工影响天气从业者试图在州法令中纳入明确的声明,即人工影响天气不是超危险作业。他们在少许几个案件中取得了成功(Davis,1974)。

为了依据上述任何一种概念获得损失赔偿,原告必须证明他遭受了经济损失。针对人工影响天气从业者的诉讼几乎一律以败诉告终。有人说这是因为没有人能证明人工影响天气有任何影响。虽然这句话可能有道理,但是被告通常没有以此作为辩词。法庭记录显示,在大多数情况下,被告坚持认为自己的播云活动会产生影响,但被告也详细辩称,其播云的影响并非是原告所提出的影响(Mann,1968;Davis and St.-Amand,1975)。

9.5.2　立法和监管

近年来,有关人工影响天气项目的大多数法律活动都与立法有关,而不是与诉讼案件有关。现在,美国 50 个州中大约 30 个州都针对人工影响天气活动制定了法规。许多州都将人工影响天气协会制定的示范法的部分内容纳入本州法规中。[5]州法令中有关人工影响天气的基本内容包括对人工影响天气从业者的许可要求、进行特定项目的许可以及在批准进行该项目之前举行公开听证会。Farhar 和 Mewes(1975)对 1974 年末州法律中包含的关键要素进行了列表归纳,如表 9.2 所示。

---

[5]　示范法见 J. Weather Modification 2,221-224(1970)。

表 9.2　各州人工影响天气法规的选定特征[a]

州名	1	2	3	4	5	6	7	8	9	10	11	12	13	14	15	16	17	18	19	20
											法律特征									
亚利桑那州	f	否	—	否	否	是	否	—	否	是	是	abc	是	否	否	否	否	否	否	否
加利福尼亚州	b	否	—	否	否	是	否	—	否	是	是	b	是	是	否	是	否	否	否	否
科罗拉多州	a	是	是	否	否	是	是	否	是	是	是	ac	是	否	否	否	a	否	是	是
康涅狄格州	d	是	否	否	否	否	否	—	否	否	否	—	否	否	否	否	否	是	否	否
佛罗里达州	a	否	—	否	否	否	是	是	否	是	是	abc	否	否	是	否	否	否	否	否
夏威夷州	a	否	—	否	否	否	否	—	否	否	否	—	否	否	否	否	否	是	否	否
爱达荷州	c	否	—	否	否	否	是	否	是	是	否	—	是	否	否	否	b	是	否	是
伊利诺伊州	f	是	是	是	否	是	是	—	是	是	是	b	否	是	否	否	否	否	否	否
艾奥瓦州	d	是	是	否	否	是	否	是	是	否	是	—	是	否	是	是	a	否	是	否
堪萨斯州	b	否	否	否	是	是	否	否	是	是	是	b	是	否	是	否	否	否	是	否
路易斯安那州	c	否	—	否	是	是	否	是	否	否	是	a	是	否	否	否	a	否	否	否
马萨诸塞州	d	是	否	否	否	是	否	否	否	是	是	a	否	否	否	否	a	是	否	否
明尼苏达州	f	否	—	否	否	是	否	否	是	否	否	b	否	否	是	是	b	否	否	否
蒙大拿州	a	否	否	否	否	是	是	是	否	是	是	a	是	否	否	否	否	是	是	否
内布拉斯加州	c	是	否	否	否	是	否	否	是	是	否	b	是	否	否	是	否	否	否	否
内华达州	f	是	—	是	是	是	否	否	否	是	是	b	是	否	否	否	否	是	是	否
新罕布什尔	f	否	—	否	否	是	否	否	否	是	否	—	是	否	否	否	否	否	否	否
新墨西哥州	d	否	—	否	否	是	否	是	否	是	是	b	是	否	否	是	b	是	是	是
纽约州[b]	f	否	—	否	否	是	否	是	是	是	是	否	是	否	否	是	否	否	否	是
北达科他州	e	是	—	是	否	是	否	是	否	是	是	abc	是	否	否	是	否	是	是	否
俄克拉何马州	b	是	否	是	否	是	否	否	是	是	是	b	是	否	否	是	否	是	否	否
俄勒冈州	c	是	—	是	否	是	否	否	否	是	是	abc	是	否	否	是	否	是	是	是
宾夕法尼亚州	c	是	否	否	否	是	否	是	否	是	是	abc	是	否	否	是	b	是	否	否
南达科他州	a	是	否	否	是	是	否	否	否	是	是	abc	是	是	是	是	否	是	否	否
得克萨斯州	b	否	—	否	否	是	否	否	是	是	是	b	是	否	否	是	b	是	是	否
犹他州	b	否	是	否	否	是	否	是	否	是	是	b	是	是	否	是	a	是	否	否
华盛顿州	a	否	是	否	是	是	否	否	是	是	是	abc	是	否	是	否	否	否	是	否
西弗吉尼亚州	e	是	—	否	否	否	否	—	否	是	是	a	否	否	否	否	否	否	否	否
威斯康星州	f	否	否	否	否	否	否	—	否	否	是	ac	否	否	否	否	否	否	否	否
怀俄明州	d	否	—	否	否	否	否	—	是	是	是	—	是	否	否	否	否	否	是	否

1 管理机构
a. 自然资源/自然保护部
b. 水资源部
c. 农业部
d. 特殊天气控制委员会
e. 航空委员会
f. 其他
2 咨询委员会规定
3 指定咨询委员会成员资格
4 人工影响天气区
5 税收条款
6 需要执照
7 需要财务责任证明
8 指定的财务责任金额
9 需要许可证
10 需要提供从业者报告

11 已明确对违反规定的制裁
12 已明确惩罚
a. 罚款
b. 吊销执照或许可证
c. 被判监禁
13 保障公共安全等
14 需要 EIS(非全尺寸)
15 紧急行动规定
16 是否需要发布意向书
17 公开听证会规定
a. 必做
b. 选做
18 政府间合作
19 对大气水拥有州主权
20 防止项目间污染

a 引自 Farhar 和 Mewes(1975)。

b 为了确定纽约州人工影响天气立法的存在,我们致电了州总检察长办公室和一位州议员。该议员曾经就人工影响天气立法作出提案,但未能通过。这两个消息来源都不知道有监管人工影响天气的州法律。但是,在本文出版之时,康奈尔法律图书馆通过邮件向本书作者发送了约纽约州《一般市政法》第 119-p 节的副本,关于利用大气水资源的相关项目。该法规实质上在"进行或参与旨在开发利用大气水资源的项目,实验和其他活动,并对此类活动进行科学评估,或者为此签订合同,拨款和花费资金"方面授权进行市政合作。根据本文概述的标准,该法律本质上是不全面的。

有关人工影响天气的州法律覆盖范围广泛,既包括通过对人工影响天气区提供税收权限来支持人工影响天气,也包括限制性极强的法令,这类法令对人工影响天气形成有效的禁令。

许多州法律或法规的一个共同点就是要求在颁发项目实施许可证之前在受影响的地区举行公开听证会。该要求可以使当地居民而不仅仅是项目发起人有机会表达自己的看法。1972年,该要求导致科罗拉多州圣路易斯山谷进行作业活动的许可被拒绝。多年来,那里的播云作业一直是争论的焦点(Davis,1974)。

到目前为止,还没有联邦法规来管理人工影响天气科研或作业项目。但是,在20世纪50年代中期,联邦政府授权人工影响天气咨询委员会收集从业者的人工影响天气报告,自此联邦政府断断续续地提出了针对该项报告的要求。目前,有权收集和汇编报告的机构是美国国家海洋和大气管理局(Charak,1978)。

9.5.3　人工影响天气与国际法

因为人工影响天气技术的应用,国与国之间发生相互影响,许多法律学者已经就此撰写了相关设想和方案(Weiss,1972)。尽管实际上还没有发生激烈的对抗,但一个国家在人工影响天气上所取得的进展可能会成为与邻国争论的主题。缺水地区的小国如果进行播云作业,则特别可能会引发上述争议。尽管如此,现有的初步迹象表明,在实施人工影响天气项目的下风方是降雨增加而非减少,这一事实可能会减少发生严重冲突的可能性。

大多数有关地球物理战争的建议,例如将飓风引向不友好的国家以破坏其经济,目前实施起来还完全不现实。然而,播云可使热带飓风的强度或轨迹发生变化,因此一些国家表示对"雷霆风暴"项目有所顾虑。大约在1972年,美国原本有计划将"雷霆风暴"项目转移到西太平洋,但因为中国和日本的反对,该计划最终被放弃。

在越南战争期间,美国军方试图利用人工影响天气来破坏老挝和越南越共军队的运输系统,这一历史事件如今已为人所熟知。公众的不满导致美国国会于1974年通过立法,禁止发起人工影响天气和其他形式的地球物理战争。美国和苏联于1974年发起了一项国际决议,禁止恶意使用人工影响环境技术。联合国大会于1976年批准了此决议。如果有20个国家批准,则该决议将生效。人工影响天气咨询委员会(1978)建议美国批准该决议。

9.6　结论

具有象征意义的是,一个始于1946年一位科学家从一架轻型飞机上投放干冰的故事,最后却终结于联合国大会在1976年通过的一项决议。

《人工影响天气》及其他期刊均有文章表达了对这30年间人工影响天气进展缓慢的急切心情。然而,在这30年中,几乎世界上每个国家都感受到了初期播云实验的影响。美国和其他国家仍在努力制定有关人工影响天气的国家政策,这恰恰说明了人工影响天气这一问题的复杂性。不仅必须减少关于播云效果的科学不确定性,而且必须建立公平的机制来平衡一个国家之内和不同国家之间各群体的利益。

尽管人工影响天气咨询委员会在1978年的报告中表示了乐观的态度,但本书作者并不相信,美国政府扩大对播云研究的支持就能在20年内搞定上述未解决的问题。期待利用研究结果大大降低科学不确定性,进而证明继续进行人工影响天气项目的决定是无风险的,这种设想是不太可能实现的。我们能够期待的是,尽管人工影响天气相关知识并不完备,配套的社会和法律安排也不完善,但在这样的背景下人工影响天气仍将继续发展下去(如果有的话)。

从长远来看,毫无疑问,人类将利用其在物理和生物科学各个领域不断增长的知识来提升自己的幸福感。如果他们在人工影响天气这一领域没有这么做,那将是非常令人惊讶的。

参考文献[1]

Abshaev, M. T. , and Kartsivadze, A. I. (1974). Proc. WMO/IAMAP Scientific Conf. Weather Modificationr Tashkent, 1973, p. 343.

Adderley, E. E. (1968). Proc. Nat. Weather Modification Conf. , Albany, New York, 1st、1968, p. 42.

Advisory Committee on Weather Control (H. T. Orville, Chairman) (1957). "Final Report of the Advisory Committee on Weather Control. " Vol. I, 32 pp. , Vol. II , 422 pp. U. S. Govt. Printing Office, Washington, D. C.

Agricultural Experiment Station (L. D. Bark, Project Leader) (1978). "A Study of the Effects of Altering the Precipitation Pattern on the Economy and Environment of Kansas. 211 pp. Departmental Rep. 5-425, Dept, of Physics, Kansas State Univ. , Manhattan.

Alusa, A. L. (1974). Int. Tropical Meteorol. Meet, Nairobi, 1974, p. 302 (preprints).

Atlas, D. (1977). Science 195, 139.

Auer, A. H. , Jr. , Veal, D. L. , and Marwitz, J. D. (1970). Weather Modification 2, 122.

Aufm Kampe, H. J. , and Weickmann, H. K. (1951). J. Meteorol. 8, 283.

Aufm Kampe, H. J. , Kelly, J. J, and Weickmann, H. K. (1957). In "Cloud and Weather Modification," pp. 86-111. Meteorol. Monogr. 2, No. 11, Am. Meteorol. Soc. , Boston.

Barrett, E. W. (1975). Crit. Rev. Environ. Control. 6 (1), 15.

Batchelor, G. K. (I960). "The Theory of Homogeneous Turbulence," Student ed. , 197 pp. Cambridge Univ. Press, London and New York.

Battan, L. J. (1966). J. Appl. Meteorol. 5, 669.

Battan, L. J. (1967). J. Appl. Meteorol. 6, 317.

Battan, L. J. (1973). "Radar Observation of the Atmosphere," 324 pp. Univ. of Chicago Press, Chicago.

Battan, L. J. (1977). Bull. Am. Meteorol. Soc. 58, 4.

Battan, L. J, and Braham, R. R, Jr. (1956). J. Meteorol. 13, 587.

Battan, L. J. , and Kassander, A. R. , Jr. (1967). In Proc. Berkeley Symp. Math. Statist. Probab. 5th, Vol. V: Weather Modification Experiments (L. LeCam and J. Neyman, eds.), pp. 29-33. Univ. of California Press, Berkeley.

Baughman, R. G, Fuquay, D. M, and Mielke, P. W, Jr. (1976). J. Appl. Meteorol. 15, 790.

Beard, K. V. (1976). J. Atmos. Sci. 33, 851.

Beheng, K. K. (1978). J. Atmos. Sci. 35, 683.

Bergeron, T. (1935). Proc. Conf. Int. Union Geodysy and Geophysicsy Lisbon, 1933, Part II , pp. 156-178.

Bergeron, T. (1949). Tellus 1, No. 1, 32.

Berry, E. X (1967). J. Atmos. Sci. 24, 688.

Berry, E. X (1968). Proc. Nat. Conf. Weather Modification, Albany, New York, 1st, 1968, p. 81.

Bethwaite, F. D. , Smith, E. J. , Warburton, J. A. , and Heffeman, K. J. (1966). J. Appl. Meteorol. 5, 513.

Bibilashvili, N. Sh. , Gaivoronski, I. I. , Godorage, G. G. , Kartsivadze, A. I. , and Stankov, R. N. (1974). Proc.

---

[1]　参考文献沿用原版书中内容，未改动。

WMO/IAMAP Scientific Conf. Weather Modification,Tashkent,1973,p. 333.

Bigg,E. K. ,and Meade,R. T. (1971). Proc. Int. Conf. Weather Modification Canberra,1971,p. 141.

Biondini,R. ,Simpson,J. ,and Woodley,W. (1977). J. Appl. Meteorol. 16,585.

Biswas,K. R. ,and Dennis,A. S. (1972). J. Appl. Meteorol. 11,755.

Biswas,K. R. ,Kapoor,R. K. ,Kanuga,K. K. ,and Murty,Bh. V. R. (1967). J. Appl. Meteorol. 6,914.

Blair,D. N. (1974). J. Weather Modification 6,238.

Blair,D. N,Davis,B. L,and Dennis,A. S. (1973). J. Appl. Meteorol. 12,1012.

Borland,S. W. (1977). In "Hail: A Review of Hail Science and Hail Suppression" (G. B. Foote and C. A. Knight,eds.),pp. 155-175. Meteorol. Monogr. 16,No. 38. Am. Meteorol. Soc. ,Boston.

Boutin,C. (1970). "Contrôle Statistique et Contrôle Physique des Operations de Prévention de la Grêle," 97 pp. Doctoral thesis,Univ. of Paris.

Boutin,C. ,Isaka,H. ,and Soulage,G. (1970). Nat. Conf. Weather Modification,Santa Barbara,2nd,1970. p. 134 (preprints).

Bowen,E. G. (1966). J. Appl. Meteorol. 5,156.

Braham,R. R. ,Jr. (1964). J. Atmos. Sci. 21,640.

Braham,R. R. ,Jr. (1976). Papers presented at WMO Scientific Conf. Weather Modification,Boulder,2nd, 1976,p. 435.

Braham,R. R. ,Jr. (1979). J. Am. Stat. Assoc. 74,57.

Braham,R. R. ,Jr. and Sievers,J. R. (1957). In "Artificial Stimulation of Rain" (H. Weickmann and W. Smith, eds.),PP. 250-266. Pergamon,Oxford.

Braham,R. R. ,Jr. ,Battan,L. J. ,and Byers, H. R. (1957). In "Cloud and Weather Modification,"pp. 47-85. Meteorol. Monogr. 2,No. 11. Am. Meteorol. Soc. ,Boston.

Braham,R. R. ,Jr. ,McCarthy,J. ,and Flueck,J. A. (1971). Proc. Int. Conf. Weather Modification,Canberra, 1971,p. 127.

Brazier-Smith,R. R,. Jennings,S. G,. and Latham,J. (1973). Q. J. R. Meteorol. Soc. 99,260.

Brier,G. W. (1974). In "Weather and Climate Modification" (W. N. Hess, ed.), pp. 206-225. Wiley, New York.

Brier,G. W,and Enger,I. (1952). Bull. Am. Meteorol. Soc. 33,208.

Brier,G. W. ,Grant,L. O. ,and Mielke,P. W. ,Jr. (1974). Proc. WMO/IAMAP Scientific Conf. Weather Modification,Tashkent,1973,p. 439.

Brown,K. J. ,Elliott,R. D. ,and Thompson,J. R. (1976). Papers presented at WMO Scientific Conf. Weather Modification,Boulder,2nd,1976,p. 465.

Browning,K. A,and Foote,G. B. (1976). Q. J. R. Meteorol. Soc. 102,499.

Brownlee,K. A. (1960). J. Am. Stat. Assoc. 55,446.

Buikov,M. V. ,Kornienko,E. E. ,and Leskov,B. N. (1976). Papers presented at WMO Scientific Conf. Weather Modification,Boulder,2nd,1976,p. 135.

Burkardt,L. A. ,and Finnegan,W. G. (1970). Nat. Conf. Weather Modification,Santa Barbara,2nd,1970,p. 325 (preprints).

Burkardt,L. A. , Finnegan, W. G. , Odencrantz, F. K. , and St. -Amand, P. (1970). J. Weather Modification 2,65.

Burtsev, I. I. (1976). Papers presented at WMO Scientific Conf. Weather Modification, Boulder, 2nd, 1976, p. 217.

Butchbaker,A. F. (1973). J. Weather Modification 5,133.

Byers, H. R. (1965). "Elements of Cloud Physics," 191 pp. Univ. of Chicago Press, Chicago.

Byers, H. R. (1974). In "Weather and Climate Modification" (W. N. Hess, ed.), pp. 3-44. Wiley, New York.

Chang, L.-P. (1976). Reevaluation of Rapid Project Data, 58 pp. M. S. thesis, Department of Meteorology, South Dakota School of Mines and Technology, Rapid City, South Dakota.

Changnon, S. A., Jr. (1968). Bull. Am. Meteorol. Soc. 49, 4.

Changnon, S. A., Jr. (1975). J. Weather Modification 7, (1), 88.

Changnon, S. A. Jr. (1977). Bull. Am. Meteorol. Soc. 58, 20.

Changnon, S. A. Jr., Semonin, R. G., and Huff, F. A. (1976). J. Appl. Meteorol. 15, 544.

Changnon, S. A. Jr., Davis, R. J., Farhar, B. C., Haas, J. E., and Swanson, E. R. (1977). Conf. Planned and Inadvertent Weather Modification, Champaign-Urbana, 6th, 1977, p. 126 (preprints).

Chappell, C. F, and Johnson, F. L. (1974). J. Appl. Meteorol. 13, 374.

Charak, M. T. (1978). J. Weather Modification 10, 165.

Chen, Y.-H., Davis, B. L., and Johnson, L. R. (1972). Conf. Weather Modification, Rapid City, 3rd, 1972, p. 10 (preprints).

Chiu, C. S. (1978). J. Geophys. Res. 83, 5025.

Chong, S.-L., and Chen, C.-S. (1974). J. Atmos. Sci. 31, 1384.

Cooper, C. F. (1975). Abstr. Special Regional Weather Modification Conf. Augmentation Winter Orographic Precip. Western U. S., San Francisco, 1975, p. 192.

Cooper, W. A. (1978). Summary Rep. on HIPLEX Design Workshop, Dillon, Colorado, December 5-9, 1977, pp. 9-26. U. S. Dept, of the Interior, Denver Federal Center.

Court, A. (1960). Journal of the Irrigation and Drainage Division. Proc. Am. Soc. Civ. Eng. 86, No. IR1, 121.

Court, A. (1967). In Proc. Berkeley Symp. Math. Statist. Probab., 5th, Vol. V: Weather Modification Experiments (L. LeCam and J. Neyman, eds.), pp. 237-251. Univ. of California Press, Berkeley.

Crow, E. L., Long, A. B., and Dye, J. E. (1977). Conf. Planned and Inadvertent Weather Modification, Champaign-Urbana, 6th, 1977, p. 150 (preprints).

Cunningham, R. M., and Glass, M. (1972). Conf. Weather Modification, Rapid City, 3rd, 1972, p. 175 (preprints).

Danielsen, E. F., Bleck, R., and Morris, D. A. (1972). J. Atmos. Sci. 29, 135.

Davies, D. A. (1954). Nature (LONDON) 174, 256.

Davis, B. L. (1972a). J. Appl. Meteorol. 11, 366.

Davis, B. L. (1972b). J. Atmos. Sci. 29, 557

Davis, B. L" and Blair, D. N. (1969). J. Geophys. Res. 74, 4571.

Davis, B. L., Johnson, L. R., and Moeng, F. J. (1975). J. Appl. Meteorol. 14, 891.

Davis, B. L" Johnson, L. R" Sengupta, S" and Yue, P. C. (1978). Ground Level Measurement of Nuclei from Coal Development in the Northern Great Plains: Baseline Measurements, 168 pp. Rep. 78-14, Institute of Atmospheric Sciences, South Dakota School of Mines and Technology, Rapid City, South Dakota.

Davis, C. I., and Steele, R. L. (1968). J. Appl. Meteorol. 7, 667.

Davis, L. G., and Hosler, C. L. (1967). In Proc. Berkeley Symp. Math. Statistic. Probab. 5th, Vol. V: Weather Modification Experiments (L. LeCam and J. Neyman, eds.), pp. 253-269. Univ. of California Press, Berkeley.

Davis, R. J. (1974). Oklahoma Law Review 27, 409.

Davis, R. J., and St.-Amand, P. (1975). J. Weather Modification 7 (1), 127.

Davison, D. S., and Grandia, K. L. (1977). Analysis of Silver Iodide Targetting and Dispersion for the Alberta

Hail Project,1976-1977,143 pp. ,Rep. ,Intera Environmental Consultants Ltd. ,Calgary,Alberta.

Dawson,G. ,Fuquay,D. M. ,and Kasemir,H. W. (1974). In "Weather and Climate Modification" (W. N. Hess, ed.),pp. 596-629. Wiley,New York.

Decker,F. W. ,Lincoln,R. L. ,and Day,J. A. (1957). BulL Am. Meteorol. Soc. 38,134.

Decker,W. L. ,and Schickedanz,P. T. (1967). In Proc. Berkeley Symp. Math. Statis. Probab. ,5th,Vol. V: Weather Modification Experiments (L. LeCam-and J. Neyman,eds.),pp. 55-63. Univ. of California Press, Berkeley.

Dennis,A. S. (1977). In "Hail: A Review of Hail Science and Hail Suppression" (G. B. Foote and C. A. Knight,eds.),pp. 181-191. Meteorol. Monogr. 16,No. 38. Am. Meteorol. Soc. ,Boston.

Dennis,A. S. ,and Gagin,A. (1977). Recommendations for Future Research in Weather Modification,112 pp. , Rep. ,Weather Modification Program Office,National Oceanic and Atmospheric Administration,U. S. Department of Commerce,Boulder,Colorado.

Dennis,A. S. ,and Koscielski,A. (1969). J. Appl. Meteorol. 8,556.

Dennis,A. S. ,and Koscielski,A. (1972). J. Appl. Meteorol. 11,994.

Dennis,A. S. ,and Kriege,D. F. (1966). J. Appl. Meteorol. 5,684.

Dennis,A. S. ,and Miller,J. R. ,Jr. (1977). Conf. Planned and Inadvertent Weather Modification,Champaign-Urbana,6th 1977,p. 286 (preprints).

Dennis,A. S. ,and Musil,D. J. (1973). J. Atmos. Sci. 30,278.

Dennis,A. S. ,Koscielski,A. ,Cain,D. E. ,Hirsch,J. H. ,and Smith,P. L. ,Jr. (1975a). J. Appl. Meteorol. 14,897.

Dennis,A. S. ,Miller,J. R. ,Jr. ,Cain,D. E. ,and Schwaller,R. L. (1975b). J. Appl. Meteorol. 14,959.

Dennis,A. S. ,Hirsch,J. H. ,and Chang,L. -P. (1976). Papers presented at WMO Scientific Conf. Weather Modification,Boulder,2nd,1976,p. 49.

D'Errico,R. E. ,and Auer,A. H. ,Jr. (1978). Conf. Cloud Physics and Atmospheric Electricity,Issaquah, Washington,1978,p. 114 (preprints).

Dessens,H. (1960). In "Physics of Precipitation" (H. Weickmann,ed.),pp. 396-398. Geophys. Monogr No. 5, Am. Geophys. Union,Washington,D. C.

Dessens,H. ,and Dessens,J. (1964). J. Rech. Atmos. 1,158.

Dessens,J. (1979). J. Weather Modification 11,4.

Dessens,J. ,and Lacaux,J. P. (1972). Conf. Weather Modification,Rapid City,3rd,1972,p. 268 (preprints).

Donnan,J. A. ,Blair,D. N. ,Finnegan,W. G. ,and St. -Amand,P. (1970). J. Weather Modification 2,155.

Donnan,J. A. ,Blair,D. N. ,and Wright,D. A. (1971). J. Weather Modification 3,123.

Douglas,R. H. (1963). In "Severe Local Storms" (D. Atlas,ed.),pp. 157-167. Meteorol. Monogr. 5,No. 27. Am. Meteorol. Soc. ,Boston.

Draper,N. R. ,and Smith,H. (1966). "Applied Regression Analysis," 407 pp. Wiley,New York.

Duran,B. S. ,and Mielke,P. W. (1968). J. Am. Stat. Assoc. 63,338.

Eadie,W. J. ,and Mee,T. R. (1963). J. Appl. Meteorol. 2,260.

Edwards,G. R. ,and Evans,L. F. (1961). J. Meteorol. 18,760.

Elliott,R. D. (1962). J. Appl. Meteorol. 1,578.

Elliott,R. D. (1974). In "Weather and Climate Modification" (W. N. Hess,ed.),pp. 45-89. Wiley,New York.

Elliott,R. D. ,and Lang,W. A. (1967). Journal of the Irrigation and Drainage Division,Proc. Am. Soc. Civ. Eng. 93,No. IR4,45.

Elliott,R. D. ,and Walser,J. T. (1963). Proc. Wes. Snow Conf. ,Las Vegasf,1963,p. 99.

Elliott,R. D. ,Griffith,D. A. ,Hannaford,J. F. ,and Flueck,J. A. (1978a). Special Rep. on Background and Supporting Material for the Sierra Cooperative Pilot Project Design,240 pp. Rep. 78-22,North American Weather Consultants,Goleta,California.

Elliott,R. D. ,Schaefer,R. W. ,Court,A. ,and Hannaford,J. F. (1978b). J. Appl. Meteorol. 17,1298.

English,M. (1973). In "Alberta Hailstorms",pp. 37-98. Meteorol. Monogr. 14,No. 36. Am. Meteorol. Soc. , Boston.

English,M. (1975). J. Weather Modification 7 (2),43.

Environmental Protection Agency (1973). National Emissions Inventory of Sources and Emissions of Silver. Rep. No. EPA-450/3-74-011,35 pp. Research Triangle Park,North Carolina.

Farhar,B. C. (1974). J. Weather Modification 5,261.

Farhar,B. C. (1975). J. Appl. Meteorol. 14,702.

Farhar,B. C. ,and Mewes,J. (1975). J. Appl. Meteorol. 14,694.

Farhar,B. C. ,Changnon,S. A. ,Jr. ,Swanson,E. R. ,Davis,R. J. ,and Haas,J. E. (1977). Hail Suppression and Society,25 pp. Rep. Illinois State Water Survey,Urbana,Illinois.

Farley,R. D. ,and Chen,C. -S. (1975). J. Appl. Meteorol. 14,718.

Farley,R. D. ,Kopp,F. J. ,Chen,C. -S. ,and Orville,H. D. (1976). Papers presented at WMO Scientific Conf. Weather Modification,Boulder,2nd,1976,p. 349.

Federer,B. (1977). In "Hail: A Review of Hail Science and Hail Suppression" (G. B. Foote and C. A. Knight, eds.),pp. 215-223. Meteorol. Monogr. 16,No. 38. Am. Meteorol. Soc. ,Boston.

Fedorov,Y. K. (1974). In "Weather and Climate Modification" (W. N. Hess, ed.),pp. 387-409. Wiley,New York.

Fitzgerald,J. W. ,and Spyers-Duran,P. A. (1973). J. Appl. Meteorol. 12,511.

Fletcher,N. H. (1959a). J. Meteorol. 16,173.

Fletcher,N. H. (1959b). J. Meteorol. 16,385.

Fletcher,N. H. (1962). "The Physics of Rainclouds," 309 pp. Cambridge Univ. Press,London and New York.

Fletcher,N. H. (1968). J. Atmos. Sci. 25,1058.

Fletcher,N. H. (1970). Nat. Conf. Weather Modification,Santa Barbara,2nd,1970,p. 320(preprints).

Foote,G. B. ,and Knight,C. A. (eds.) (1977). "Hail: A Review of Hail Science and Hail Suppression," Meteorol. Monogr. 16,No 38,277 pp. Am. Meteorol. Soc. ,Boston.

Fournier d'Albe,E. M. (1957). In "Artificial Stimulation of Rain" (H. K. Weickmann and W. Smith,eds.), PP. 207-212. Pergamon,Oxford.

Frank,S. (1957). In "Final Report of Advisory Committee on Weather Control," Vol. Ⅱ pp. 264-272. U. S. Govt. Printing Office,Washington,D. C.

Fuchs,N. A. (1964). "The Mechanics of Aerosols," 408 pp. Macmillan,New York.

Fukuta,N. (1975). J. Atmos. Sci. 32,1597.

Fukuta,N. ,Heffeman,K. J. ,Thompson,W. J. ,and Maher,C. T. (1966). J. Appl. Meteorol. 5,288.

Fukuta,N. ,Armstrong,J. ,and Gorove,A. (1975). J. Weather Modification 7 (1),17.

Fuquay,D. M. ,and Wells,H. J. (1957). In "Final Report of the Advisory Committee on Weather Control," Vol. Ⅱ ,pp. 273-282. U. S. Govt. Printing Office,Washington,D. C.

Gabriel,K. R. (1967). In Proc. Berkeley Symp. Math. Statist. Probab,5th,Vol. V: Weather Modification Experiments (L. LeCam and J. Neyman,eds.),pp. 91-113. Univ. of California Press,Berkeley.

Gabriel,K. R. ,(1979). Commun. Statist. A —Theory Methods A8,975-1015.

Gabriel,K. R,Avichai,Y. ,and Steinberg,R. (1967). J. Appl. Meteorol. 6,323.

Gagin, A. , and Neuman, J. (1974). J. Weather Modification 6, 203.

Gagin, A. , and Neuman, J. (1976). Papers presented at WMO Scientific Conf. Weather Modification, Boulder, 2nd, 1976, p. 195.

Gaivoronsky, I. I. , Gromova, T. N. , Zimin, B. I. , Lobodin, T. V. , Nikandrov, V. Ja. , Toropova, N. W. , and Shishkin, N. S. (1976). Papers presented at WMO Scientific Conf. Weather Modification, Boulder, 2nd, 1976, p. 421.

Gelhaus, J. W. , Dennis, A. S. , and Schock, M. R. (1974). J. Appl. Meteorol. 13, 383.

Gentry, R. C. (1974). In "Weather and Climate Modification" (W. N. Hess, ed.), pp. 497-521. Wiley, New York.

Gerber, H. E. (1972). J. Atmos. Sci. 29, 391.

Gerber, H. E. (1976). J. Atmos. Sci. 33, 667.

Gerber, H. E. , and Allee, P. A. (1972). Conf. Weather Modification, Rapid City, 3rd, 1972, p. 24 (preprints).

Gillespie, D. T. (1972). J. Atmos. Sci. 32, 600.

Gillespie, D. T. , and List, R. (1976). Int. Conf. Cloud Physics, Boulder, 1976, p. 472 (preprints).

Gillette, D. A. , Blifford, I. H. , Jr. , and Fenster, C. R. (1972). J. Appl. Meteorol. 11, 977.

Gitlin, S. N, Goyer, G. G. , and Henderson, T. J. (1968). J. Atmos. Sci. 25, 97.

Gokhale, N. R. , and Goold, J. , Jr. (1968). J. Appl. Meteorol. 7, 870.

Goyer, G. G. , Grant, L. O. , and Henderson, T. J. (1966). J. Appl. Meteorol. 5, 211.

Grant, L. O, and Kahan, A. M. (1974). In "Weather and Climate Modification" (W. N. Hess, ed.), pp. 282-317. Wiley, New York.

Grant, L. O, and Mielke, P. W. , Jr. (1967). In Proc. Berkeley Symp. Math. Statist. Probab. , 5th, Vol. V: Weather Modification Experiments (L. LeCam and J. Neyman, eds.), pp. 115-131. Univ. of California Press, Berkeley.

Grant, L. O, and Steele, R. L. (1966). Bull. Am. Meteorol, Soc. 47, 713.

Grant, L. O. , Chappell, C. F. , and Mielke, P. W. , Jr. (1971). Proc. Int. Conf. Weather Modification, Canberra, 1971, p. 78.

Grant, L. O. , Fritsch, J. M. , and Mielke, P. W. , Jr. (1972). Conf. Weather Modification, Rapid City, 1972, p. 216 (preprints).

Grant, L. O. , Brier, G. W. , and Mielke, P. W. , Jr. (1974). Int. Trop. Meteorol. Meeting, Nairobi, 1974, p. 308 (preprints).

Haas, J. E. (1973). Bull. Am. Meteorol. Soc. 54, 647.

Hall, F. (1957). Meteorol. Monogr. 2, (11), 24.

Henderson, T. J (1966). J. Appl. Meteorol. 5, 697.

Henderson, T. J. (1970). Nat. Conf. Weather Modification, Santa Barbara, 2nd, 1970, p. 140 (preprints).

Henderson, T. J. , and Changnon, S. A. , Jr. (1972). Conf. Weather Modificationt Rapid City, South Dakota, 3rd, 1972, p. 260 (preprints).

Hess, W. N. (ed.)(1974). "Weather and Climate Modification," 842 pp. Wiley, New York.

Heymsfield, A. (1972). J. Atmos. Sci. 29, 1348.

Hill, G. E. (1977). Seedability of Winter Orographic Storms in Utah, 78 pp. Rep. A-2, Atmospheric Water Resources Series, Utah State Univ. , Logan.

Hill, G. E. (1979). Conf. Inadvertent and Planned Weather Modification, Banff, Alberta, Canada, 7th, 1979, pp. 53-55 (preprints).

Hindman, E. E. , II , and Johnson, D. B. (1972). J. Atmos. Sci. 29, 1313.

Hirsch,J. H. (1971). Computer Modeling of Cumulus Clouds during Project Cloud Catcher,61 pp. Rep. 71-7, Institute of Atmospheric Sciences,South Dakota School of Mines and Technology,Rapid City,South Dakota.

Hirsch,J. H. (1972). Conf. Weather Modification,Rapid City,3rd,1972,p. 182 (preprints).

Hobbs,P. V. (1974). "Ice Physics," 837 pp. Oxford Univ. Press (Clarendon),London and New York.

Hobbs,P. V. (1975a). J. Appl. Meteorol. 14,783.

Hobbs,P. V. (1975b). J. Appl. Meteorol. 14,819.

Hobbs,P. V,and Radke,L. F. (1975). J. Appl. Meteorol. 14,805.

Hocking,L. M. (1959). Q. J. R. Meteorol. Soc. 85,44.

Holroyd,E. W,Ⅲ,Super,A. B.,and Silverman,B. A. (1978). J. Appl. Meteorol. 17,49.

Howell,W. E. (1949). J. Meteorol. 6,134.

Howell,W. E. (1960). In "Physics of Precipitation" (H. Weickmann, ed.), pp. 412-422. Geophys. Monogr., No. 5,Am. Geophys. Union,Washington,D. C.

Howell,W. E. (1965). Bull. Am. Meteorol. Soc. 46,328.

Howell,W. E. (1966). Bull. Am. Meteorol. Soc. 47,397.

Howell,W. E. (1977). Bull. Am. Meteorol. Soc. 58,488.

Huff,F. A.,and Changnon,S. A.,Jr. (1972). J. Appl. Meteorol. 11,376.

Huff,F. A.,and Semonin,R. G. (1975). J. Appl. Meteorol. 14,974.

Huff,F. A.,and Vogel,J. L. (1977). Conf. Planned and Inadvertent Weather Modification,Champaign-Urbana, 6th,1977,p. 61 (preprints).

Husar,R. B. (1974). In Instrumentation for Monitoring Air Quality, pp. 157—192. Special Technical Publication 555,American Society for Testing and Materials,Philadelphia [Library of Congress No. 74-76066.]

Hwang,C. -S. (1978). "On the Interaction of Convective Clouds in Seeded and Non-Seeded Conditions," 92 pp. M. S. thesis,South Dakota School of Mines and Technology,Rapid City.

Iribarne,J. V.,and de Pena,R. G. (1962). Nubila 5,7.

Iribarne,J. V.,and Grandoso,H. N. (1965). "Experiencia de Modificacion Artificial de Granizadas en Mendoza," 32 pp. Serie Meteorologia 1,No. 5. Univ. of Buenos Aires,Buenos Aires.

Jiusto,J. E.,and Weickmann,H. K. (1973). Bull. Am. Meteorol. Soc. 54,1148.

Johnson,G.,and Farhar,B. C. (1977). Conf. Planned and Inadvertent Weather Modification,Champaign-Urbana,6th,1977,p. 100 (preprints).

Junge,C. (1955). J. Meteorol. 12,13.

Junge,C.,Changnon,C. W.,and Manson,J. E. (1961). J. Meteorol. 18,81.

Kapoor,R. K.,Krishna,K.,Chatteijee,R. N.,Murty,A. S. R.,Sharma,S. K.,and Murty,Bh. V. R. (1976). Papers presented at WMO Scientific Conf. Weather Modification,Boulder,2nd,1976,p. 15.

Kessler,E. (1969). Meteorol. Monogr. 10(32),1-84.

Klazura,G. E,and Todd,C. J. (1978). J. Appl. Meteorol. 17,1758.

Klein,D. A. (1977). Conf. Planned and Inadvertent Weather Modification,Champaign-Urbana,6th,1977,p. 116 (preprints).

Klett,J. D,and Davis,M. H. (1973). J. Atmos. Sci. 30,107.

Knight,C. A.,and Knight,N. C. (1970). J. Atmos. Sci. 27,659.

Knight,R. W,and Brier,G. W. (1978). J. Appl. Meteorol. 17,222.

Kraus,E. G.,and Squires,P. (1947). Nature (London) 159,489.

Krick,I. P.,and Stone,N. C. (1975). J. Weather Modification 7(2),13.

Kropfli,R. A. ,and Kohn,N. M. (1977). Conf. Planned and Inadvertent Weather Modification,Champaign-Urbana,6th,1977,p. 13 (preprints).

Kunkel,B. A. ,and Silverman,B. A. (1970). J. Appl. Meteorol. 9,634.

Langer,G,Rosinski,J. ,and Edwards,C. P. (1967). J. Appl. Meteorol. 6,114.

Langmuir,I. (1948). J. Meteorol. 5,175.

Langmuir,I. (1950). Bull. Am. Meteorol. Soc. 31,386.

Langmuir,I. (1953). Final Report Project Cirrus. Part Ⅱ. Analysis of the Effects of Periodic Seeding of the Atmosphere with Silver Iodide,340 pp. Part Ⅱ of Rep. No. RL-785,General Electric Research Laboratory, Schenectady.

Langmuir,I. ,et al. (1948). Final Report Project Cirrus. 135 pp. Rep. No. RL-140,General Electric Research Laboratory,Schenectady.

Leighton,P. A. ,Perkins,W. A. ,Grinnell,S. W. ,and Webster,F. X. (1965). J. Appl. Meteorol. 4,334.

Lewis,B. M. ,and Hawkins, H. F. (1974). Conf. Weather Modification,Ft. Lauderdale,4th,1974,p. 35 (preprints).

Linkletter,G. O,and Warburton,J. A. (1977). J. Appl. Meteorol. 16,1332.

List,R. J. (ed.) (1958). "Smithsonian Meteorological Tables," 6th rev. ed. (first reprint),527 pp. Smithsonian Institution,Washington.

List,R. (1976). Papers presented WMO Scientific Conf. Weather Modification,Boulder,2nd,1976,p. 445.

List,R. (1977). Trans. R. Soc. Can. Sect. 4 15,333.

Liu,J. ,and Orville,H. D. (1969). J. Atmos. Sci. 26,1283.

Locatelli,J. D,and Hobbs,P. V. (1974). J. Geophys. Res. 79,2185.

Lominadze,V. P. ,Bartishvili,I. I. ,and Gudushavri,S. L. (1974). Proc. WMO/IAMAP Scientific Conf. Weather Modification,Tashkent,1973,p. 225.

Long,A. B. (1974). J. Atmos. Sci. 31,1040.

Long,A. B. ,Crow, E. L. ,and Huggins, A. W. (1976). Papers presented at WMO Scientific Conf. Weather Modification,Boulder,2nd,1976,p. 265.

Lopez,M. E. ,and Howell,W. E. (1961). Bull. Am. Meteorol. Soc. 42,265.

Lovasich,J. L. ,Neyman,J. ,Scott,E. L. ,and Wells,M. A. (1971). Proc. Nat. Acad. Sci. USA 68,2643.

Ludlam,F. H. (1955). Tellus 7,277.

Ludlam,F. H. ,(1958). Nubila 1,12.

MacCready,P. B. ,Jr. (1952). Bull. Am. Meteorol. Soc. 33,48.

MacCready,P. B. ,Jr. ,and Baughman,R. G. (1968). J. Appl. Meteorol. 7,132.

Macklin,W. C. (1963). Q. J. R. Meteorol. Soc. 89,360.

Macklin,W. C. (1977). In "Hail: A Review of Hail Science and Hail Suppression" (G. B. Foote and C. A. Knight,eds.),pp. 65-88. Meteorol. Monogr. 16,No. 38. Am. Meteorol. Soc. ,Boston.

Macklin,W. C. ,and Ludlam,F. H. (1961). Q. J. R. Meteorol. Soc. 87,72.

Mann,D. E. (1968). Bull. Am. Meteorol. Soc. 49,690.

Marshall,J. S. ,and Palmer,W. M. (1948). J. Meteorol. 5,165.

Mason,B. J. (1971). "The Physics of Clouds," 2nd ed. ,671 pp. Oxford Univ. Press (Clarendon),London and New York.

Mason,B. J" and Hallett,J. (1956). Nature (London) 177,681.

Mather,G. K. ,Cooper,L. W. ,and Treddenick,D. S. (1976). Papers presented at WMO Scientific Conf. Weather Modification,Boulder,2nd,1976,p. 295.

Mathews,L. A. ,and St. -Amand,P. (1977). J. Weather Modification 9,125.

Mathews,L. A. ,Reed,D. W. ,St. -Amand,P. ,and Stirton,R. J. (1972). J. Appl. Meteorol. 11,813.

McDonald,J. E. (1958). Adv. Geophys. 5,223-303.

McNaughton,D. L. (1973a). J. Weather Modification 5,88.

McNaughton,D. L. (1973b). J. Weather Modification 5,103.

McNaughton,D. L. (1977). J. Weather Modification 9,79.

Mewes,J. (1977a). In "Hail Suppression: Society and Environment" (B. C. Farhar,ed.),pp. 46-60. Univ. of Colorado,Boulder.

Mewes,J. (1977b). In "Hail Suppression: Society and Environment" (B. C. Farhar,ed.),pp. 103-116. Univ. of Colorado,Boulder.

Mewes,J. ,and Farhar,B. C. (1977). In "Hail Suppression: Society and Environment" (B. C. Farhar,ed.),pp. 35-45. Univ. of Colorado,Boulder.

Mielke,P. W. (1972). J. Am. Stat. Assoc. 67,850.

Mietke,P. W. (1974). Technometrics 16,13.

Mielke,P. W. (1978). J. Appl. Meteorol. 17,555.

Mielke,P. W. (1979a). Commun. Statist. A—Theory Methods A8,1083-1096.

Mielke,P. W. (1979b). Commun. Statist. A—Theory Methods A8,1541-1550.

Miller,J. R,Jr. ,Boyd,E. I,Schleusener,R. A,and Dennis,A. S. (1975). J. Appl. Meteorol. 14,755.

Miller,J. R,Jr. ,Dennis,A. S. ,Schwaller,R. L. ,and Wang,S. -L. (1976). Papers Presented at WMO Scientific Conf. Weather Modification,Boulder,2nd,1976,p. 287.

Mooney,M. L. ,and Lunn,G. W. (1969). J. Appl. Meteorol. 8,68.

Moore,C. B. ,and Vonnegut,B. (1960). In "Physics of Precipitation" (H. Weickmann,ed.),pp. 291-301. Geophys. Monogr. No. 5. Am. Geophys. Union,Washington,D. C.

Moran,P. A. P. (1959). Austral. J. Statist. 1,47.

Mordy,W. (1959). Tellus 11,16.

Mossop,S. C. (1970). Bull. Am. Meteorol. Soc. 51,474.

Mossop,S. C. ,and Hallett,J. (1974). Science 186,632.

Mossop,S. C. ,and Jayaweera,K. O. L. F. (1969). J. Appl. Meteorol. 8,241.

Mossop,S. C. ,and Tuck-Lee,C. (1968). J. Appl. Meteorol. 7,234.

Mueller,H. G. (1967). In Proc. Berkeley Symp. Math. Statist. Probab. ,5th,Vol. V: Weather Modification Experiments (L. LeCam and J. Neyman,eds.),pp. 223-235. Univ. of California Press,Berkeley.

Murty,A. S. R,Selvam,A. M. ,Vijayakumar,R. ,Paul,S. K. ,and Murty,Bh. V. R. (1976). J. Appl. Meteorol. 15,1295.

Musil,D. J. (1970). J. Atmos,Sci. 27,474.

Musil,D. J. ,Dennis,A. S. ,and Sand,W. R. (1975). Conf. Severe Local Storms,Norman Oklahoma,9th,1975, p. 452 (preprints).

Nakaya,U. (1951). In "Compendium of Meteorology" (T. F. Malone,ed.),pp. 207-220. Am. Meteorol. Soc. , Boston.

Neiburger,M. ,and Weickmann,H. K. (1974). In "Weather and Climate Modification" (W. N. Hess,ed.),pp. 93-135. Wiley,New York.

Neyman,J. (1967). J. Roy. Statist. Soc. Ser. A 130,Pt. 3,285.

Neyman,J. (1977). In "Applications of Statistics" (P. R. Krishnaiah,ed.),pp. 1-25. North-Holland Publ. ,Amsterdam.

Neyman,J. (1979). J. Am. Stat. Assoc. 74,90.

Neyman,J. ,and Osborn,H. B. (1971). Proc. Nat. Acad. Sci. USA,68,649.

Neyman,J. ,and Scott,E. L. (1961). J. Am. Stat. Assoc. 56,580.

Neyman,J. ,and Scott, E. L. (1967a). In Proc. Berkeley Symp. Math. Statist. Probab,5th, Vol. V: Weather Modification Experiments (L. LeCam and J. Neyman,eds.),pp. 327-350. Univ. of California Press,Berkeley.

Neyman,J. ,and Scott,E. L. (1967b). In Proc. Berkeley Symp. Math. Statist. Probab,5th, Vol. V: Weather Modification Experiments (L. LeCam and J. Neyman,eds.),pp. 293-326. Univ. of California Press,Berkeley.

Neyman,J. ,and Scott,E. L. (1967c). In Proc. Berkeley Symp. Math. Statist. Probab. ,5th, Vol. V: Weather Modification Experiments (L. LeCam and J. Neyman,eds.),pp. 351-356. Univ. of California Press,Berkeley.

Neyman,J. ,and Scott, E. L. (1974). Proc. WMO/IAMAP Scientific Conf. Weather Modification,Tashkent, 1973,p. 449.

Neyman,J. ,Scott, E. L. and Vasilevskis,M. (I960). Bull. Am. Meteorol. Soc. 41,531.

Neyman,J. ,Osborn,H. D. ,Scott,E. L. ,and Wells,M. A. (1972). Proc. Nat. Acad. Sci. USA,69,1348.

Neyman,J. ,Scott,E. L. ,and Wells,M. A. (1973). Proc. Nat. Acad. Sci. USA. 70,357.

Nickerson,E. C. ,and Brier,G. W. (1979). Conf. Planned and Inadvertent Weather Modification,7th,Banff,Alberta,Canada,1979,p. J33 (preprints).

Ono,A. (1969). J. Atmos. Sci. 26,138.

Orr,J. L. ,Fraser,D. ,and Pettit,K. G. (1950). Bull. Am. Meteorol. Soc. 31,56.

Orville,H. D,and Hubbard,K. G. (1973). J. Appl. Meteorol. 12,671.

Orville,H. D. ,and Kopp,F. J. (1977). J. Atmos. Sci. 34,1596.

Orville,H. D. ,and Sloan,L. J. (1970). J. Atmos. Sci. 27,1148.

Palmer,H. P. (1949). Q. J. R. Meteorol. Soc. 75,15.

Paluch,I. R. (1978). J. Appl. Meteorol. 17,763.

Panel on Weather and Climate Modification (G. J. F. MacDonald,Chairman) (1966). "Weather and Climate Modification Problems and Prospects," Vol. I ,28 pp. ,Vol. II ,198 pp. Publication No. 1350,Nat. Acad. Sci. /Nat. Res. Council,Washington,D. C.

Panel on Weather and Climate Modification (T. F. Malone,Chairman) (1973). "Weather and Climate Modification: Problems and Progress," 258 pp. Nat. Acad. Sci. ,Washington,D. C.

Parungo,F. P. ,Patten,B. T. ,and Pueschel,R. F. (1976). Papers presented at WMO Scientific Conf. Weather Modification,Boulder,2nd,1976,p. 505.

Passarelli,R. E. ,Jr. ,Chessin,H. ,and Vonnegut,B. (1973). Science 181,549.

Passarelli,R. E. ,Jr. ,Chessin,H. ,and Vonnegut,B. (1974). J. Appl. Meteorol. 13,946.

Pellett,J. L. ,Leblang,R. S. ,and Schock,M. R. (1977). Evaluation of Recent Operational Weather Modification Projects in the Dakotas,54 pp. Rep. 77-1,North Dakota Weather Modification Board,Bismarck,North Dakota.

Perez Siliceo,E. (1967). In Proc. Berkeley Symp. Math. Statist. Probab. ,5th, Vol. V: Weather Modification Experiments (L. LeCam and J. Neyman,eds.),pp. 133-140. Univ. of California Press,Berkeley.

Perez Siliceo,E. (1970). Nat. Conf. Weather Modification,Santa Barbara,2nd,1970,p. 87 (preprints).

Perkins,H. C. (1974). "Air Pollution," 407 pp. McGraw-Hill,New York.

Peterson,R. L. ,and Davis,B. L. (1971). J. Geophys. Res. 76,2886.

Petersen,T. A. (1975). J. Weather Modification 7(2),153.

Peterson,K. D. (1968). J. Appl. Meteorol. 7,217.

Picca,R. (1971). Proc. Int. Conf. Weather Modification,Canberra,1971,p. 211.

Pierce,E. T. (1976). Bull. Am. Meteorol. Soc. 57,1214.

Pitter,R. L. ,and Pruppacher,H. R. (1974). J. Atmos. Sci. 31,551.

Plooster,M. N,and Fukuta,N. (1975). J. Appl. Meteorol. 14,859.

Porch,W. M. ,and Gillette,D. E. (1977). J. Appl. Meteorol. 16,1273.

Pruppacher,H. R. ,and Klett,J. D. (1978). "Microphysics of Clouds and Precipitation," 714 pp. Reidel,Boston.

Ramirez,J. M. (1974). Conf. Weather Modification,Ft. Lauderdale,4th,1974,p. 480 (preprints).

Reynolds,S. E. ,Hume,W. , Ⅱ ,and McWhirter,M. (1952). Bull. Am. Meteorol. Soc. 33,26.

Rogers,R. R. (1976). "A Short Course in Cloud Physics," 227 pp. Pergamon,Oxford.

Rosenthal,S. L. (1974). In "Weather and Climate Modification" (W. N. Hess,ed.),pp. 522 -551. Wiley,New York.

Ruskin,R. E. ,and Scott,W. D. (1974). In "Weather and Climate Modification" (W. N. Hess,ed.),pp. 136-205. Wiley,New York.

Ryan,B. F. (1974). J. Atmos. Sci. 31,1942.

St. -Amand,P. ,and Elliott,S. D. ,Jr. (1972). J. Weather Modification 4,17.

St. -Amand,P. , Burkardt, L. A. , Finnegan, W. G. , Donnan, J. A. , and Jorgensen, P. T. (1970a). J. Weather Modification 2,25.

St. -Amand,P. ,Burkardt,L. A. ,Finnegan,W. G. ,Wilson,L. ,Elliott,S. D. ,and Jorgensen,P. T. (1970b) J. Weather Modification 2,33.

St. -Amand,P. et al. (1970c). J. Weather Modification 2,77.

St. -Amand,P. ,Finnegan,W. G. ,and Burkardt,L. A. (1970d). Nat. Conf. Weather Modification,Santa Barbara,2nd,1970,p. 361 (preprints).

St. -Amand,P. ,Finnegan,W. G. ,and Odencrantz,F. K. (1971a). J. Weather Modification 3,1.

St. -Amand,P. ,Finnegan,W. G. ,and Burkardt,L. (1971b). J. Weather Modification 3,31.

St. -Amand,P. ,Finnegan,W. G. ,and Mathews,L. A. (1971c). J. Weather Modification 3,49.

St. -Amand,P. ,Finnegan,W. G. ,and Mathews,L. A. (1971d). J. Weather Modification 3,93.

St. -Amand,P. , Mathews, L. , Reed, D. , Burkardt, L. , and Finnegan, W. (1971e). J. Weather Modification 3,106.

St. -Amand,P. ,Clark,R. S. , Wright, T. L. , Finnegan, W. G. , and Blomerth, E. A. , Jr. (1971f). Proc. Int. Conf. Weather Modification,Canberra,1971,p. 259.

Sand,W. R. , Halvorson, J. L. , and Kyle, T. G. (1976). Papers presented at WMO Scientific Conf. Weather Modification,Boulder,2nd,1976,p. 539.

Sauvalle,E. (1976). Papers presented at WMO Scientific Conf. Weather Modification, Boulder, 2nd, 1976, p. 397.

Sax,R. I. (1976). Papers presented at WMO Scientific Conf. Weather Modification,Boulder,2nd,1976,p. 109.

Sax,R. I. ,and Goldsmith,P. (1972). Q. J. R. Meteorol. Soc. 98,60.

Sax,R. I. ,Garvey,D. M. ,Parungo,F. P. ,and Slusher,T. W. (1977a). Conf. Planned and Inadvertent Weather Modificationt Campaign-Urbana,6th,1977,p. 198 (preprints).

Sax,R. I. ,Thomas,J. ,Bonebrake,M. ,and Hallett,J. (1977b). Conf. Planned and Inadvertent Weather Modification,Champaign-Urbana,6th,1977,p. 202 (preprints).

Schaefer,V. J. (1946). Science 104,457.

Schaefer,V. I. (1951). In "Compendium of Meteorology" (T. F. Malone,ed.),pp. 221-234. Am. Meteorol. Soc. ,Boston.

Schaefer,V. J. (1953). Final Report Project Cirrus. Part Ⅰ. Laboratory,Field,and Flight Experiments. 170 pp. Part Ⅰ of Rep. No. RL-785,General Electric Research Laboratory,Schenectady.

Schaefer,V. J. ,and Gisborne,H. T. (1977). J. Weather Modification 9,1.

Schickedanz,P. T. ,and Huff,F. A. (1971). J. Appl. Meteorol. 10,502.

Schleusener,R. A. (1962). Nubila 5,31.

Schleusener,R. A. (1968). J. Appl. Meteorol. 7,1004.

Schleusener,R. A. ,and Sand,W. R. (1964). Summary of Data from Test Cases of Seeding Thunderstorms with Silver Iodide in Northeastern Colorado,1962,1963,1964,159 pp. Progress Rep. under NSF Grant GP-2594,Colorado State Univ. ,Ft. Collins.

Schleusener,R. A. ,Koscielski,A. ,Dennis,A. S. ,and Schock,M. R. (1972). J. Rech. Atmos. 6,519.

Schmid,P. (1967). In Proc. Berkeley Symp. Math. Statist. Probab. ,5th,Vol. V: Weather Modification Experiments (L. LeCam and J. Neyman,eds.),pp. 141-159. Univ. of California Press,Berkeley.

Schumann,T. E. W. (1938). Q. J. R. Meteorol. Soc. 64,3.

Scorer,R. S. ,and Ludlam,F. H. (1953). Q. J. R. Meteorol. Soc. 79,94.

Selezneva,E. S. (1966). Tellus 18,525.

Sewell,W. R. D" (ed.) (1966). "Human Dimensions of Weather Modification," 423 pp. Univ. of Chicago Press,Chicago,Illinois.

Silverman,B. A. (1976). J. Weather Modification 8,107.

Silverman,B. A. ,and Eddy,R. L. (1979). Conf. Planned and Inadvertent Weather Modification,Banff,Alberta, Canada,7th,1979,p. J27 (preprints).

Silverman,B. A. ,and Kunkel,B. A. (1970). J. Appl. Meteorol. 9,627.

Silverman,B. A. ,and Weinstein,A. I. (1974). In "Weather and Climate Modification" (W. N. Hess,ed.),pp. 355-383. Wiley,New York.

Silverman,B. A. ,Weinstein,A. I. ,Kunkel,B. A. ,and Nelson,L. D. (1972). Conf. Weather Modification,Rapid City,3rd,1972,p. 57 (preprints).

Simpson,J. (1972). Mon. Weather Rev. 100,309.

Simpson,J. ,and Dennis,A. S. (1974). In "Weather and Climate Modification" (W. N. Hess,ed.),pp. 229-281. Wiley,New York.

Simpson,J. ,and Woodley,W. L. (1971). Science 172,117.

Simpson,J,and Woodley,W. L. (1975). J. Appl. Meteorol. 14,734.

Simpson,J,Simpson,R. H,Andrews,D. A,and Eaton,M. A. (1965). Rev. Geophys. 3,387.

Simpson,J. ,Brier,G. W. ,and Simpson,R. H. (1967). J. Atmos. Sci. 24,508.

Slinn,W. G. ,N. ,and Hales,J. M. (1971). J. Atmos. Sci. 28,1465.

Smith,E. J. (1967). In Proc. Berkeley Symp. Math. Statist. Probab. ,5th,Vol. V: Weather Modification Experiments (L. LeCam and J. Neyman,eds.),pp. 161-176. Univ. of California Press,Berkeley.

Smith,E. J. (1974). In "Weather and Climate Modification"(W. N. Hess,ed.),pp. 432-453. Wiley,New York.

Smith,E. J,and Heffeman,K. J. (1954). Q. J. R. Meteorol. Soc. 80,182.

Smith,E. J. ,Heffeman,K. J. ,and Thompson,W. J. (1958). Q. J. R. Meteorol. Soc. 84,162.

Smith,E. J. ,Warburton,J. A. ,Heffeman,K. J. ,and Thompson,W. J. (1966). J. Appl. Meteorol. 5,292.

Smith,E. J. ,Adderley,E. E. ,Veitch,L. ,and Turton,E. (1971). Proc. Int. Conf. Weather Modification,Canberra,1971,p. 91.

Smith,T. B. ,Chien,C. -W. ,and MacCready,P. B. ,Jr. (1968). Study of the Engineering of Cloud Seeding,55 pp. Rep. MRI68 FR-817,Meteorology Research,Inc. Altadena,California.

Spar,J. (1957). In "Cloud and Weather Modification," pp. 5-23. Meteorol. Monogr. 2, No. 11. Am. Meteorol. Soc. ,Boston.

Squires,P. ,and Twomey,S. (1958). Tellus 10,272.

Steele,R. L. ,Davis, C. I, and Procter, W. G. (1970). Nat. Conf. Weather Modification, Santa Barbara, 2nd, 1970,p. 284 (preprints).

Sulakvelidze,G. K. ,Bibilashvili,S. H. ,and Lapcheva,V. F. (1967). "Formation of Precipitation and Modification of Hail Processes," 208 pp. Israel Program for Scientific Translations,Jerusalem.

Sulakvelidze,G. K. ,Kiziriya,B. I. ,and Tsykunov,V. V. (1974). In "Weather and Climate Modification" (W. N. Hess,ed.),pp. 410-431. Wiley,New York.

Summers,P. W. ,Mather,G. K. ,and Treddenick,D. S. (1971). Proc. Int. Conf. Weather Modification,Canberra,1971,p. 349.

Summers,P. W. ,Mather,G. K. ,and Treddenick,D. S. (1972). J. Appl. Meteorol,11,695.

Tag,P. M. (1977). J. Appl. Meteorol. 16,683.

Taha,M. A. H. (1964). Publ. Inst. Statist. ,Univ. Paris 13,169.

Takeda,K. (1964). J. Appl. Meteorol. 3,11.

Telford,J. W. (1955). J. Meteorol. 12,436.

Thom,H. C. S. (1957a). In "Final Report of the Advisory Committee on Weather Control," Vol. Ⅱ ,pp. 5-25. U. S. Govt. Printing Office,Washington,D. C.

Thom,H. C. S. (1957b). In "Final Report of the Advisory Committee on Weather Control," Vol. Ⅱ ,pp. 25-50. U. S. Govt. Printing Office,Washington,D. C.

Thomas,W. A. (ed.) (1977). "Legal and Scientific Uncertainties of Weather Modification: Proceedings of a Symposium Convened at Duke University,March 11-12,1976",155 pp. Duke Univ. Press,Durham.

Turner,D. B. (1969). Workbook of Atmospheric Dispersion Estimates,84 pp. National Air Pollution Control Administration,Cincinnati.

Twomey,S. ,and Wojciechowski,T. A. (1969). J. Atmos,Sci. 26,684.

Vali,G. (1975). Bull. Am. Meteorol. Soc. 56,1180.

Vardiman,L. ,and Moore,J. A. (1977). Skywater Monograph, No. 1,91 pp. ,Appendix. Bureau of Reclamation,U. S. Department of the Interior,Denver.

Vardiman,L. ,and Moore,J. A. (1978). J. Appl. Meteorol. 17,1769.

Vardiman,L. , Moore, J. A. , and Elliott, R. D. (1976). Papers presented at WMO Scientific Conf. Weather Modification,Boulder,2nd' 1976,p. 41.

Vetter,R. F. ,Finnegan,W. G. ,Burkardt,L. A. ,St. -Amand. P. ,Sampson,H. ,and Kaufman,M. H. (1970). J. Weather Modification 2,53.

Vonnegut,B. (1947). J. Appl. Phys. 18,593.

Vonnegut,B. (1950). J. Colloid Interface Sci. 5,37.

Vonnegut,B. (1957). In "Final Report of the Advisory Committee on Weather Control",Vol. Ⅱ ,pp. 283-285. U. S. Govt. Printing Office,Washington,D. C.

Vonnegut,B. ,and Chessin,H. (1971). Science 174,945.

Vulfson,N. I. ,Gaivoronsky,I. I" Zatsepina,L P. ,Zimin,B. I. ,Levin,L. M" and Seregin,Ye. A. (1976). Papers presented at WMO Scientific Conf. Weather Modificationf Boulder,2nd,1976,p. 413.

Warner,J. (1957). Bull.de l' Observatoire du Puy de Dome,p. 33.

Warner,J. (1968). J. Appl. Meteorol. 7,247.

Warner,J. (1969). J. Atmos. Sci. 26,1049.

Warner,J. (1971). Proc. Int. Conf. Weather Modification,Canberra,1971,p. 191.

Warner,J. (1974). Proc. WMO/IAMAP Scientific Conf. Weather Modification,Tashkent,1973,p. 43.

Weather Modification Advisory Board (H. Cleveland, Chairman) (1978). The Management of Weather Resources. Vol. Ⅰ ,229 pp. ; Vol. Ⅱ ,100 pp. Rep. ,U. S. Govt. Printing Office,Washington,D. C.

Weickmann, H. K. (1974). In "Weather and Climate Modification" (W. N. Hess,ed.),pp. 318-354. Wiley,New York.

Weinstein,A. I. (1972). J. Appl. Meteorol. 11,202.

Weinstein,A. I. ,and Kunkel,B. A. (1976). Papers presented at WMO Scientific Conf. Weather Modification, Boulder,2nd,1976,p. 381.

Weinstein,A. I. ,and MacCready,P. B. ,Jr. (1969). J. Appl. Meteorol. 8,936.

Weinstein,A. I,and Silverman,B. A. (1973). J. Appl. Meteorol. 12,771.

Weisbecker,L. W. (1972). "Technology Assessment of Winter Orographic Snowpack Augmentation in the Upper Colorado River Basin," Vol. Ⅱ : Technical Report 613 pp. Stanford Research Institute,Menlo Park, California.

Weiss,E. B. (1972). Conf. Weather Modification,Rapid City,3rd,1972,p. 232(preprints).

Wells,J. M. ,and Wells,M. A. (1967). In Proc. Berkeley Symp. Math. Statist. Probab. ,5th,Vol. Ⅴ : Weather Modification Experiments (L. LeCam and J. Neyman,eds.),p. 357-369. Univ. of California Press,Berkeley,California.

Wisner,C. ,Orville,H. D. ,and Myers,C. G. (1972). J. Atmos. Sci. 29,1160.

WMO Statement (1976). Papers presented at WMO Scientific Conf. Weather Modification,Boulder,2nd,1976, pp. xv-xvi.

Wojtiw,L. ,and Renick,J. H. (1973). Conf. Severe Local Storms,Denver,8th,1973,p. 138 (preprints).

Woodcock,A. H. ,and Spencer,A. T. (1967). J. Appl. Meteorol. 6,95.

Woodley,W. L. , Simpson,J. , Biondini, R. , and Sambataro,G. (1976). Papers presented at WMO Scientific Conf. Weather Modification,Boulder,2nd,1976,p. 151.

Woodley,W. L. ,Simpson,J. ,Biondini,R. ,and Jordan,J. (1977). Conf. Planned and Inadvertent Weather Modification. Champaign-Urbana,6th,1977. p. 206 (preprints).

Workman,E. J. ,and Reynolds,S. E. (1949). "Thunderstorm Electricity. " Progress Report No. 6,New Mexico Institute of Mining and Technology,Socorro,New Mexico.

Workman,E. J. (1962). Science 138,407.

Yevdjevich,V. M. (1967). In Proc. Symp. Math. Statist. Probab. ,5th,Vol. V: Weather Modification Experiments (L. LeCam and J. Neyman,eds.),pp. 283-292. Univ. of California Press,Berkeley.

Young,K. C. (1974a). J. Atmos. Sci. 31,768.

Young,K. C. (1974b). J. Atmos. Sci,31,1735.

Young,K. C. (1974c). J. Atmos. Sci. 31,1749.

Young,K. C. (1977). In "Hail: A Review of Hail Science and Hail Suppression" (G. B. Foote and C. A. Knight,eds.),pp. 195-214. Meteorol. Monogr. 16,No. 38. Am. Meteorol. Soc. ,Boston.

Young,K. C. , and Atlas, D. (1974). Weather Modification Conf. , Ft. Lauderdale, 4th, 1974、 p. 119 (preprints).